普通高等教育系列教材

Altium Designer 14 电路设计
基础与实例教程

李　瑞　　闫聪聪　等编著

机械工业出版社

本书以目前应用较广泛的 Altium Designer 14 软件为基础，全面讲述了 Altium Designer 14 电路设计的各种基本操作方法与技巧。全书共分为 11 章，第 1 章介绍 Altium Designer 14 概述；第 2 章介绍电路原理图的设计；第 3 章介绍层次化原理图的设计；第 4 章介绍原理图的后续处理；第 5 章介绍印制电路板设计；第 6 章介绍电路板的后期处理；第 7 章介绍创建元器件库及元器件封装；第 8 章介绍信号完整性分析；第 9 章介绍电路仿真系统；第 10 章介绍可编程逻辑器件设计；第 11 章介绍单片机转换电路综合实例。

本书随书配送多功能学习光盘，光盘中包含全书讲解实例和练习实例的源文件素材，还包含全程实例动画同步讲解的 AVI 文件。

本书适合作为大中专院校电子相关专业的课堂教材，也适合作为各种电子设计专业培训机构的培训教材，同时还可以作为电子设计爱好者的自学辅导用书。

图书在版编目（CIP）数据

Altium Designer 14 电路设计基础与实例教程 / 李瑞等编著. —北京：机械工业出版社，2015.3（2021.7 重印）
普通高等教育系列教材
ISBN 978-7-111-49699-1

Ⅰ. ①A⋯　Ⅱ. ①李⋯　Ⅲ. ①印刷电路—计算机辅助设计—应用软件—高等学校—教材　Ⅳ. ①TN410.2

中国版本图书馆 CIP 数据核字（2015）第 054208 号

机械工业出版社（北京市百万庄大街 22 号　邮政编码 100037）
责任编辑：和庆娣　陈瑞文　　　责任校对：张艳霞
责任印制：常天培

固安县铭成印刷有限公司印刷

2021 年 7 月第 1 版·第 7 次印刷
184mm×260mm·20.25 印张·502 千字
11501—13000 册
标准书号：ISBN 978-7-111-49699-1
标准书号：ISBN 978-7-89405-753-2（光盘）
定价：59.00 元（含 1DVD）

电话服务		网络服务		
客服电话：	010-88361066	机 工 官 网：	www.cmpbook.com
	010-88379833	机 工 官 博：	weibo.com/cmp1952
	010-68326294	金 书 网：	www.golden-book.com
封底无防伪标均为盗版		机工教育服务网：	www.cmpedu.com

前　言

电子设计自动化（Electronic Design Automation，EDA）技术是现代电子工程领域的一门新技术，它提供了基于计算机和信息技术的电路系统设计方法。EDA 技术的发展和推广极大地推动了电子工业的发展。EDA 在教学和产业界的技术推广是当今业界的一个技术热点，也是现代电子工业中不可缺少的一项技术，掌握这项技术是通信电子类高校学生就业的一个基本条件。

电路及 PCB 设计是 EDA 技术中的一个重要内容，Altium 是其中一个比较杰出的软件。Altium Designer 14 与较早版本的 Altium 来比，功能更加强大，是桌面环境下以设计管理和协作技术（PDM）为核心的一个优秀的印制电路板设计系统。Altium Designer 14 新增加的 3 项技术为 AutoCAD 的导入和导出功能，以及独特的 3D 高级电路板设计工具。Altium Designer 14 软件包主要包含的模块有：原理图设计模块、电路板设计模块、PCB 自动布线模块、可编程逻辑器件设计模块、电路仿真和信号完整性分析模块，功能非常齐全。

本书通过对具体模块使用的指导和科研工作中的实例描述，简洁、全面地介绍 Altium 软件的功能和使用方法。为了让读者对早期版本的 Altium 以及相关的 EDA 软件有所了解，本书也用少量篇幅介绍了这些软件的基本功能和使用情况。本书内容丰富实用、语言通俗易懂、层次清晰严谨，特别是一些设计实例的写入，使本书更具特色，可以在短时间内使读者成为电路板设计高手。

本书随书配送多功能学习光盘。光盘中包含全书讲解实例和练习实例的源文件素材，同时还包含全程实例动画同步讲解的 AVI 文件。利用作者精心设计的多媒体界面，读者可以随心所欲，轻松愉悦地学习本书。另外，在本书所使用的软件环境中，部分图片中的固有元器件符号可能与国家标准不一致，读者可自行查阅相关国家标准及资料。

本书由目前电子 CAD 图书界资深专家负责策划。参加编写的作者都是电子电路设计和电工电子教学与研究方面的专家和技术权威，都有多年的教学经验，是电子电路设计与开发的高手。本书中所有的讲解实例都严格按照电子设计规范进行设计，这种对细节的把握和雕琢体现了作者的工程学术造诣以及精益求精的严谨治学态度。

本书主要由中国人民解放军装备指挥技术学院的李瑞和闫聪聪编写，参加编写的还有胡仁喜、张青峰、李兵、刘昌丽、周冰、王艳池、康士廷、甘勤涛、王敏、孙立明、王文平、王兵学、杨雪静、王培合、张日晶、王义发。

本书是作者的一点心得，在编写过程中已经尽量努力，但是疏漏之处在所难免，希望广大读者提出宝贵的意见和建议。

编　者

目　　录

第 1 章　Altium Designer 14 概述

Altium 系列是最早流传到中国的电子设计自动化软件，一直以易学、易用而深受广大电路设计者的喜爱。Altium Designer 14 作为一种简单易用的板卡级设计软件，以 Windows XP 的界面风格为主。同时，Altium 独一无二的 DXP 技术集成平台也为设计系统提供了所有工具和编辑器的相容环境。友好的界面环境及智能化的性能为电路设计者提供了优质的服务。

Altium Designer 14 有什么特点？如何安装 Altium Designer 14 并对其界面进行个性化的设计？这些都是本章要介绍的内容。

本章将从 Altium Designer 14 的功能特点及发展历史讲起，介绍 Altium Designer 14 的安装、卸载和系统参数设置。

本章知识重点
- Altium Designer 14 的功能特点
- Altium Designer 14 的安装和卸载
- Altium Designer 14 的参数设置

1.1　Altium Designer 14 的功能特点

1.1.1　Altium Designer 14 的组成

Altium Designer 14 主要由两大部分组成，每一部分各有 3 个模块。

（1）电路设计部分

1）用于原理图设计的 Schematic，这个模块主要包括设计原理图的原理图编辑器、用于修改和生成零件的零件库编辑器以及各种报表的生成器。

2）用于电路板设计的 PCB，这个模块主要包括用于设计电路板的电路板编辑器、用于修改和生成零件封装的零件封装编辑器以及电路板组件管理器。

3）用于 PCB 自动布线的 Advanced Route。

（2）电路仿真与 PLD 设计部分

1）用于可编程逻辑器件设计的 Advanced PLD，这个模块主要包括具有语法意识的文本编辑器、用于编译和仿真设计结果的 PLD 以及用来观察仿真波形的 Wave。

2）用于电路仿真的 Advanced SIM，这个模块主要包括一个功能强大的数-模混合信号电路仿真器，能提供连续的模拟信号和离散的数字信号。

3）用于高级信号完整性分析的 Advanced Integrity。这个模块主要包括一个高级信号完整性仿真器，能分析 PCB 设计和检查设计参数，以及测试过冲、下冲、阻抗和信号斜率。

1.1.2　Altium Designer 14 的新特点

Altium Designer 14 是完全一体化电子产品开发系统的一个新版本，有以下几个新特点。

（1）支持柔性和软硬结合设计

软硬电路结合了刚性电路的处理功能以及软性电路的多样性。大部分元器件放置在刚性电路中，然后与柔性电路相连接，它们可以扭转、弯曲、折叠成小型或独特的形状。Altium Designer 14 支持使用软硬电路进行电子设计，打开了更多创新的大门。同时，它还提供电子产品的更小封装，节省了材料和生产成本，增加了耐用性。

（2）层堆栈的增强管理

Altium 层堆栈管理支持 4～32 层。每层中间都有单一的主栈，以此来定义任意数量的子栈。它们可以放置在软硬电路的不同区域，以促进堆栈之间的合作和沟通。 Altium Designer 14 增强了层堆栈的管理，可以快速直观地定义主、副堆栈。

（3）Vault 内容库

使用 Altium Designer 14 和即将发布的 Altium Vault，数据可以可靠地从一个内容库直接复制到另一个内容库。它不仅可以补充还可以修改，但基本足迹层集和符号都能自动进行转换，以满足用户定义的标准。

（4）电路板设计增强

Altium Designer 14 包括了一系列增强的电路板设计技术。例如，使用新的差分对布线工具，当跟踪差距改变时，阻抗始终保持不变。电路板设计通过拼接技术已取得显著改进和不错的成果，以及更大的控制权。

（5）支持嵌入式元器件

在 PCB 层堆叠内嵌的元器件，可以减少占用空间，支持更高的信号频率，减少信号噪声，以及提高电路信号的完整性。Altium Designer 14 支持嵌入式分立元器件，在装配过程中，可以作为个体制造并放置于内层电路。

（6）改进差分对布线能力

Altium Designer 14 加强了差分对布线的能力：一个更简化的差分对布线设计规则，交互式或自动选择的差分对宽度-间隙设置，并且差分对布线器现在服从、履行层布线规则（Routing Layers Rule）。

（7）在用户自定义区域定义过孔缝合

PCB 编辑器的过孔缝合能力在 Altium Designer 14 中得到了加强，能限制过孔缝合图案到用户自定义的区域。

（8）AutoCAD 导入、导出功能的提升

Altium Designer 14 技持 AutoCAD 文件的导入和导出，*.dwg 和*.dxf 等格式的文件都可以导入或导出到 Altium Designer 14 中。新的导入、导出器不仅可以支持 AutoCAD 的最新版本，而且对于各种类型的对象也提供了支持。

（9）Cad 软件 EAGLE 导入器

电路设计时，不是所有的设计都在 Altium Designer 中完成，如果是刚开始使用的 Altium Designer，那么肯定会有其他格式的设计文件，如使用了 Alium 公司早期的工具或其他 EDA 工具。即使每天都使用 Altium Designer，也可能经常要从其他设计工具中导入设计。为了满足从其他格式和设计工具中导入的需求，Altium Designer 14 新增了导入 CadSoft® EAGLE™（一个简便的图形绘制工具）设计文件和该软件的库文件（*.sch、*.brd、*.lbr）。

（10）IBIS 模型实现编辑器

在信号完整性分析时为了加强 IC 引脚的模型，Altium Designer 早就有能力使用 IBIS 模型。然而，当在原理图上为一个 IC 元器件定义一个 SI 执行时，总会要求将 IBIS 模型导入

Altium Designer 自有的信号完整性模型。为了支持需要在信号完整性仿真中用到的专门的 IBIS 模型的第三方工具，而不用 Altium Designer 自己的模型格式，Altium Designer 14 让用户看到了专门的 IBIS 模型实现编辑器。

（11）新安装系统

Altium Designer 14 的发布让用户看到了新安装系统的到来。安装 Altium Designer 已变得更直观、更便捷，因为这是自带的 Altium Designer Installer。当选择初始安装时，基于 wizard 的安装包会流水线式地执行初始化安装进程。按照安装功能，安装文件现在源于安全的云端 Altium Vault。此外，核心安装的修改和卸载已移至 Windows 7 标准的 Programs and Features 内（通过控制面板访问）。

（12）Altium Designer 扩展

Altium Designer 14 通过扩展（Extensions）的概念支持软件的定制化。一个扩展即软件功能的高效添加，提供延伸的特征和功能。核心特征和功能会引用 System Resources 作为初始化安装的一部分进行安装和处理。

（13）参数控制原厂工具的应用

以前的 Altium Designer 版本，在 FPGA 的构件过程中，软件将使用在计算机上安装的该元器件商的最新版本设计工具，而 Altium Designer 14 可以选择每个原厂的任一工具链。这使得设计师可以在不同的设计中完全、自由地掌控计算机中安装的各种版本的原厂工具。

（14）支持 Xilinx Vivado 工具链

Altium Designer 14 支持使用 Xilinx Vivado 14.3，当针对一个 FPGA 设计构建（Build）写入一个物理器件期间执行的布局与布线（Place & Route）时可作为一个可选工具。Xilinx Vivado 是 Xilinx ISE 的继任者，它为 7 系列 Xilinx 器件提供服务。

（15）基于浏览器的 F1 资源文档

Altium Designer 14 提供了重新整修的软件文档，其中一部分是提供了非常便捷的基于浏览器的 Altium 文档资源——Altium Designer Resource Reference。这些文档不仅包含了软件的对话框和命令，而且也会延伸包含所有参考类型的资料。

（16）板级实现

1）导出到 Ansoft HFSS™：对于那些需要用到 RF 和 GHz 频率的数字信号的 PCB 设计，可以直接从 PCB 编辑器导出 PCB 文档到一个 Ansoft Neutral 文件格式，这种格式可以被直接导入并使用 Ansys' ANSOFT HFSS™ 3D Full-wave Electromagnetic Field Simulation 软件来进行仿真。Ansoft 与 Altium 合作提供了在 PCB 设计以及电磁场分析方面的高质量协作能力。

2）导出到 SiSoft Quantum-SI™：Altium Designer 14 的 PCB 编辑器支持保存 PCB 设计，同时还支持保存详细的层栈信息以及过孔和焊盘的几何信息，并保存为 CSV 文件，该文件可用于 SiSoft 的 Quantum-SI 系列信号完整性分析软件工具。SiSoft 与 Altium 合作特别为 Altium Designer 的用户提供了最理想的 Quantum-SI 可接受的导入格式。

（17）独特的 3D 高级电路板设计工具，面向主流设计人员

软性和软硬复合 PCB 的设计支持——能够实现软性和软硬复合板设计，包括先进的层堆栈管理技术；支持嵌入式 PCB 元器件——标准元器件在制造过程中可安置于电路板内层，从而实现微型化设计。

（18）更为便捷的规则与约束设定

简化高速设计规则可以实现差分对宽度设置的自动和制导调整，从而维持阻抗的稳定性；增强的过孔阵列技术（Via Stitching）强化了 PCB 编辑器的过孔阵列功能，能够将过孔

阵列布局约束在用户定义区域。

（19）统一的光标捕获系统

Altium Designer 的 PCB 编辑器已经有了很好的栅格定义系统。可视栅格、捕获栅格、元器件栅格和电气栅格等都可以帮助用户有效地在 PCB 文档中放置设计对象。

（20）新向导提升了通用 E-CAD 和 M-CAD 格式的互用性

CadSoft Eagle 导入工具——由于有些设计并未使用 Altium Designer，因此出于兼容性的考虑，Altium Designer 推出了 CadSoft Eagle 导入工具，以方便用户使用其他格式的设计文件；Autodesk AutoCAD 导入、导出——最新技术支持设计文件在 AutoCAD 的*.dwg 和*.dxf 格式之间相互转换。升级的导入、导出界面支持 AutoCAD 最新版本及更多对象类型。

（21）直接使用 IC 引脚的 IBIS 模型

直接使用 IC 引脚的 IBIS 模型，便于运用 Altium Designer 进行信号完整性分析。

1.2　Altium Designer 14 的运行环境

Altium 公司为用户定义的 Altium Designer 14 软件的最低运行环境和推荐系统配置如下所示。

（1）安装 Altium Designer 14 软件的最低配置要求

1）Windows XP SP2 Professional1。

2）英特尔奔腾 1.8 GHz 处理器或同等处理器。

3）1GB 内存。

4）3.5GB 硬盘空间（系统安装 + 用户文件）。

5）主显示器的屏幕分辨率至少为 1280×1024（强烈推荐）。

6）次显示器的屏幕分辨率不得低于 1024×768。

7）NVIDIA、Geforce、6000/7000 系列，128 MB 显卡 2 或同等显卡。

8）并口（连接 NanoBoard-NB1）。

9）USB 2.0 端口（连接 NanoBoard-NB2）。

10）Adobe、Reader 8 或更高版本。

11）DVD 驱动器。

（2）安装 Altium Designer 14 软件的推荐系统配置

1）Windows XP SP2 Professional 或更新版本。

2）英特尔酷睿 2 双核/四核 2.66 GHz 处理器或同等或更快的处理器。

3）2GB 内存。

4）10GB 硬盘空间（系统安装 + 用户文件）。

5）双重显示器，屏幕分辨率至少为 1680×1050（宽屏）或 1600×1200（4∶3）。

6）NVIDIA、GeForce、80003 系列，256 MB 或更高显卡 2 或同等显卡。

7）并口（连接 NanoBoard-NB1）。

8）USB 2.0 端口（连接 NanoBoard-NB2）。

9）Adobe Reader 8 或更高版本。

10）DVD 驱动器。

11）因特网连接，获取更新和在线技术支持。

1.3 Altium Designer 14 的安装与卸载

Altium Designer 14 虽然对运行系统的要求有点高，但安装起来却是很简单的。

1.3.1 Altium Designer 14 的安装

Altium Designer 14 的安装步骤如下。

1）将安装光盘装入光驱后，打开该光盘，从中找到 AltiumInstaller.exe 文件并双击，弹出 Altium Designer 14 的安装界面，如图 1-1 所示。

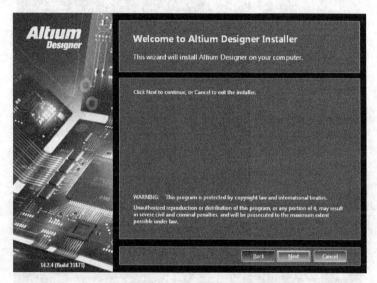

图 1-1　安装界面

2）单击"Next（下一步）"按钮，弹出 Altium Designer 14 的安装协议对话框。无需选择语言，勾选"I accept the agreement"复选框，同意安装，如图 1-2 所示。

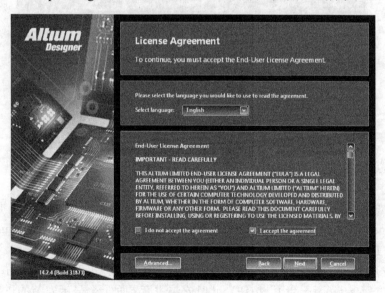

图 1-2　安装协议对话框

3）单击左下角的"Advanced（高级）"按钮，弹出"Advanced Settings（高级设置）"对话框，选择文件安装路径，如图 1-3 所示。单击"OK"按钮，退出对话框。

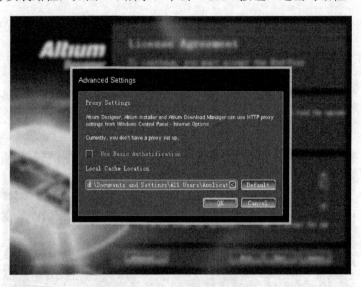

图 1-3　设置路径

4）单击"Next（下一步）"按钮，进入安装类型信息界面，有 5 种类型，如果只做 PCB 设计，则只勾选"PCB Design"复选框，同样，需要做什么设计就选择哪种类型，系统默认全选，如图 1-4 所示。

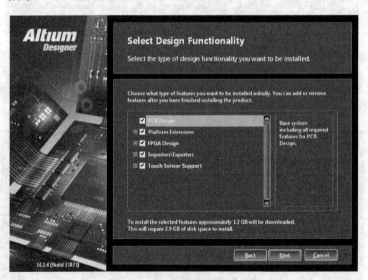

图 1-4　选择安装类型

5）选择好类型后，单击"Next（下一步）"按钮，进入安装路径界面，用户需要选择 Altium Designer 14 的安装路径。系统默认的安装路径为 C:\Program Files\Altium\AD 14，可以通过单击"Default"按钮来自定义安装路径，如图 1-5 所示。

6）确定好安装路径后，单击"Next（下一步）"按钮，弹出确定安装界面，如图 1-6 所示。继续单击"Next（下一步）"按钮，此时安装进度界面上会显示安装的进度，如图 1-7 所示。由于系统要复制大量文件，所以需要等待几分钟。

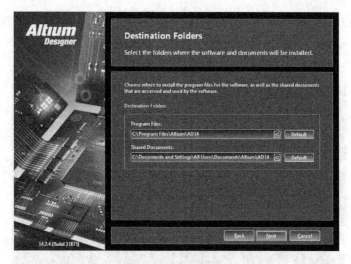

图 1-5　选择安装路径

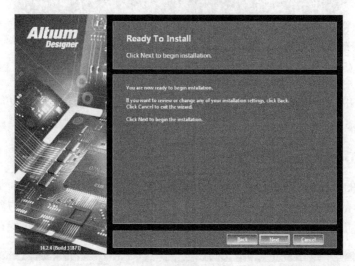

图 1-6　确定安装

图 1-7　安装进度

7）安装结束后会出现安装完成界面，如图 1-8 所示。单击"Finish（完成）"按钮即可完成 Altium Designer 14 的安装。注意，安装完成后不要立即运行软件，先取消勾选"Launch Altium Designer"复选框，完成安装。

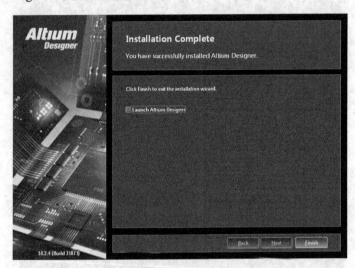

图 1-8　安装完成

在安装过程中，可以随时单击"Cancel"按钮来终止安装过程。安装完成后，在"开始"→"所有程序"子菜单中创建一个 Altium 级联子菜单和快捷键。

1.3.2　Altium Designer 14 的汉化

安装完成后的 Altium Designer 14 界面是英文的，需要调出中文界面，选择菜单栏中的"DXP"→"参数选择"命令，在打开的"参数选择"对话框中选择"System"→"General"→"本地化"，勾选"使用本地资源"复选框，如图 1-9 所示，保存设置后重新启

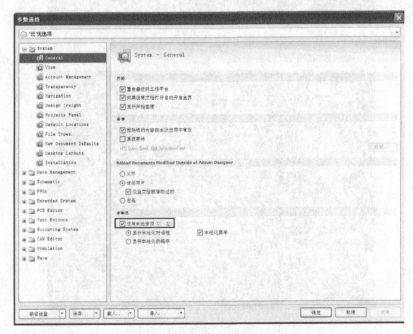

图 1-9　"参数选择"对话框

动程序就进入中文界面，如图 1-10 所示。

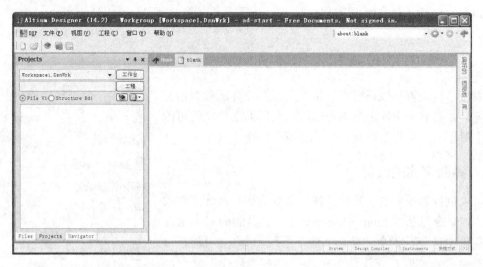

图 1-10　中文界面

1.3.3　Altium Designer 14 的卸载

Altium Designer 14 的卸载步骤如下。

1）单击"开始"→"控制面板"，打开"控制面板"窗口。

2）双击"添加/删除程序"按钮后选择 Altium Designer 选项。

3）单击"删除"按钮，开始卸载程序，直至卸载完成。

1.4　Altium Designer 14 的启动

启动 Altium Designer 14 的方法很简单，与其他 Windows 程序没有什么区别。在 "开始"菜单中找到 Altium Designer 并单击，或在桌面上双击 Altium Designer 14 快捷方式，即可启动 Altium Designer 14。

启动 Altium Designer 14 时，将有一个 Altium Designer 14 的启动画面出现，通过启动画面来区别其他的 Altium 版本，Altium Designer 14 的初始界面如图 1-11 所示。

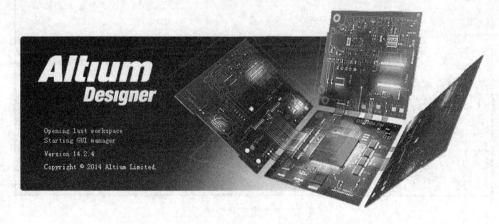

图 1-11　Altium Designer 14 初始界面

成功安装 Altium Designer 14 后，系统会在"开始"菜单中加入程序项，并在桌面上建立 Altium Designer 14 的快捷方式。

1.5　系统参数的设置和工作环境

系统参数设置可以使用户清楚地了解操作界面和对话框的内容，如果界面字体设置不合适，那么界面上的字符可能无法全部显示，这就需要设置合适的界面参数。

1.5.1　界面字体的设置

可以执行系统中的"参数选择"命令来进行界面字体的设置，该命令可从 Altium Designer 14 主界面的左上角的下拉菜单中选择，即单击按钮  DXP，系统将弹出如图 1-12 所示的菜单，此时，在该菜单中选择"参数选择"命令，然后系统将弹出如图 1-13 所示的"参数选择"对话框。在该对话框中，勾选"系统字体"复选框，然后单击"改变"按钮，弹出如图 1-14 所示的"字体"对话框，设置界面字体。

图 1-12　DXP 菜单

图 1-13　"参数选择"对话框

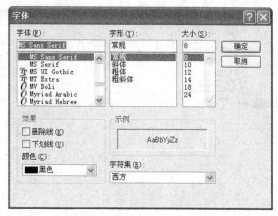

图1-14　"字体"对话框

1.5.2　系统中其他参数的设置

在"参数选择"对话框中，用户还可以自行设置其他参数，如自动保存和创建备份文件等。

1. 设置自动创建备份文件

如果用户在设计绘图时需要系统自动创建备份文件，则可单击"View（视图）"选项，弹出如图 1-15 所示的界面，从中勾选"自动保存桌面"复选框，则系统将会备份并保存修改前的图形文件。

图1-15　设置自动创建备份文件

2. 自动保存文件

如果用户希望在设计过程中系统能定时自动保存文件，则可单击"Backup（备份）"选项，弹出如图 1-16 所示的界面，从中勾选"自动保存每…"复选框，然后设置保存间隔、保存路径等参数即可。

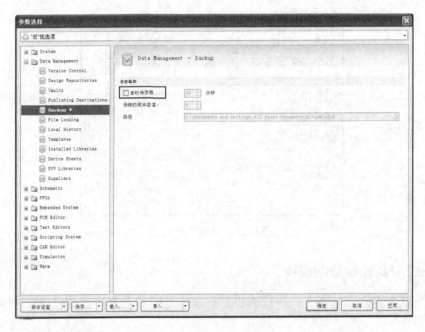

图 1-16　设置自动保存文件

3. 系统参数设置保存

如果用户需要将设置的参数保存起来，则单击"应用"按钮即可。

1.6　Altium Designer 14 的工作环境

本节将详细介绍 Altium Designer 14 的工作环境。

1.6.1　Altium Designer 14 的视图

打开 Altium Designer 14，窗口显示的是初始视图，完全打开的视图如图 1-17 所示。

图 1-17　完全打开的视图

为建立新文件，选择"文件"→"New（新建）"命令，新建菜单如图 1-18 所示。
选择要编辑的文件类型后，进入相应的编辑窗口，图 1-19 所示的是原理图编辑工作环境，图 1-20 所示的是 PCB 编辑工作环境。

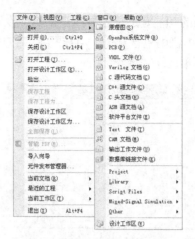

图 1-18　新建菜单

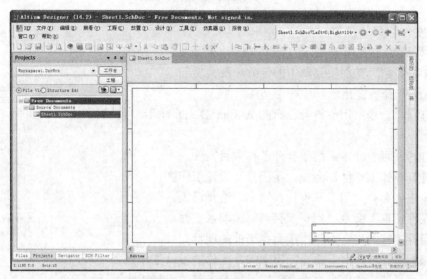

图 1-19　原理图编辑工作环境

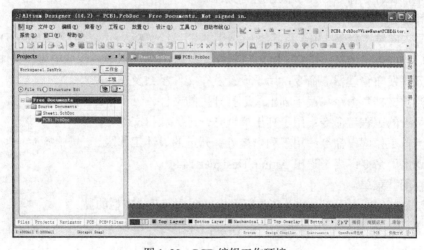

图 1-20　PCB 编辑工作环境

1.6.2 Altium Designer 14 的菜单栏

Altium Designer 14 菜单栏的功能是进行各种命令操作、设置各种参数、进行各种开关的切换等，如图 1-21 所示。菜单栏中包含一个"用户配置"按钮 和"文件""视图""工程""窗口"和"帮助"5 个菜单。

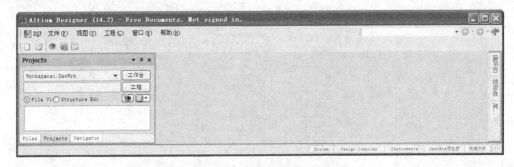

图 1-21　Altium Designer 14 菜单栏

1. "文件"菜单

"文件"菜单主要用于文件的新建、打开和保存等，如图 1-22 所示。下面详细介绍"文件"菜单中的各命令及其功能。

1)"New"命令：用于新建一个文件。

2)"打开"命令：用于打开已有的 Altium Designer 14 可以识别的各种文件。

3)"打开工程"命令：用于打开各种项目文件。

4)"打开设计工作区"命令：用于打开设计工作区。

5)"检出"命令：用于从设计存储库中选择模板。

6)"保存工程"命令：用于保存当前的项目文件。

7)"保存工程为"命令：用于另存当前的项目文件。

8)"保存设计工作区"命令：用于保存当前的设计工作区。

9)"保存设计工作区为"命令：用于另存当前的设计工作区。

10)"全部保存"命令：用于保存所有文件。

图 1-22　"文件"菜单

11)"智能 PDF"命令：用于生成 PDF 格式的设计文件的向导。

12)"导入向导"命令：用于将其他 EDA 软件的设计文档及库文件导入 Altium Designer 的导入向导中，如 Protel 99SE、CADSTAR、Orcad、P-CAD 等设计软件生成的设计文件。

13)"元件发布管理器"命令：用于设置发布文件参数及发布文件。

14)"当前文档"命令：用于列出最近打开过的文件。

15)"最近的工程"命令：用于列出最近打开过的项目文件。

16)"当前工作区"命令：用于列出最近打开过的设计工作区。

17)"退出"命令：用于退出 Altium Designer 14。

2. "视图"菜单

"视图"菜单主要用于工具栏、工作区面板、命令行及状态栏的显示和隐藏，如图 1-23 所示。下面详细介绍"视图"菜单中的各命令及其功能。

1)"工具栏"命令：用于控制工具栏的显示和隐藏。

图 1-23　"视图"菜单

2）"工作区面板"命令：用于控制工作区面板的打开与关闭，其子菜单如图 1-24 所示。子菜单中的 5 个命令介绍如下。

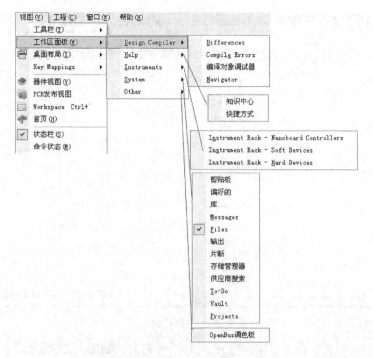

图 1-24 "工作区面板"命令子菜单

① "Design Compiler（设计编译器）"命令：用于控制设计编译器相关面板的打开与关闭，包括编译过程中的差异、编译错误信息、编译对象调试器及编译导航等面板。

② "Help（帮助）"命令：用于控制帮助面板的打开与关闭。

③ "Instruments（设备）"命令：用于控制设备机架面板的打开与关闭，其中包括 Nanoboard 控制器、Soft Devices（软件设备）和 Hard Devices（硬件设备）3 个部分。

④ "System（系统）"命令：用于控制系统工作区面板的打开和隐藏。其中，"Libraries（元器件库）""Messages（信息）""Files（文件）"和"Projects（工程）"面板比较常用，后面章节将详细介绍。

⑤ "Other（其他）"命令：其他命令，如"OpenBus（调色板）"命令。

3）"桌面布局"命令：用于控制桌面的显示布局，其子菜单如图 1-25 所示。子菜单中的 4 个命令介绍如下。

① "Default（默认）"命令：用于设置 Altium Designer 14 为默认桌面布局。

② "Startup（启动）"命令：用于启动当前保存的桌面布局。

③ "Load layout（载入布局）"命令：用于从布局配置文件中打开一个 Altium Designer 14 已有的桌面布局。

④ "Save layout（保存布局）"命令：用于保存当前的桌面布局。

图 1-25 "桌面布局"命令子菜单

4）"Key Mappings（映射）"命令：用于快捷键与软件功能的映射，提供了两种映射方式供用户选择。

5）"器件视图"命令：用于打开器件视图窗口，如图1-26所示。

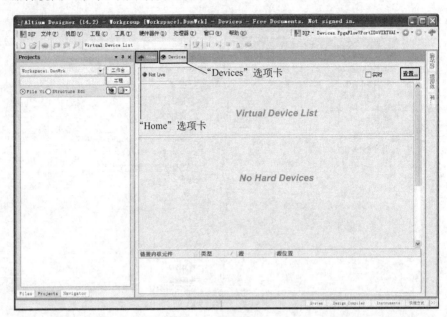

图1-26 器件视图窗口

6）"PCB发布视图"命令：用于打开PCB发行窗口，如图1-27所示。

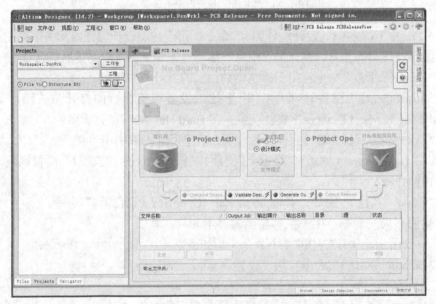

图1-27 PCB发行窗口

7）"Workspace Ctrl+"命令：显示当前项目中的工作区缩略图。

8）"首页"命令：用于打开主页窗口，一般与默认的窗口布局相同。

9）"状态栏"命令：用于控制工作窗口下方状态栏上标签的显示与隐藏。

10）"命令状态"命令：用于控制命令行的显示与隐藏。

3. "工程"菜单

"工程"菜单中的命令主要用于项目文件的管理，包括项目文件的编译、添加、删除以及显示项目文件的差异和版本控制等命令，如图 1-28 所示。这里主要介绍"显示差异"和"版本控制"两个命令。

1）"显示差异"命令：单击该命令将弹出如图 1-29 所示的"选择文档比较"对话框。勾选"高级模式"复选框，可以进行文件之间、文件与项目之间以及项目之间的比较。

图 1-28 "工程"菜单

图 1-29 "选择文档比较"对话框

2）"版本控制"命令：单击该命令可以查看版本信息，可以将文件添加到"Version Control（版本控制）"数据库中，并对数据库中的各种文件进行管理。

4．"窗口"菜单

"窗口"菜单中的命令用于对窗口进行纵向排列、横向排列、打开、隐藏及关闭等操作。

5．"帮助"菜单

"帮助"菜单中的命令主要用于打开各种帮助信息。

1.6.3 菜单栏属性的设置

用户只要在菜单栏的空白处双击，即可打开如图 1-30 所示的"Customizing DefaultEditor Editor"（菜单栏属性设置）对话框。

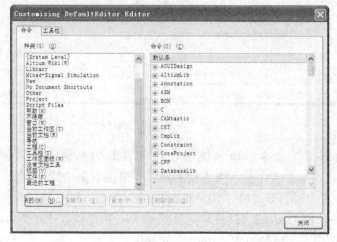

图 1-30 "Customizing DefaultEditor Editor"（菜单栏属性设置）对话框

1.6.4 Altium Designer 14 系统菜单

单击  DXP 图标或在面板上单击鼠标右键，就会出现如图 1-31 所示的系统菜单，它的主要功能是设置 Altium Designer 14 客户端的工作环境和各服务器的属性。

系统菜单中的各命令及功能介绍如下。

1）"我的账户"命令：用于管理用户授权协议，如设置授权许可的方式和数量。单击该命令将弹出"Home"选项卡，如图 1-26 所示。

2）"参数选择"命令：用于设置 Altium Designer 的系统参数，包括资料备份和自动保存设置、字体设置、工程面板的显示、环境参数设置等。单击该命令将弹出如图 1-32 所示的"参数选择"对话框。

图 1-31 系统菜单

图 1-32 "参数选择"对话框

3）"连接的器件"命令：单击该命令在主界面的右侧会弹出如图 1-26 所示的"Device"选项卡，在选项卡中显示要连接的器件。单击右上角的"设置"链接，弹出"参数选择"对话框，并自动打开"FPGA-Devices View"界面，如图 1-33 所示。

4）"Extensions and Updates（插件与更新）"命令：用于检查软件更新，单击该命令在主界面的右侧将弹出如图 1-34 所示的"Home"选项卡。

图 1-33 "FPGA-Devices View"界面

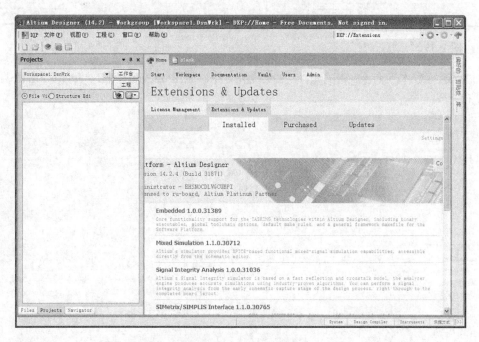

图 1-34 "Home"选项卡

5)"数据保险库浏览器"命令：用于打开"Value"对话框，连接浏览器并显示数据保险库。

6)"出版的目的文件"命令：用于设置用于出版的目的文件的参数，单击此命令将弹出"参数选择"对话框，设置对应选项卡。

7）"设计储存库"命令：单击此命令将弹出"参数选择"对话框，设置对应选项卡。

8）"设计发布"命令：单击该命令在主界面的右侧将弹出"PCB Release"选项卡。

9）"Altium 论坛"命令：单击该命令在主界面的右侧将弹出"Altium 论坛"网页，显示关于 Altium 的讨论内容。

10）"Altium Wiki"命令：单击该命令在主界面的右侧将弹出"Altium Wiki"网页，显示关于 Altium 的内容。

11）"自定制"命令：用于自定义用户界面，如移动、删除、修改菜单栏或菜单选项，创建或修改快捷键等。

12）"运行进程"命令：提供了以命令行方式启动某个进程的功能，可以启动系统提供的任何进程。单击该命令会弹出如图 1-35 所示的"运行过程"对话框，单击"浏览"按钮将弹出"处理浏览"对话框，如图 1-36 所示。

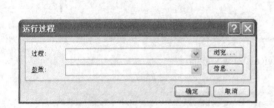

图 1-35 "运行过程"对话框 　　　　　　　　　 图 1-36 "处理浏览"对话框

13）"运行脚本"命令：用于运行各种脚本文件，如用 Delphi、VB、Java 等语言编写的脚本文件。

第 2 章　电路原理图的设计

在前面的章节中对 Altium Designer 14 软件做了一个总体且较为详细的介绍，目的是让读者对 Altium Designer 14 的应用环境以及各项管理功能有个初步的了解。Altium Designer 14 强大的集成开发环境使得电路设计中绝大多数的工作可以迎刃而解，从构建设计原理图到复杂的 FPGA 设计、从电路仿真到多层 PCB 的设计，Altium Designer 14 都提供了具体的一体化应用环境，使从前需要多个开发环境的电路设计变得简单。

在图纸上放置好所需要的各种元器件并对它们的属性进行了相应的编辑后，根据电路设计的具体要求，就可以着手将各个元器件连接起来，以建立电路的实际连通性。这里所说的连接是指具有电气意义的连接，即电气连接。

电气连接有两种实现方式，一种是直接使用导线将各个元器件连接起来，称为"物理连接"；另一种是"逻辑连接"，即不需要实际的相连操作，通过设置网络标签使得元器件之间具有电气连接关系。

本章知识重点
- 电路设计的概念
- 原理图环境设置
- 原理图连接工具

2.1　电路设计的概念

电路设计是指实现一个电子产品从设计构思、电学设计到物理结构设计的全过程。在 Altium Designer 14 中，设计电路板最基本、完整的过程有以下 5 个步骤。

（1）电路原理图的设计

电路原理图的设计主要是利用 Altium Designer 14 中的原理图设计系统来绘制一张电路原理图。在这一步中，可以充分利用 Altium Designer 14 提供的各种原理图绘图工具、丰富的在线库、强大的全局编辑能力以及便利的电气规则检查，来达到设计目的。

（2）电路信号的仿真

电路信号仿真是原理图设计的扩展，为用户提供了一个完整的、从设计到验证的仿真设计环境。它与 Altium Designer 14 原理图设计服务器协同工作，以提供一个完整的前端设计方案。

（3）产生网络表及其他报表

网络表是电路板自动布线的灵魂，也是原理图设计与印制电路板设计的主要接口。网络表可以从电路原理图中获得，也可以从印制电路板中提取。其他报表则存放了原理图的各种信息。

（4）印制电路板的设计

印制电路板设计是电路设计的最终目标。利用 Altium Designer 14 的强大功能可以实现电路板的版面设计，可以完成高难度的布线以及输出报表等工作。

（5）信号的完整性分析

Altium Designer 14 包含一个高级信号完整性仿真器，能分析 PCB 和检查设计参数，测试过冲、下冲、阻抗和信号斜率，以便及时修改设计参数。

概括地说，整个电路板的设计过程先是编辑电路原理图，接着用电路信号仿真进行验证和调整，然后进行布板，再进行人工布线或根据网络表进行自动布线，这些内容都是设计中最基本的步骤。除了这些，用户还可以用 Altium Designer 14 的其他服务器来创建、编辑元器件库和零件封装库等。

2.2 原理图图纸设置

在原理图绘制过程中，可以根据所要设计的电路图的复杂程度，先对图纸进行设置。虽然在进入电路原理图编辑环境时，Altium Designer 14 会自动给出默认的图纸相关参数，但是在大多数情况下，这些默认的参数并不适合用户的要求，尤其是图纸尺寸的大小。用户可以根据设计对象的复杂程度对图纸的大小及其他相关参数重新定义。

设置步骤：单击"设计"→"文档选项"命令，或在编辑窗口中右击，在弹出的快捷菜单中选择"选项"→"文档选项"命令，或按快捷键〈D+O〉，系统将弹出"文档选项"对话框，如图 2-1 所示。在该对话框中，有"方块电路选项""参数""单位"和"Template（模板）"4 个选项卡。

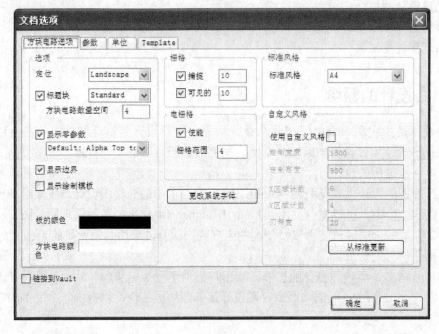

图 2-1 "文档选项"对话框

（1）设置图纸尺寸

单击"方块电路选项"选项卡，此时对话框的右半部分为图纸尺寸的设置区域。Altium Designer 14 提供了两种图纸尺寸的设置方式，一种是"标准风格"，单击其右侧的按钮，在下拉列表框中可以选择已定义好的图纸标准尺寸，包括公制图纸尺寸（A0～A4）、英制图纸尺寸（A～E）、CAD 标准尺寸（CAD A～CAD E）及其他格式（如 Letter、Legal、Tabloid

等）的尺寸，然后单击对话框右下方的"从标准更新"按钮，对目前编辑窗口中的图纸尺寸进行更新；另一种是"自定义风格"，勾选"使用自定义风格"复选框，则自定义功能被激活，在"定制宽度""定制高度""X 区域计数""Y 区域计数"及"刃带宽"5 个文本框中可以分别输入自定义的图纸尺寸。用户可以根据设计需要选择合适的设置方式，默认为"标准风格"。

在设计过程中，除了对图纸的尺寸进行设置外，往往还需要对图纸的其他选项进行设置，如图纸的方向、标题栏样式和图纸的颜色等，这些设置可以在左侧的"选项"选项组中完成。

（2）设置图纸方向

图纸方向可以通过"定位"下拉列表框来设置，可以设置为"Landscape（水平方向）"即横向，也可以设置为"Portrait（垂直方向）"即纵向。一般在绘制和显示时设为横向，在打印输出时可根据需要设为横向或纵向。

（3）设置图纸标题栏

图纸标题栏（明细表）是对设计图纸的附加说明，可以在该标题栏中对图纸进行简单的描述，也可以把它作为以后图纸标准化时的信息。在 Altium Designer 14 中提供了两种预先定义好的标题块，即"Standard（标准格式）"和"ANSI（美国国家标准格式）"。勾选"标题块"复选框，即可进行格式设计，相应的图纸编号功能被激活，可以对图纸进行编号。

（4）设置图纸参考说明区域

在"方块电路选项"选项卡中，通过"显示零参数"复选框可以设置是否显示参考说明区域。勾选该复选框表示显示参考说明区域，否则不显示参考说明区域。一般情况下应勾选该复选框。

（5）设置图纸边框

在"方块电路选项"选项卡中，通过"显示边界"复选框可以设置是否显示边框。勾选该复选框表示显示边框，否则不显示边框。

（6）设置显示模板图形

在"方块电路选项"选项卡中，通过"显示绘制模板"复选框可以设置是否显示模板图形。勾选该复选框表示显示模板图形，否则不显示模板图形。所谓显示模板图形，就是显示模板内的文字、图形、专用字符串等，如自己定义的标志区块或公司标志。

（7）设置边框颜色

在"方块电路选项"选项卡中，单击"板的颜色"显示框，然后在弹出的"选择颜色"对话框中选择边框的颜色，如图 2-2 所示，选完后单击"确定"按钮即可完成修改。

（8）设置图纸颜色

在"方块电路选项"选项卡中，单击"方块电路颜色"显示框，然后在弹出的"选择颜色"对话框中选择图纸的颜色，选完后单击"确定"按钮即可完成修改。

（9）设置图纸网格点

进入原理图编辑环境后，编辑窗口的背景是网格型的，这种网格就是可视网格，是可以改变的。网格为元器件的放置和线路的连接带来了极大的方便，用户可以轻松地排列元器件、整齐地走线。Altium Designer 14 提供了"捕捉""可见的"和"电栅格"3 种网格。

在"方块电路选项"选项卡中，"栅格"和"电栅格"选项组用于对网格进行具体设置，如图 2-3 所示。

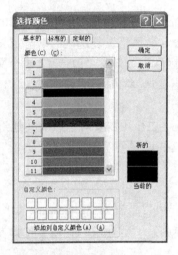

图2-2 "选择颜色"对话框　　　　　　　　　　图2-3 网格设置

①　"捕捉"复选框：用于控制是否启用捕获网格。所谓捕获网格，就是光标每次移动的距离大小。勾选该复选框后，光标移动时，以右侧文本框的设置值为基本单位，系统默认值为 10 个像素点，用户可根据设计的要求输入新的数值来改变光标每次移动的最小间隔距离。

②　"可见的"复选框：用于控制是否启用可视网格，即在图纸上是否可以看到网格。勾选该复选框后，可以对图纸上网格间的距离进行设置，系统默认值为 10 个像素点。若不勾选该复选框，则在图纸上将不显示网格。

③　"使能"复选框：勾选该复选框，则在绘制连线时，系统会以光标所在位置为中心，以"栅格范围"文本框中的设置值为半径，向四周搜索电气节点。如果在搜索半径内有电气节点，则光标将自动移到该节点上，并在该节点上显示一个圆亮点，搜索半径的数值可以自行设定。如果不勾选该复选框，则取消系统自动寻找电气节点的功能。

选择"查看"→"栅格"命令，在其子菜单中有用于切换 3 种网格启用状态的命令，如图 2-4 所示。单击其中的"设置跳转栅格"命令，系统将弹出如图 2-5 所示的"Choose a snap grid size（选择捕获网格尺寸）"对话框，在该对话框中可以输入捕获网格的参数值。

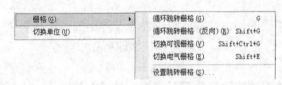

图2-4 "栅格"子菜单　　　　　　图2-5 "Choose a snap grid size
　　　　　　　　　　　　　　　　（选择捕获网格尺寸）"对话框

（10）设置图纸所用字体

在"方块电路选项"选项卡中，单击"更改系统字体"按钮，系统将弹出如图 2-6 所示的"字体"对话框。在该对话框中对字体进行设置，将会改变整个原理图中的所有文字，包括原理图中的元器件引脚文字和原理图的注释文字等。通常字体采用默认设置即可。

（11）设置图纸参数信息

图纸的参数信息记录了电路原理图的参数信息和更新记录，这项功能可以使用户更系统、更有效地对自己设计的图纸进行管理。建议用户对此项进行设置。当设计项目中包含很多图纸时，图纸参数信息就显得非常有用了。

设置方法：在"文档选项"对话框中，单击"参数"选项卡，即可对图纸参数信息进行设置，如图 2-7 所示。

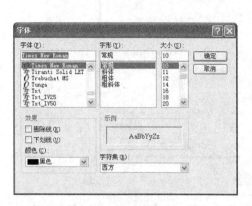

图 2-6 "字体"对话框

图 2-7 "参数"选项卡

在要填写或修改的参数上双击，或选中要修改的参数后单击"编辑"按钮，系统会弹出相应的参数属性对话框，用户可以在该对话框中修改各设定值。图 2-8 所示的是"ModifiedDate（修改日期）"参数的"参数属性"对话框，在"值"选项组中填入修改日期后，单击"确定"按钮，即可完成该参数的设置。

完成图纸设置后，单击"文档选项"对话框中的"确定"按钮，进入原理图绘制的流程。

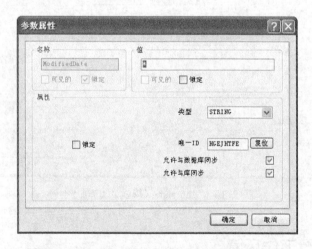

图 2-8 "ModifiedDate"参数的"参数属性"对话框

在"文档选项"对话框中，单击"单位"选项卡，可以对图纸单位系统进行设置，如图 2-9 所示。

"单位"选项卡中主要有"使用英制单位系统"和"使用公制单位系统"两个复选框，勾选其中一个复选框，选择不同的单位系统。在"文档选项"对话框中，单击"Template（模板）"选项卡，即可对图纸单位系统进行设置，如图 2-10 所示。

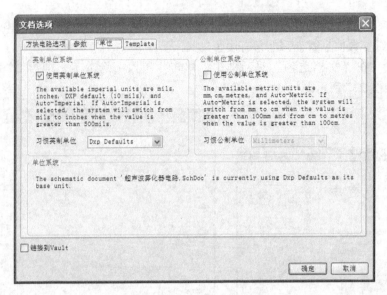

图 2-9 "单位"选项卡

在 "Template file（模板文件）" 选项组的下拉菜单中选择 "A" 和 "A0" 等模板，然后单击 "从模板更新" 按钮，即可更新模板文件。

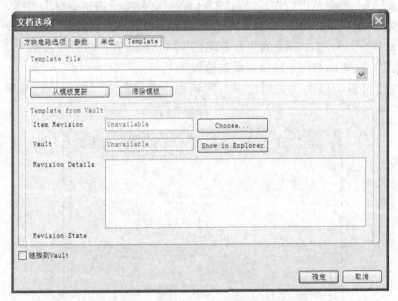

图 2-10 "Template（模板）"选项卡

2.3 设置原理图工作环境

在原理图的绘制过程中，其效率和正确性往往与环境参数的设置有密切的关系。参数设置合理与否，直接影响到设计过程中软件的功能是否能得到充分的发挥。在 Altium Designer 14 中，原理图编辑器工作环境的设置是通过原理图的 "参数选择" 对话框来完成的。单击 "工具" → "设置原理图参数" 命令，或在编辑窗口中单击鼠标右键，在弹出的快捷菜单中选择 "选项" → "设置原理图优选参数" 命令，或按快捷键〈T+P〉，系统将弹出 "参数选择"对话框。

在"参数选择"对话框中有 11 个标签页，即 General（常规设置）、Graphical Editing（图形编辑）、Mouse Wheel Configuration（鼠标滚轮设置）、Compiler（编译器）、AutoFocus（自动获得焦点）、Library AutoZoom（库扩充方式）、Grids（网格）、Break Wire（断开连线）、Default Units（默认单位）、Default Primitives（默认图元）、Orcad™（Orcad 端口操作）。下面对部分标签页的具体设置进行说明。

2.3.1 设置原理图的常规环境参数

电路原理图的常规环境参数设置通过 General 标签页来实现，如图 2-11 所示。

（1）"选项"选项组

① "直角拖拽"复选框：勾选该复选框后，在原理图上拖动元器件时，与元器件相连接的导线只能保持直角。若不勾选该复选框，则与元器件相连接的导线可以呈现任意角度。

图 2-11 General 标签页

② "Optimize Wire Buses（最优连线路径）"复选框：勾选该复选框后，在进行导线和总线的连接时，系统将自动选择最优路径，并且可以避免各种电气连线和非电气连线的相互重叠。此时，下面的"元件割线"复选框也呈现可选状态。若不勾选该复选框，则用户可以自己选择连线路径。

③ "元件割线"复选框：勾选该复选框后，会启动元器件分割导线的功能，即当放置一个元器件时，若元器件的两个引脚同时落在一根导线上，则该导线将被分割成两段，两个端点将分别自动与元器件的两个引脚相连。

④ "使能 In-Place 编辑（启用即时编辑功能）"复选框：勾选该复选框后，在选中原理图中的文本对象时，如元器件的序号、标注等，双击后可以直接进行编辑和修改，不必打开相应的对话框。

⑤ "Ctrl+双击 打开图纸"复选框：勾选该复选框后，按下〈Ctrl〉键的同时双击原理图文档图标即可打开该原理图。

⑥ "转换交叉点"复选框：勾选该复选框后，用户在绘制导线时，在相交的导线处会自动连接并产生节点，同时终止本次操作。若没有勾选该复选框，则用户可以任意覆盖已经存在的连线，且可以继续进行绘制导线的操作。

⑦ "显示 Cross-Overs（显示交叉点）"复选框：勾选该复选框后，非电气连线的交叉点会以半圆弧显示，表示交叉跨越状态。

⑧ "Pin 方向（引脚说明）"复选框：勾选该复选框后，单击元器件的某一引脚时，会自动显示该引脚的编号及输入/输出特性等。

⑨ "图纸入口方向"复选框：勾选该复选框后，在顶层原理图的图纸符号中会根据子图中设置的端口属性显示输出端口、输入端口或其他性质的端口。图纸符号中相互连接的端口部分不随此项设置的改变而改变。

⑩ "端口方向"复选框：勾选该复选框后，端口的样式会根据用户设置的端口属性显示输出端口、输入端口或其他性质的端口。

⑪ "未连接从左到右"复选框：勾选该复选框后，由子图生成顶层原理图时，左右可以不进行物理连接。

⑫ "使用 GDI+渲染文本+"复选框：勾选该复选框后，可以使用 GDI 字体渲染功能，精细到字体的粗细、大小等功能。

（2）"包含剪贴板"选项组

① "No-ERC 标记（忽略 ERC 检查符号）"复选框：勾选该复选框后，在复制和剪切到剪贴板或打印时，均包含图纸的忽略 ERC 检查符号。

② "参数集"复选框：勾选该复选框后，在使用剪贴板进行复制操作或打印时，包含元器件的参数信息。

（3）"Alpha 数字后缀（字母和数字后缀）"选项组

"Alpha 数字后缀"选项组用于设置某些元器件中包含多个相同子部件的标识后缀，每个子部件都具有独立的物理功能。在放置这种复合元器件时，其内部的多个子部件通常采用"元器件标识：后缀"的形式来加以区别。

① "字母"单选按钮：选中该单选按钮，则子部件的后缀以字母表示，如 U：A、U：B 等。

② "数字"单选按钮：选中该单选按钮，则子部件的后缀以数字表示，如U：1、U：2 等。

（4）"引脚余量"选项组

① "名称"文本框：用于设置元器件的引脚名称与元器件符号边缘之间的距离，系统默认值为5。

② "数量"文本框：用于设置元器件的引脚编号与元器件符号边缘之间的距离，系统默认值为8。

（5）"默认电源零件名"选项组

① "电源地"文本框：用于设置电源地的网络标签名称，系统默认为 GND。

② "信号地"文本框：用于设置信号地的网络标签名称，系统默认为 SGND。

③ "接地"文本框：用于设置大地的网络标签名称，系统默认为 EARTH。

（6）"过滤和选择的文档范围"选项组

"过滤和选择的文档范围"选项组中的下拉列表框用于设置过滤器和执行选择功能时默

认的文件范围，其中包含以下两个选项。

① "Current Document（当前文档）"选项：表示仅在当前打开的文档中使用。

② "Open Document（打开文档）"选项：表示在所有打开的文档中都可以使用。

（7）"默认空图表尺寸"选项组

"默认空图表尺寸"选项组用于设置默认的、空白原理图的尺寸，可以从下拉列表框中选择合适的选项，同时在其右侧给出了相应尺寸的具体绘图区域范围，以帮助用户进行设置。

（8）"分段放置"选项组

"分段放置"选项组用于设置元器件标识序号及引脚号的自动增量数。

① "首要的"文本框：用于设定在原理图上连续放置同一种元器件时，元器件标识序号的自动增量数，系统默认值为1。

② "次要的"文本框：用于设定创建原理图符号时，引脚号的自动增量数，系统默认值为1。

（9）"默认"选项组

"默认"选项组用于设置默认的模板文件。可以在"模板"下拉列表框中选择模板文件。如果不需要模板文件，则"模板"下拉列表框中显示"No Default Template File（没有默认的模板文件）"。

2.3.2 设置图形编辑环境参数

图形编辑环境的参数设置通过"Graphical Editing"（图形编辑）标签页来实现，如图 2-12 所示，该标签页主要用来设置与绘图有关的一些参数。

图 2-12 "Graphical Editing"（图形编辑）标签页

（1）"选项"选项组

① "剪贴板参数"复选框：勾选该复选框后，在复制或剪切选中的对象时，系统将提示确定一个参考点。建议用户勾选此复选框。

② "添加模板到剪贴板"复选框：勾选该复选框后，在执行复制或剪切操作时，系统会把当前文档所使用的模板一起添加到剪贴板中，所复制的原理图包含整个图纸。建议不勾选此复选框。

③ "转化特殊字符"复选框：勾选该复选框后，可以在原理图上使用特殊字符，显示时会转换成实际字符，否则将保持原样。

④ "对象的中心"复选框：勾选该复选框后，在移动元器件时，光标将自动跳到元器件的参考点上（元器件具有参考点时）或对象的中心处（对象不具有参考点时）。若不勾选该复选框，则移动对象时光标将自动跳到元器件的电气节点上。

⑤ "对象电气热点"复选框：勾选该复选框后，移动或拖动某一对象时，光标将自动跳到离对象最近的电气节点（如元器件的引脚末端）上。建议用户勾选此复选框。

⑥ "自动缩放"复选框：勾选该复选框后，在插入元器件时，电路原理图可以自动地实现缩放，调整出最佳的视图比例。建议勾选此复选框。

⑦ "否定信号 '\\'"复选框：在电路设计中，一般习惯在引脚的说明文字顶部加一条横线表示该引脚的低电平有效，在网络标签上也采用这种标识方法。Altium Designer 14 允许用户使用"\\"为文字顶部加一条横线。例如，RESET 低有效，则可以采用"\\R\\E\\S\\E\\T"的方式为该字符串顶部加一条横线。勾选该复选框后，只要在网络标签名称的第一个字符前加一个"\\"，则该网络标签名将全部被加上横线。

⑧ "双击运行检查"复选框：勾选该复选框后，在原理图上双击某个对象时，可以打开"Inspector（检查）"面板，该面板中列出了该对象的所有参数信息，用户可以进行查询或修改。

⑨ "确定被选存储清除"复选框：勾选该复选框后，在清除选定的存储器时，将出现一个确认对话框。通过这项功能的设定可以防止由于疏忽而清除选定的存储器。建议勾选此复选框。

⑩ "掩膜手册参数"复选框：用于设置是否显示参数和自动定位被取消的标记点。勾选该复选框后，如果对象的某个参数已取消了自动定位属性，那么在该参数的旁边会出现一个点状标记，提示用户该参数不能自动定位，需手动定位，即应该与该参数所属的对象一起移动或旋转。

⑪ "单击清除选择"复选框：勾选该复选框后，单击原理图编辑窗口中的任意位置，就可以解除对某一对象的选中状态，不需要使用菜单命令或"Schematic Standard（原理图标准）"工具栏中的（取消选中当前所有文件）按钮  。建议勾选此复选框。

⑫ "'Shift' +单击选择"复选框：勾选该复选框后，只有在按下〈Shift〉键时，单击才能选中图元。此时，右侧的"元素"按钮被激活。单击"元素"按钮，将弹出如图 2-13 所示的"必须按定 Shift 选择"对话框，在此可以设置哪些图元只有在按下〈Shift〉键时，单击才能选择。使用这项功能会使原理图的编辑很不方

图 2-13 "必须按定 Shift 选择"对话框

便，建议不勾选此复选框，直接单击选择图元即可。

⑬ "一直拖拉"复选框：勾选该复选框后，在移动某一选中的图元时，与其相连的导线也会随之移动，以保持连接关系。若不勾选该复选框，则移动图元时，与其相连的导线不会被拖动。

⑭ "自动放置图纸入口"复选框：勾选该复选框后，系统会自动放置图纸入口。

⑮ "保护锁定的对象"复选框：勾选该复选框后，系统会对锁定的图元进行保护。若不勾选该复选框，则锁定对象不会被保护。

⑯ "图纸入口和端口使用 Harness 颜色"复选框：勾选该复选框后，设定图纸入口及端口颜色。

⑰ "重置粘贴的元件标号"复选框：勾选该复选框后，还原粘贴后的元器件编号。

（2）"自动扫描选项"选项组

"自动扫描选项"选项组主要用于设置系统的自动摇镜功能，即当光标在原理图上移动时，系统会自动移动原理图，以保证光标指向的位置进入可视区域。

① "类型"下拉列表框：用于设置系统自动摇镜的模式，有 3 个选项供用户选择，即 Atuo Pan Off（关闭自动摇镜）、Auto Pan Fixed Jump（按照固定步长自动移动原理图）、Auto Pan Recenter（移动原理图时，以光标最近位置作为显示中心）。系统默认选项为 Auto Pan Fixed Jump。

② "速度"滑块：通过拖动滑块可以设定原理图移动的速度。滑块越向右，速度越快。

③ "步进步长"文本框：用于设置原理图每次移动时的步长。系统默认值为 30，即每次移动 30 个像素点。数值越大，图纸移动越快。

④ "Shift 步进步长"文本框：用于设置在按住〈Shift〉键的情况下，原理图自动移动的步长。该文本框中的值一般要大于"步进步长"文本框中的值，这样在按住〈Shift〉键时可以加快图纸的移动速度。系统默认值为100。

（3）"撤销/取消撤销"选项组

"堆栈尺寸"文本框：用于设置可以取消或重复操作的最深层数，即次数的多少。理论上，取消或重复操作的次数可以无限多，但次数越多，占用的系统内存就越大，会影响编辑操作的速度。系统默认值为 50，一般设定为 30 即可。

（4）"颜色选项"选项组

"颜色选项"选项组用于设置所选中对象的颜色。单击"选择"显示框，系统将弹出如图 2-14 所示的"选择颜色"对话框，在该对话框中可以设置选中对象的颜色。

（5）"光标"选项组

"光标"选项组主要用于设置光标的类型。在"指针类型"下拉列表框中，有"Large Cursor 90（长十字形光标）""Small Cursor 90（短十字形光标）""Small Cursor 45（短 45°交叉光标）"和"Tiny Cursor 45（小 45°交叉光标）"4 种光标类型。系统默认为"Small Cursor 90"类型。

其他参数的设置读者可以参照帮助文档，这里不再赘述。

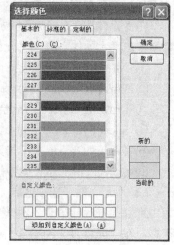

图 2-14 "选择颜色"对话框

2.3.3 电路板物理边框的设置

"Default Primitives（原始默认值）"标签页用来设定原理图编辑时常用图元的原始默认值，如图 2-15 所示。这样，在执行各种操作时，如图形绘制、元器件插入等，就会以所设置的原始默认值为基准进行操作，简化了编辑过程。

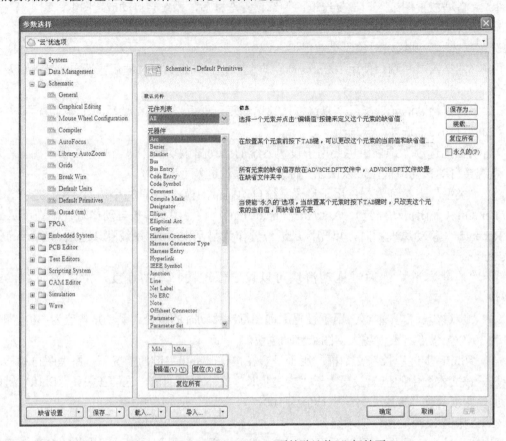

图 2-15　"Default Primitives（原始默认值）"标签页

（1）"元件列表"选项区域

在"元件列表"选项区域中，单击下拉按钮，选择其中的某一选项，则该类型所包括的对象将在"元器件"列表"元件列表"下拉列表框中有以下 6 个选项。框中显示。

① All：全部对象，选择该选项后，在下面的 Primitives 框中将列出所有的对象。

② Wiring Objects：指绘制电路原理图工具栏所放置的全部对象。

③ Drawing Objects：指绘制非电气原理图工具栏所放置的全部对象。

④ Sheet Symbol Objects：指绘制层次图时与子图有关的对象。

⑤ Library Objects：指与元器件库有关的对象。

⑥ Other：指上述类型中没有包括的对象。

（2）"元器件"选项区域

可以选择"元器件"列表框中显示的对象，并对所选的对象进行属性设置或复位到初始状态。在"元器件"列表框中选定某个对象，如选中"Pin（引脚）"，单击"编辑"按钮或双击对象，弹出"管脚属性"对话框，如图 2-16 所示。修改相应的参数，单击"确定"按钮即可返回。

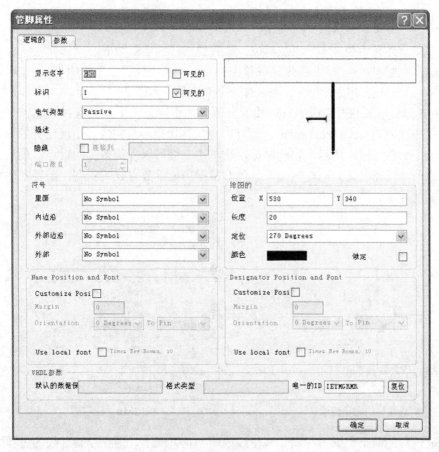

图 2-16 "管脚属性"对话框

如果在此处修改相关的参数，那么在原理图上绘制引脚时，默认的引脚属性就是修改过的引脚属性。

在原始值列表框中选中某一对象，单击"复位"按钮，则该对象的属性复位到初始状态。

（3）功能按钮

① "保存为"按钮：保存默认的原始设置。所有需要设置的对象都设置完毕后，单击"保存为"按钮，将弹出文件保存对话框，保存默认的原始设置。默认的文件扩展名为*.dft，以后可以重新进行加载。

② "装载"按钮：加载默认的原始设置。若要使用以前曾经保存过的原始设置，则单击"装载"按钮，弹出打开文件对话框，选择一个默认的原始设置档即可加载默认的原始设置。

③ "复位所有"按钮：恢复默认的原始设置。单击"复位所有"按钮，则所有对象的属性都复位到初始状态。

2.4 元器件的电气连接

元器件之间电气连接的主要方式是通过导线来连接。导线是电路原理图中最重要、用得最多的图元，它具有电气连接的意义。不同于一般的绘图工具，绘图工具没有电气连接的意义。

2.4.1 用导线连接元器件

导线是电气连接中最基本的组成单位，放置线的详细步骤如下。

1）选择"放置"→"线"命令，或单击工具栏中的"放置线"按钮 ≋，也可以按快捷键〈P+W〉，这时光标变成十字形状并带有一个叉记号，如图 2-17 所示。

2）将光标移动到想要完成电气连接的元器件的引脚上，单击放置线的起点。由于设置了系统电气捕捉节点（electrical snap），因此，电气连接很容易完成。出现红色的记号表示电气连接成功，如图 2-18 所示。移动鼠标多次单击左键可以确定多个固定点，最后放置线的终点，完成两个元器件之间的电气连接。此时鼠标仍处于放置线的状态，重复上述操作可以继续放置其他导线。

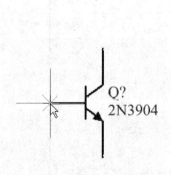

图 2-17 绘制导线时的光标形状

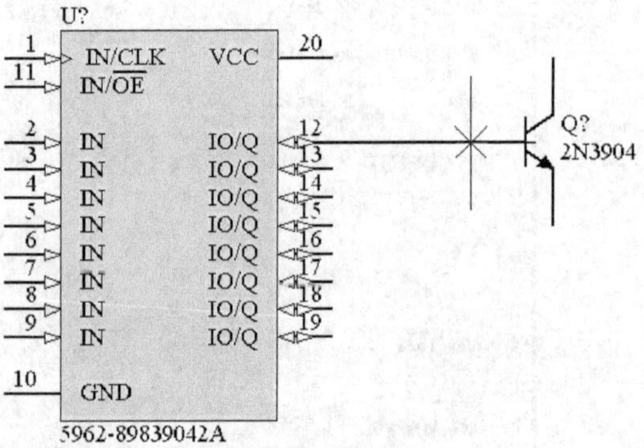

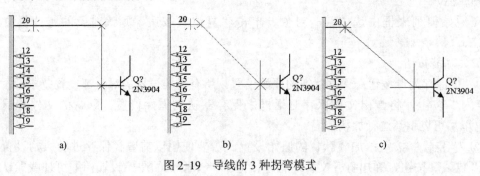

图 2-18 连接成功

如果要连接的两个引脚不在同一水平线或同一垂直线上，则在绘制导线的过程中需要单击鼠标来确定导线的拐弯位置，可以按快捷键〈Shift+Space〉来切换导线的拐弯模式，拐弯模式共有 3 种，即 90°、45°和任意角，如图 2-19 所示。导线绘制完毕后，右击或按〈Esc〉键即可退出绘制导线操作。

图 2-19 导线的 3 种拐弯模式

a) 直角 b) 45°角 c) 任意角

任何一个建立起来的电气连接都可称为一个网络（Net），每个网络都有唯一的名称，系统为每一个网络都设置了默认的名称，用户也可以自行设置。原理图完成绘制并编译结束后，在导航栏中即可看到各种网络的名称。在绘制导线的过程中，用户就可以对导线的属性进行编辑。双击导线或在鼠标处于放置线的状态时，按〈Tab〉键即可打开导线的属性编辑对话框，即"线"对话框，如图 2-20 所示。

在"线"对话框中可以对线的颜色和线宽参数进行设置。

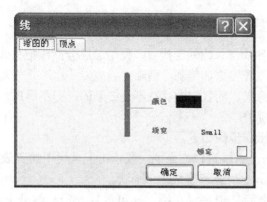

图 2-20 "线"对话框

① "颜色"：单击对话框中的颜色块 ，即可在弹出的对话框中选择导线的颜色。系统默认为深蓝色。

② "线宽"：单击右侧的"Small"按钮，打开下拉列表框，有 4 个选项，即"Smallest（最小）""Small（细小）""Medium（中等）"和"Large（最大）"。系统默认为"Small"选项。实际应用中应参照与其相连的元器件引脚的线宽度进行选择。

2.4.2 总线的绘制

总线是一组具有相同性质的并行信号线的组合，如数据总线、地址总线、控制总线等。在大规模的原理图设计，尤其是数字电路的设计中，若只用导线来完成各元器件之间的电气连接，则整个原理图的连线就会显得细碎而烦琐，此时如果使用总线便可大大简化原理图的连线操作，使整个原理图更加整洁、美观。

原理图编辑环境下的总线没有任何实质的电气连接意义，仅仅是为了绘图和读图的方便而采用的一种简化连线的表现形式。

总线的绘制与导线的绘制基本相同，具体步骤如下。

1）选择"放置"→"总线"命令，或单击工具栏中的"放置总线"按钮 ，也可以按快捷键〈P+B〉，这时鼠标变成十字形状。

2）将鼠标移动到想要放置总线的起点位置，单击确定总线的起点。然后拖拽鼠标，单击鼠标左键确定多个固定点和终点，如图 2-21 所示。总线的绘制不必与元器件的引脚相连，它只是为了方便对总线分支线的绘制而设定的。

在绘制总线的过程中，可以对总线的属性进行编辑。双击总线或在鼠标处于放置总线的状态时，按〈Tab〉键即可打开总线的属性编辑对话框，即"总线"对话框，如图 2-22 所示。

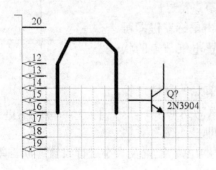

图 2-21 绘制总线

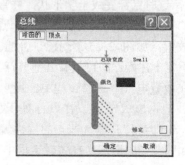

图 2-22 "总线"对话框

2.4.3 绘制总线分支线

总线分支线是单一导线与总线的连接线。使用总线分支线把总线和具有电气特性的导线连接起来，可以使电路原理图更加美观、清晰且具有专业水准。与总线一样，总线分支线也不具有任何电气连接的意义，而且它的存在不是必须的，即不通过总线分支线，直接把导线与总线连接起来也是正确的。

放置总线分支线的操作步骤如下。

1）选择"放置"→"总线进口"命令，或单击工具栏中的"放置总线进口"按钮 ，也可以按快捷键〈P+U〉，这时鼠标变成十字形状。

2）在导线与总线之间单击鼠标左键，即可放置一段总线分支线。同时在该命令状态下，按空格键可以调整总线分支线的方向，如图 2-23 所示。

在绘制总线分支线的过程中，用户便可对总线分支线的属性进行编辑。双击总线分支线或在鼠标处于放置总线分支线的状态时，按〈Tab〉键即可打开总线分支线的属性编辑对话框，即"总线入口"对话框，如图 2-24 所示。

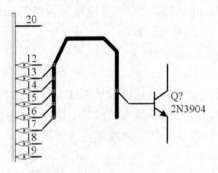

图 2-23　绘制总线分支线

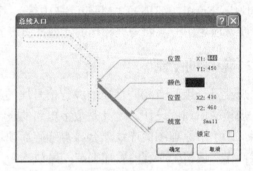

图 2-24　"总线入口"对话框

2.4.4 放置手动连接

在 Altium Designer 14 中，默认情况下，系统会在导线的 T 形交叉点处自动放置电气节点，表示所画线路在电气意义上是连接的。但在其他情况下，如十字交叉点处，由于系统无法判断导线是否连接，因此不会自动放置电气节点。如果导线确实是相互连接的，那么就需要用户手动放置电气节点。

手动放置电气节点的步骤如下。

1）选择"放置"→"手动连接"命令，也可以按快捷键〈P+J〉，这时鼠标变成十字形状，并带有一个电气节点符号。

2）移动光标到需要放置电气节点的位置，单击鼠标左键即可完成放置，如图 2-25 所示。此时鼠标仍处于放置电气节点的状态，重复上述操作即可放置其他节点。

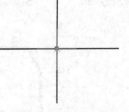

图 2-25　手动放置电气节点

在放置电气节点的过程中，用户便可对电气节点的属性进行编辑。双击电气节点或在鼠标处于放置电气节点的状态时，按〈Tab〉键即可打开电气节点的属性编辑对话框，即"连接"对话框，如图 2-26 所示。在该对话框中可以对节点的颜色、位置及大小进行设置。属性编辑完成后单击"确定"按钮即可关闭该对话框。

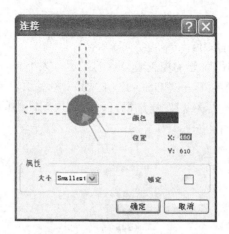

图 2-26 "连接"对话框

系统中存在一个默认的自动放置节点的属性，用户可以根据具体需求自行设置。选择"工具"→"设置原理图参数"命令，打开"参数选择"对话框，选择"Schematic（原理图）"→"Compiler（编辑器）"标签页即可对各类节点进行设置，如图 2-27 所示。

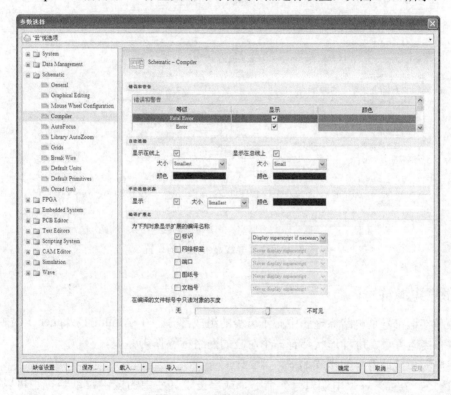

图 2-27 "参数选择"对话框

（1）"自动连接"选项组

① "显示在线上"复选框：选中该复选框，则显示在导线上自动设置的节点，系统默认勾选此复选框。在其下的"大小"下拉列表框和"颜色"显示框中可以对节点的大小和颜色进行设置。

② "显示在总线上"复选框：选中该复选框，则显示在总线上自动设置的节点，系统默认勾选此复选框。在其下的"大小"下拉列表框和"颜色"显示框中可以对节点的大小和

颜色进行设置。

（2）"手动连接状态"选项组

"显示""大小"和"颜色"分别控制着节点的显示、大小和颜色，用户可以自行设置。

单击"Schematic（原理图）"→"General（常规）"标签页，界面如图 2-28 所示。勾选"显示 Cross-Overs（显示交叉导线）"复选框可以改变原理图中的交叉导线显示。系统的默认设置为取消该复选框的选中状态。

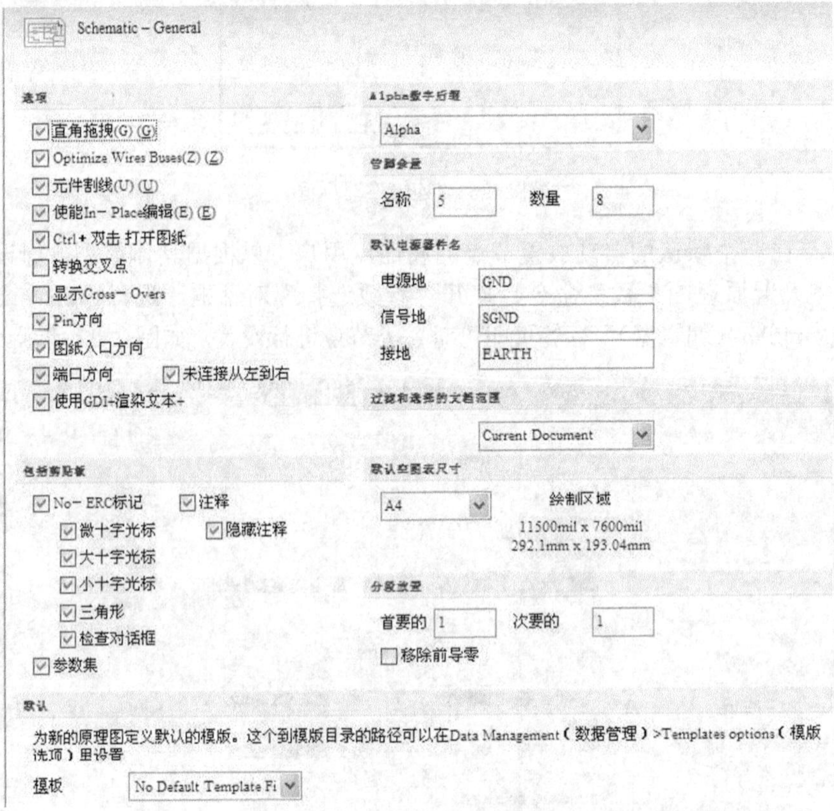

图 2-28　交叉导线显示模式的设置

2.4.5　放置电源符号

电源和接地符号是电路原理图中必不可少的组成部分。在 Altium Designer 14 中提供了多种电源和接地符号，每种形状都有一个对应的网络标签作为标识。

放置电源和接地符号的步骤如下。

1）选择"放置"→"电源符号"命令，或单击工具栏中的按钮 ⊥ 或 ᵛᶜᶜ，也可以按快捷键〈P+O〉，这时鼠标变成十字形状，并带有一个电源或接地符号。

2）移动光标到需要放置电源或接地的位置，单击即可完成放置，如图 2-29 所示。此时鼠标仍处于放置电源或接地的状态，重复上述操作即可放置其他的电源或接地符号。

在放置电源和接地符号的过程中，用户便可对电源和接地符号的属性进行编辑。双击电源和接地符号或在鼠标处于放置电源和接地符号的状态时，按〈Tab〉键即可打开电源和接地符号的属性编辑对话框，即"电源端口"对话框，如图 2-30 所示。在该对话框中可以对电源端口的颜色、风格、位置、旋转角度及所在网络的属性进行设置。属性编辑完成后单击

"确定"按钮即可关闭该对话框。

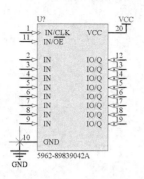

图 2-29 放置电源和接地符号

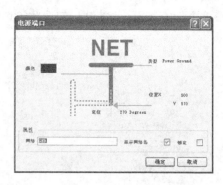

图 2-30 "电源端口"对话框

2.4.6 放置网络标签

在原理图绘制过程中，元器件之间的电气连接除了使用导线外，还可以通过放置网络标签的方法来实现。

网络标签具有实际的电气连接意义，具有相同网络标签的导线或元器件引脚不管在图上是否连接在一起，其电气关系都是连接在一起的。特别是在连接的线路比较远或线路过于复杂，走线比较困难时，使用网络标签代替实际走线可以大大简化原理图。

下面以放置电源网络标签为例介绍网络标签的放置方法，具体步骤如下。

1）选择"放置"→"网络标签"命令，或单击工具栏中的"放置网络标签"按钮 Net，也可以按快捷键〈P+N〉，这时鼠标变成十字形状，并带有一个初始标号"Net Label1"。

2）移动光标到需要放置网络标签的导线上，当出现红色米字形标志时，单击鼠标左键即可完成放置，如图 2-31 所示。此时鼠标仍处于放置网络标签的状态，重复上述操作即可放置其他网络标签。右击或按〈Esc〉键即可退出操作。

在放置网络标签的过程中，用户便可对网络标签的属性进行编辑。双击网络标签或在鼠标处于放置网络标签的状态时，按〈Tab〉键即可打开"网络标签"对话框，如图 2-32 所示。在该对话框中可以对"网络"的颜色、位置、旋转角度、名称及字体等属性进行设置。属性编辑完成后单击"确定"按钮即可关闭该对话框。

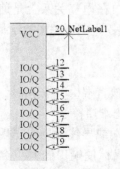

图 2-31 放置网络标签

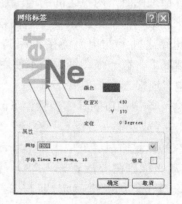

图 2-32 "网络标签"对话框

用户也可以在工作窗口中直接修改"Net（网格）"的名称，具体操作步骤如下。

1）选择"工具"→"设置原理图参数"命令，打开"参数选择"对话框，选择

"Schematic（原理图）"→"General（常规）"标签页，勾选"使能 In-Place 编辑（能够在当前位置编辑）"复选框（系统默认勾选此复选框），如图 2-33 所示。

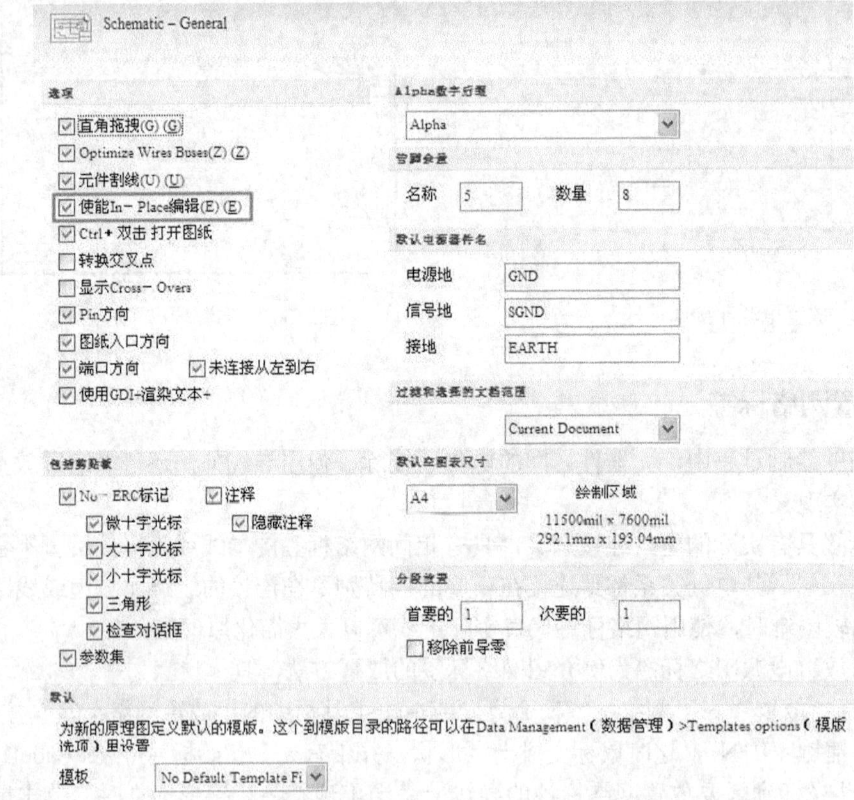

图 2-33　勾选"使能 In-Place 编辑（能够在当前位置编辑）"复选框

2）此时在工作窗口中单击网络标签的名称，过一段时间后再次单击网络标签的名称即可对该网络标签的名称进行编辑。

2.4.7　放置输入/输出端口

在设计原理图时，两点之间的电气连接可以直接使用导线连接，也可以通过设置相同的网络标签来完成。除此之外还有一种方法，即使用电路的输入/输出端口实现两点之间（一般是两个电路之间）的电气连接。相同名称的输入/输出端口在电气关系上是连接在一起的。一般情况下，在一张图纸中是不使用端口连接的，但在层次电路原理图的绘制过程中常使用这种电气连接方式。

放置输入/输出端口的具体步骤如下。

1）单击"放置"→"端口"命令，或单击工具栏中的"放置端口"按钮，也可以按快捷键〈P+R〉，这时鼠标变成十字形状，并带有一个输入/输出端口符号。

2）移动光标到需要放置输入/输出端口的元器件引脚末端或导线上，当出现红色米字形标志时，单击鼠标左键确定端口一端的位置。然后拖动鼠标使端口的大小合适，再次单击鼠标确定端口另一端的位置，这样就完成了输入/输出端口的一次放置，如图 2-34 所示。此时鼠标仍处于放置输入/输出端口的状态，重复上述操作即可放置其他的输入/输出端口。

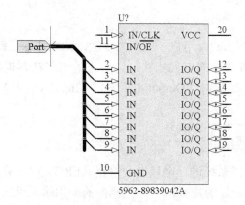

图 2-34 放置输入/输出端口

在放置输入/输出端口的过程中，用户便可对其属性进行编辑。双击输入/输出端口或在鼠标处于放置输入/输出端口的状态时，按〈Tab〉键即可打开输入/输出端口的属性编辑对话框，即"端口属性"对话框，如图 2-35 所示。对话框中各参数的含义如下。

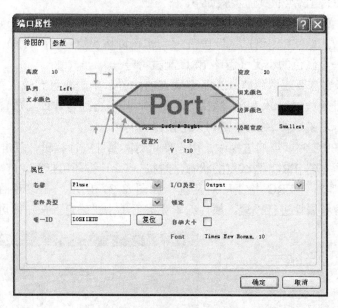

图 2-35 "端口属性"对话框

① "队列"：对端口名称的位置进行设置，有"Center（居中）""Left（靠左）"和"Right（靠右）"3 种选项。

② "文本颜色"：文本颜色的设置。

③ "宽度"：端口长度的设置。

④ "填充颜色"：端口内填充颜色的设置。

⑤ "边界颜色"：边框颜色的设置。

⑥ "类型"：端口外观风格的设置，有"None（Horizontal）（无水平）""Left（左边）""Right（右边）""Left & Right（左与右）""None（Vertical）（无垂直）""Top（顶端）""Bottom（底部）"和"Top & Bottom（顶与底）"8 个选项。

⑦ "位置"：端口位置的设置。

⑧ "名称"：端口名称的设置。这是端口最重要的属性之一，具有相同名称的端口存在

电气连接特性。

⑨ "唯一 ID"：唯一的 ID。用户一般不需要改动此项，使用默认设置即可。

⑩ "I/O 类型"：设置端口的电气特性，为后来的电气法则提供一定的依据。其中，有 "Unspecified（未指明或不确定）""Output（输出）""Input（输入）"和 "Bidirectional（双向型）" 4 种选项。

2.4.8　放置忽略 ERC 测试点

在电路设计过程中，当系统进行电气规则检查（ERC）时，有时会产生一些不希望的错误报告。例如，出于电路设计的需要，一些元器件的个别输入引脚有可能被悬空，但在系统默认情况下，所有的输入引脚都必须进行连接，这样在 ERC 检查时，系统会认为悬空的输入引脚使用错误，并在引脚处放置一个错误标记。

为了避免用户为检查这种"错误"而浪费时间，可以使用忽略 ERC 测试符号，让系统忽略对此处的 ERC 测试，从而不再产生错误报告。

放置忽略 ERC 测试点的具体步骤如下。

1）选择"放置"→"指示" ► "Generic No ERC（忽略 ERC 测试点）"命令，或单击工具栏中的"放置忽略 ERC 测试点"按钮 ×，也可以按快捷键〈P+I+N〉，这时鼠标变成十字形状，并带有一个红色的小叉（忽略 ERC 测试符号）。

2）移动光标到需要放置忽略 ERC 测试点的位置，单击即可完成放置，如图 2-36 所示。此时鼠标仍处于放置忽略 ERC 测试点的状态，重复上述操作即可放置其他的忽略 ERC 测试点。单击鼠标右键或按〈Esc〉键可以退出操作。

在放置忽略 ERC 测试点的过程中，用户便可对其属性进行编辑。双击忽略 ERC 测试点或在鼠标处于放置忽略 ERC 测试点的状态，时按〈Tab〉键即可打开忽略 ERC 测试点的属性编辑对话框，即"不 ERC 检查"对话框，如图 2-37 所示。在该对话框中可以对"No ERC"的颜色及位置属性进行设置。属性编辑完成后单击"确定"按钮即可关闭该对话框。

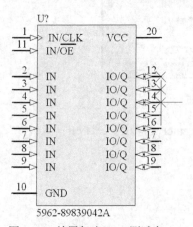

图 2-36　放置忽略 ERC 测试点

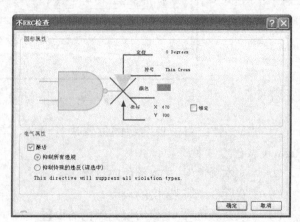

图 2-37　"不 ERC 检查"对话框

2.4.9　放置 PCB 布线指示

用户绘制原理图时，可以在电路的某些位置放置 PCB 布线指示，以便预先规划和指定该处的 PCB 布线规则，包括铜模的厚度、布线的策略、布线优先权及布线板层等。这样，在由原理图创建 PCB 印制板的过程中，系统就会自动引入这些特殊的设计规则。

放置放置 PCB 布线指示的具体步骤如下。

1）选择"放置"→"指示"→"PCB 布局"命令，也可以按快捷键〈P+I+P〉，这时鼠标变成十字形状，并带有一个 PCB 布线指示符号。

2）移动光标到需要放置 PCB 布线指示的位置，单击即可完成放置，如图 2-38 所示。此时鼠标仍处于放置 PCB 布线指示的状态，重复上述操作即可放置其他的 PCB 布线指示符号。右击或按〈Esc〉键可以退出操作。

在放置 PCB 布线指示的过程中，用户便可对 PCB 布线指示的属性进行编辑。双击 PCB 布线指示或在鼠标处于放置 PCB 布线指示的状态时，按〈Tab〉键即可打开 PCB 布线指示的属性编辑对话框，即"参数"对话框，如图 2-39 所示。在该对话框中可以对 PCB 布线指示的名称、位置、旋转角度及布线规则属性进行设置。对话框中各参数的含义如下。

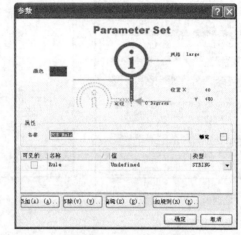

图 2-38　放置 PCB 布线指示　　　　　　　　图 2-39　"参数"对话框

① "名称"：用来输入 PCB 布线指示的名称。

② "定位"：设定 PCB 布线指示在原理图上的放置方向，有 4 个选项，即"0 Degrees""90 Degrees""180 Degrees"和"270 Degrees"。

③ "位置 X"和"Y"：设定 PCB 布线指示在原理图上的 X 轴坐标和 Y 轴坐标。

④ 参数坐标窗口：该窗口内列出了该 PCB 布线指示的相关参数，包括名称、数值和类型。选中任一参数值，单击"编辑"按钮，系统将弹出如图 2-40 所示的"参数属性"对话框。

图 2-40　"参数属性"对话框

在该对话框中直接单击"编辑规则值"按钮，将打开"选择设计规则类型"对话框，对话框中列出了 PCB 布线时需要用到的所有规则类型。

例如，选中"Width Constraint（铜膜线宽度）"，单击"确定"按钮后，则打开相应的铜膜线宽度设置对话框，如图 2-42 所示。该对话框分为两部分，上面是图形显示部分，下面是列表显示部分。对于铜膜线的宽度，既可以在上面设置，也可以在下面设置。属性编辑完成后单击"确定"按钮即可关闭该对话框。

图 2-41 "选择设计规则类型"对话框   图 2-42 铜膜线宽度设置对话框

2.5 操作实例

通过前面章节的学习，用户对 Altium Designer 14 的原理图编辑环境、原理图编辑器的使用有了初步的了解，而且能够完成简单电路原理图的绘制。这一节将从实际操作的角度出发，通过一个具体的实例来说明怎样使用原理图编辑器完成电路的设计工作。

2.5.1 A–D 模拟电路设计

目前绝大多数的电子应用设计都脱离不了单片机系统的使用。下面将使用 Altium Designer 14 来绘制一个 A-D 模拟电路组成原理图，其主要步骤如下。

1．建立工作环境

1）选择"开始"→"Altium Designer"命令，或双击桌面上的快捷方式图标，启动 Altium Designer 14 程序。

2）打开"Files（文件）"面板，在"新的"选项栏中单击"Blank Project（PCB）（空白工程文件）"选项，则在"Projects（工程）"面板中会出现新建的工程文件，系统提供的默认文件名为"PCB_Project1.PrjPCB"，如图 2-43 所示。

3）在工程文件"PCB_Project1.PrjPCB"上右击，在弹出的快捷菜单中选择"保存工程为"命令，在弹出的保存文件对话框中输入文件名"AD 模拟电路.PrjPcb"，并保存在指定的文件夹中。此时，在"Projects（工程）"面板中，工程文件名变为"AD 模拟电路.PrjPcb"，该工程中没有任何内容，可以根据设计的需要添加各种设计文档。

4）在工程文件"AD 模拟电路.PrjPcb"上右击，在弹出的快捷菜单中选择"给工程添加新的"→"Schematic（原理图）"命令。在该工程文件中新建一个电路原理图文件，系统默认文件名为"Sheet1.SchDoc"，在该文件上右击，在弹出的快捷菜单中选择"保存为"命令，在弹出的保存文件对话框中输入文件名"AD 模拟电路.SchDoc"。此时，在"Projects（工程）"面板中，工程文件名变为"AD 模拟电路.SchDoc"，如图 2-44 所示。在创建原理图文件的同时，也就进入了原理图设计系统环境。

图 2-43　新建工程文件

图 2-44　创建新原理图文件

2．设置原理图图纸

1）在编辑窗口中右击，在弹出的快捷菜单中选择"选项"→"文档选项"或"文件参数"或"图纸"命令，系统将弹出如图 2-45 所示的"文档选项"对话框，在此对话框中对图纸参数进行设置。

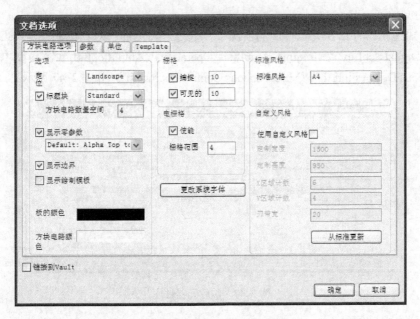

图 2-45　"文档选项"对话框

这里将图纸的尺寸及标准风格设置为"A4"，放置方向设置为"Landscape（水平）"，标题块设置为"Standard（标准）"。

2）单击对话框中的"更改系统字体"按钮，弹出"字体"对话框。在该对话框中，设置字体为"Arial"，字形为"常规"，大小为"10"，然后单击"确定"按钮，其他选项均采用系统默认设置。

3. 元器件库管理

元器件库操作包括装载元器件库和卸载元器件库。

1）在"库"面板中单击"Library"按钮，弹出如图 2-46 所示的"可用库"对话框。在元器件库列表中，选定其中的元器件库，单击"上移"按钮，则该元器件库可以向上移动一行；单击"下移"按钮，则该元器件库可以向下移动一行；单击"删除"按钮，则系统会卸载该元器件库。

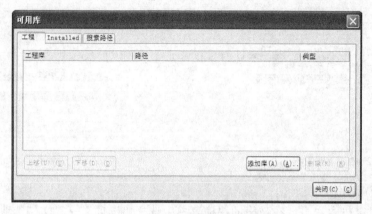

图 2-46　"可用库"对话框

2）在"可用库"对话框中，单击"添加库"按钮，系统会弹出加载 Altium Designer 14 元器件库的文件列表。

3）在知道元器件所在元器件库的情况下，通过"可用库"对话框加载"NSC Converter Analog to Digital.SchLib""Motorola Amplifier Operational Amplifier.IntLib""可变电阻.SchLib""Miscellaneous Devices.IntLib""Miscellaneous Connectors.IntLib"，如图 2-47 所示。

图 2-47　加载元器件库

4. 放置元器件

1）打开"库"面板，在当前元器件库名称栏选择"NSC Converter Analog to Digital.SchLib"，在过滤框条件文本框中输入"ADC1001CCJ"，如图 2-48 所示。然后单击"Place ADC1001CCJ（放置）"按钮，将选择的 A-D 转换器芯片放置在原理图图纸上。

这里使用的运算放大器芯片是"tl074acd"，该芯片所在的库文件为"Motorola Amplifier Operational Amplifier.IntLib"，如图 2-49 所示。

这里使用的可变电位器是"RP"，该芯片所在的库文件为自制的"可变电阻.SchLib"，如图 2-50 所示。

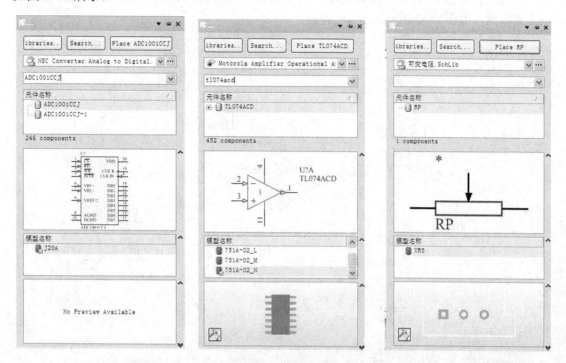

图 2-48　选择 A-D 转换器芯片　　图 2-49　选择运算放大器芯片　　图 2-50　选择可变电位器

　　本电路中除了使用上述 3 种芯片外，还需要在"Miscellaneous Devices.IntLib"库中选择基本阻容元器件，在元器件列表中选择电容"Cap"、电阻"Res2"、极性电容"Cap Pol2"和稳压管"XTAL"。

　　2）在"Miscellaneous Connectors.IntLib"元器件库中选择"HEADER 4"和"HEADER 16"，然后一一进行放置，结果如图 2-51 所示。

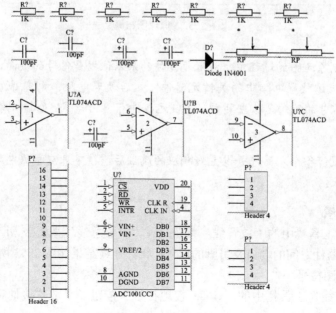

图 2-51　原理图放置

3）在元器件库中选择所需的元器件，在图纸上大致确定大元器件的位置，完成原理图的大致布局，如图 2-52 所示。

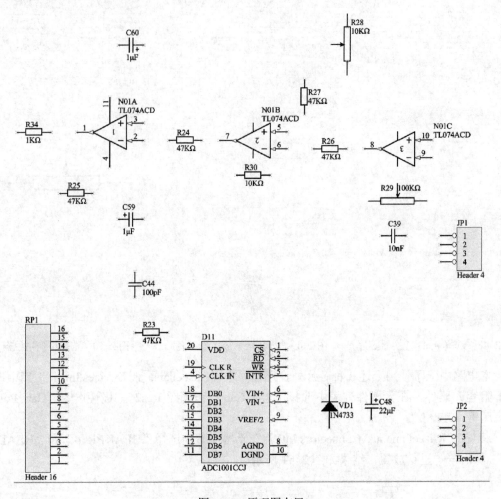

图 2-52　原理图布局

提示：在绘制原理图的过程中，放置元器件的基本依据是信号的流向，或从左到右，或从上到下。首先应该放置电路中的关键元器件，然后放置电阻、电容等外围元器件。本例中，设定图纸上信号的流向是从左到右，关键元器件有 3 个，即 A-D 转换器、稳压管和运算放大器。

提示：在放置好各个元器件并设置好相应的属性后，接下来应根据电路设计的要求把各个元器件连接起来。

5. 连接原理图

单击"布线"工具栏中的"放置线"按钮、"放置总线"按钮和"放置总线入口"按钮，完成元器件之间的端口及引脚的电气连接，连线结果如图 2-53 所示。

6. 放置原理图符号

1）单击"布线"工具栏中的"GND 接地符号"按钮，放置接地符号，本例共需要 11 个接地符号。

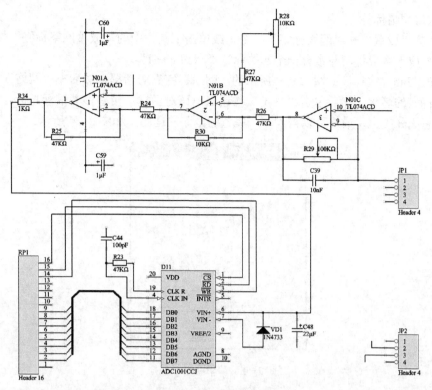

图 2-53　连线结果

2）单击"布线"工具栏中的"VCC 电源符号"按钮 ^{VCC}，放置电源，本例共需要 7 个电源符号。由于都是数字地，因此使用统一的符号表示即可，如图 2-54 所示。

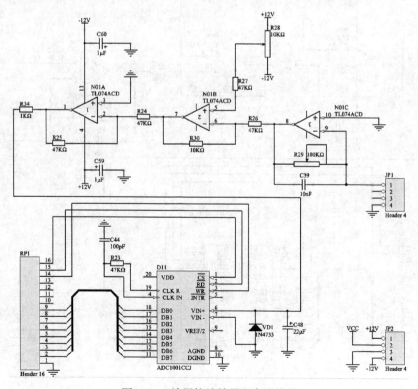

图 2-54　放置接地符号和电源符号

7. 放置网络标签

1）选择"放置"→"网络标签"命令，或单击工具栏中的"放置网络标签"按钮 Net，这时鼠标变成十字形状，并带有一个初始标签"Net Label1"。

2）按〈Tab〉键打开如图 2-55 所示的"网络标签"对话框，然后在"网络"文本框中输入网络标签的名称，然后单击"确定"按钮退出该对话框。接着移动鼠标光标，将网络标签放置到总线分支上，最终可以得到一个完整的电路原理图，如图 2-56 所示。

图 2-55　编辑网络标签

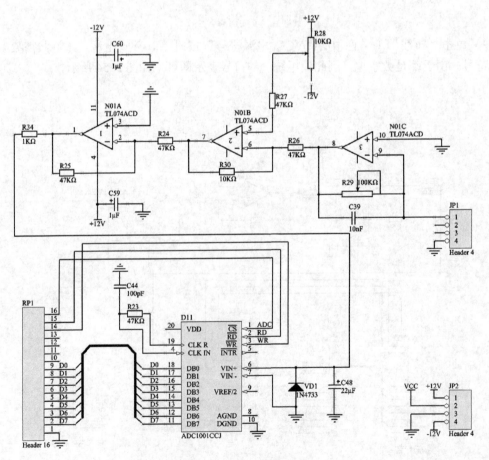

图 2-56　完整的电路原理图

8. 保存原理图

选择"文件"→"保存"命令，或单击"保存"按钮 ⬚，将设计的原理图保存在工程文件中。

2.5.2 音乐闪光灯电路设计

本实例将设计一个音乐闪光灯，它采用干电池供电，可驱动发光管闪烁发光，同时扬声器还可以播放芯片中存储的电子音乐。本例中将介绍创建原理图、设置图纸、放置元器件、绘制原理图符号、元器件的布局布线和放置电源符号等操作。

1. 建立工作环境

1）选择"开始"→"Altium Designer"命令，或双击桌面上的快捷方式图标，启动Altium Designer 14 程序。

2）选择"文件"→"New（新建）"→"Project（工程）"→"PCB 工程"命令，然后单击鼠标右键，在弹出的快捷菜单中选择"保存工程为"命令，将新建的工程文件保存为"音乐闪光灯电路.PrjPCB"。

3）选择"文件"→"New（新建）"→"原理图"命令，然后选择"文件"→"保存为"命令，将新建的原理图文件保存为"音乐闪光灯电路.SchDoc"。

2. 原理图图纸的设置

1）选择"设计"→"文档选项"命令，或在编辑区内右击，在弹出的快捷菜单中选择"选项"→"文档选项"命令，弹出"文档选项"对话框，在该对话框中可以对图纸进行设置，如图 2-57 所示。

提示：在设置图纸栅格尺寸时，一般地，捕捉栅格尺寸和可视栅格尺寸一样大，也可以设置捕捉栅格的尺寸为可视栅格尺寸的整数倍。电气栅格的尺寸应该略小于捕捉栅格的尺寸，因为只有这样才能准确地捕捉电气节点。

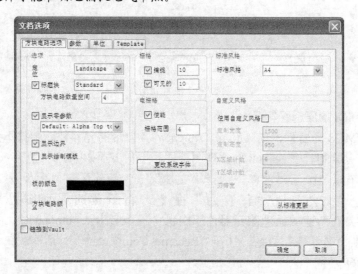

图 2-57 设置原理图图纸

2）单击"文档选项"对话框中的"参数"选项卡，在该选项卡下可以设置当前时间、当前日期、设置时间、设计日期、文件名、修改日期、工程设计负责人、图纸校对者、图纸设计者、公司名称、图纸绘制者、设计图纸版本号和电路原理图编号等，如图 2-58 所示。

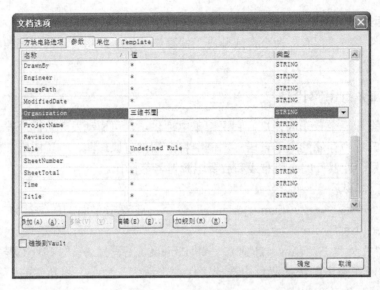

图 2-58 "参数"选项卡

3．添加元器件

打开"库"面板，添加"Miscellaneous Devices.IntLib"元器件库，然后在该库中找到二极管、晶体管、电阻、电容、麦克风等元器件，将它们放置到原理图中，如图 2-59 所示。

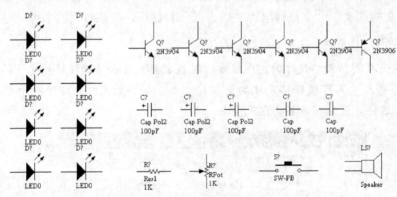

图 2-59　放置元器件

4．绘制 SH868 的原理图符号

SH868 为 CMOS 元器件，在 Altium Designer 14 自带的元器件库中找不到它的原理图符号，所以需要自己绘制一个 SH868 的原理图符号，绘制步骤如下。

1）新建一个原理图元器件库。选择"文件"→"新建"→"库"→"原理图库"命令，然后选择"文件"→"保存为"命令，将新建的原理图符号文件保存为"SH868.SchLib"。在新建的原理图元器件库中包含一个名为 Component_1 的元器件，选择"工具"→"重新命名器件"命令，打开"Rename Component"对话框，在该对话框中修改元器件名为 SH868。

2）绘制元器件外框。选择"放置"→"矩形"命令，或单击工具栏上的"矩形"按钮，这时鼠标变成十字形状，并带有一个矩形图形。移动鼠标光标到图纸上，在图纸参考点上单击确定矩形的左上角顶点，然后拖动光标画出一个矩形，再次单击确定矩形的右下角顶点，如图 2-60 所示。

3）双击绘制好的矩形，打开"长方形"对话框，将矩形的边框颜色设置为黑色，将边框的宽度设置为"Smallest（最小）"，并通过设置右上角顶点和左下角顶点的坐标来确定整个矩形的大小，如图 2-61 所示。

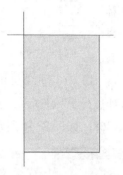

图 2-60　绘制元器件外框

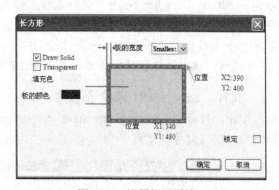

图 2-61　设置矩形属性

提示：在 Altium Designer 14 的默认情况下，矩形的填充色是淡黄色，从 Altium Designer 14 元器件库中取出的芯片外观也都是淡黄色的，因此，不需要更改所放置矩形的填充色，保留默认设置即可。

4）放置引脚。选择"放置"→"引脚"命令，或单击工具栏上的"引脚"按钮，此时光标变为十字形，并带有一个引脚的浮动虚影。移动光标到目标位置，单击鼠标左键即可将该引脚放置到图纸上。

提示：在放置引脚时，有电气捕捉标志的一端应该是朝外的，如果需要，可以按〈Space〉键将引脚翻转。

5）双击放置的元器件引脚，打开"管脚属性"对话框，在该对话框中可以设置引脚的名称、编号、电气类型和引脚的位置以及长短等，如图 2-62 所示。完成属性设置后，在对话框的右上角会显示设置的效果。单击"确定"按钮关闭对话框。

图 2-62　设置引脚属性

6）放置所有引脚并设置其属性，最后得到如图 2-63 所示的元器件符号图。

提示：在 Altium Designer 14 中，引脚名称上的横线表示该引脚负电平有效。在引脚名称上添加横线的方法是在输入引脚名称时，每输入一个字符后，紧跟着输入一个 "\" 字符。例如，要在 OE 上加一个横线，就可以将其引脚名称设置为 "O\E\"。

图 2-63　所有引脚放置完成

7）在 "SCH Library（SCH 库）" 面板的 "器件" 选项组下单击 "编辑" 按钮，打开 "Library Component Properties（库元器件属性）" 对话框，在该对话框中将元器件的默认编号设置为 "U?"，将原件的注释设置为 SH868，如图 2-64 所示。

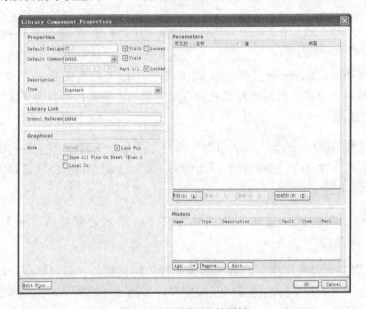

图 2-64　设置元器件属性

8）在 "Library Component Properties" 对话框右边的 "Parameters （参数）" 栏中，可以添加一些元器件的相关信息，单击 "添加" 按钮打开 "参数属性" 对话框，在该对话框中可以编辑元器件的属性信息，如图 2-65 所示。

图 2-65　编辑元器件的属性信息

9）单击"确定"按钮完成元器件属性的设置，至此，SH868CMOS 元器件设计完成。

5．放置 SH868 到原理图

在"SCH Library"面板的"器件"选项组下单击"放置"按钮，将自己绘制的 SH868 原理图符号放置到原理图图纸上，这样，所有的元器件就准备齐全了，如图 2-66 所示。

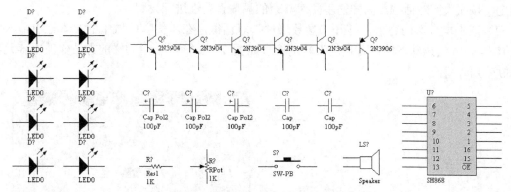

图 2-66　放置完所有元器件的原理图

6．元器件布局

基于布线方便的考虑，SH868 被放置在原理图的中间位置。至此，完成所有元器件的布局，如图 2-67 所示。

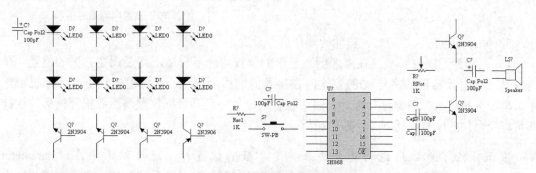

图 2-67　元器件布局结果

7．元器件布线

选择"放置"→"线"命令，或单击工具栏中的"放置线"按钮，这时鼠标变成十字形状并带有一个叉记号。移动光标到元器件的一个引脚上，当出现红色米字形的电气捕捉符号后，单击确定导线起点，然后拖动鼠标画出导线，在需要拐角或和元器件引脚相连接的地方单击即可。完成导线布置后的原理图如图 2-68 所示。

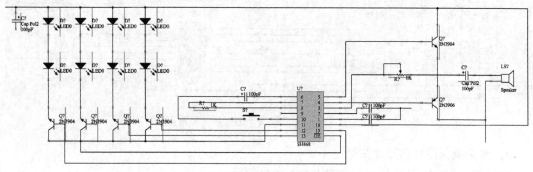

图 2-68　导线布置完成后的原理图

8. 编辑元器件属性

1）双击晶体管的原理图符号，打开"Properties for Schematic Component in Sheet（原理图元器件属性）"对话框，在"Properties（属性）"区域中的"Designator（代号）"文本框内输入 Q1，在"Comment（说明）"文本框内输入 9013，如图 2-69 所示。设置完成后单击"确定"按钮关闭对话框。同样的步骤对其余的晶体管属性进行设置。

2）双击电容器的容值，打开"参数属性"对话框，在"值"区域中的文本框内输入电容的容值，并勾选其下的"可见的"复选框，如图 2-70 所示。用同样的方法修改电容元器件的序号和注释。

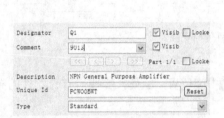

图 2-69　设置晶体管属性

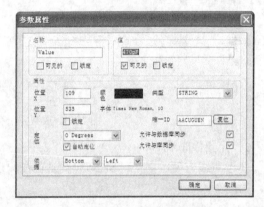

图 2-70　设置电容器容值

3）同样的方法，对所有元器件的属性进行设置。

4）元器件的序号等参数在原理图上显示的位置可能不合适，需要调整它们的位置。单击发光二极管元器件的序号 DS1，这时在序号的四周会出现一个绿色的边框，表示已被选中。单击并按住鼠标左键进行拖动，将二极管的编号拖动到目标位置，然后松开鼠标，这样即可将元器件的序号移动到一个新的位置。

提示：除了可以用拖动的方法来确定参数的位置外，还可以采用在"Parameter Properties"对话框中输入坐标的方式来确定参数的位置，但是这种方法不太直观，因此较少使用，只有在需要精确定位时才使用，一般地都采用拖动的方法来改变参数所在的位置。

元器件的属性编辑完成后，整个原理图就显得整齐多了，如图 2-71 所示。

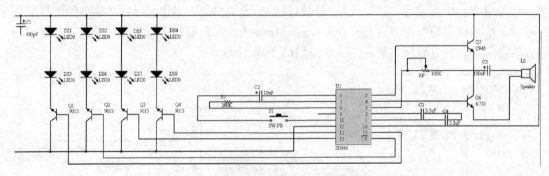

图 2-71　完成元器件属性编辑后的原理图

9. 放置电源符号和接地符号

电源符号和接地符号是一个电路中必不可少的部分。

56

1）选择"放置"→"电源端口"命令，或单击工具栏中的"GND端口"按钮 ，即可向原理图中放置接地符号。

2）单击"布线"工具栏中的"VCC电源端口"按钮 ，当鼠标光标变为十字形，并带有一个电源符号时，移动光标到目标位置并单击，即可将电源符号放置在原理图中。

3）在放置电源符号时，有时需要标明电源的电压，这时只要双击放置的电源符号，打开如图2-72所示的"电源端口"对话框，在"网络"文本框中输入电压值4.5V，然后单击"确定"按钮退出即可。电源符号和接地符号放置完成后的原理图如图2-73所示。

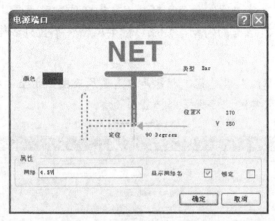

图2-72 "电源端口"对话框

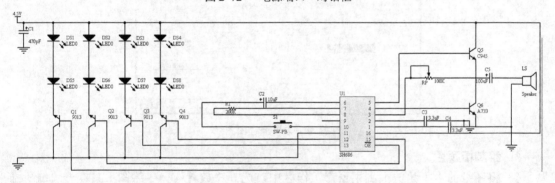

图2-73 电源符号和接地符号放置完成后的原理图

10. 保存原理图

选择"文件"→"保存"命令，或单击"保存"按钮 ，将设计的原理图保存在工程文件中。

2.5.3 变频声控器电路设计

音频信号通过麦克风传送给运算放大器，运算放大器再将音频信号放大后控制NE555P的振荡频率在一定的范围内变化。通过改变R3、R4和C2的参数，就可以控制输出频率的变化范围。

在本例中，将通过动手创建图纸的标题栏来创建一个原理图的模板文件，然后用创建好的模板新建原理图文件，具体步骤如下。

1. 建立工作环境

1）选择"开始"→"Altium Designer"命令，或双击桌面上的快捷方式图标，启动

Altium Designer 14 程序。

2）选择"文件"→"New（新建）"→"Project（工程）"→"PCB 工程"命令，然后右击，在弹出的快捷菜单中选择"保存工程为"命令，将新建的工程文件保存为"变频声控器电路.PrjPCB"。

3）选择"文件"→"New（新建）"→"原理图"命令，然后右击，在弹出的快捷菜单中选择"保存为"命令，将新建的原理图文件保存为"变频声控器电路.SchDoc"。

2．原理图图纸的设置

选择"设计"→"文档选项"命令，打开"文档选项"对话框，然后在 "选项"选项组中取消对"标题块"复选框的勾选，并在"标准风格"下拉列表框中选择图纸纸型为 B型，如图 2-74 所示。

提示：不勾选"标题块"复选框，也就是取消了原理图图纸上的标题栏，此时即可在原理图图纸上按照自己的需要定义标题栏。

图 2-74　设置原理图图纸

3．绘制标题栏

1）将图纸的右下角放大到主窗口工作区中，选择"放置"→"绘图工具"→"线"命令，或单击绘图工具栏中的"放置线"按钮![线]，当光标变成十字形时，移动光标到原理图图纸的右下角，准备绘制。在开始绘制标题栏之前，按〈Tab〉键打开如图 2-75 所示的"PolyLine（折线）"对话框，将线的颜色设置为黑色，然后单击"确定"按钮退出对话框，返回绘制直线的状态，这样在右下角就绘制出了一个标题栏的边框，如图 2-76 所示。

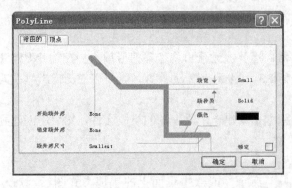

图 2-75　设置线条颜色

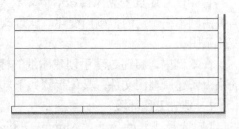

图 2-76　绘制标题栏边框

2）选择"察看"→"栅格"→"切换可视栅格"命令，取消图纸上的栅格，这样在放置文本时就不会受到干扰。

3）选择"放置"→"文本字符串"命令，或单击绘图工具栏中的  （放置文本字符串）按钮，鼠标光标变为十字形，然后按〈Tab〉键打开"标注"对话框，在"属性"选项组中单击"字体"右侧的按钮，打开"字体"对话框，在该对话框中将字体大小设置为 20，单击"确定"按钮退出该对话框，如图 2-77 所示。在"标注"对话框"属性"选项组中的"文本"文本框内输入标题栏的内容，如图 2-78 所示。然后单击"确定"按钮退出对话框，将鼠标移动到前面画好的标题栏边框里并单击即可将文字放置到合适的位置。

图 2-77 设置标题栏的字体

4）用同样的方法添加标题栏中的其他内容，添加完成后得到的自定义标题栏如图 2-79 所示。

图 2-78 设置标题栏内

图 2-79 完成标题栏的制作

5）为标题栏中的每一项"赋值"。再次选择"放置"→"文本字符串"命令，或单击绘图工具栏中的"放置文本字符串"按钮 A，然后按〈Tab〉键打开"标注"对话框，在"属性"选项组中的"文本"下拉列表框中选择相应的工程，如图 2-80 所示。使用同样的方法为标题栏中的每一项都"赋值"。

提示：图 2-81 所示的"文本"下拉列表中的各项与"文档选项"对话框中"属性"选项组的各项参数是对应的。如果选择了"=CompanyName（公司名）"选项，那么所添加的这段文字就和原理图中的 Company Name（公司名）参数关联起来了。选择"工具"→"设置原理图参数"命令，打开"参数选择"对话框，在"Graphical Editing（图形编辑）"标签页中勾选"Convert Special Strings（转换特殊字符串）"复选框，此时，当在"参数"选项卡中编辑了某项参数时，所添加的这段文字就会等于这项参数。

6）创建完原理图图纸后，可以将其定义为模板，以方便日后引用。选择"文件"→"保存拷贝为"命令，打开"Save [变频声控器.SchDoc] As"对话框，在该对话框中的"保存类型"下拉列表框中选择"Advanced Schematic template"选项，然后单击"保存"按钮，如图2-82所示。

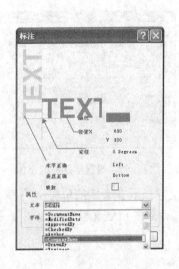

图2-80 选择相应的工程

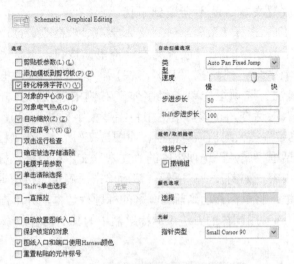

图2-81 设置特殊字符的转换

7）建立好模板后，在设计原理图时就可调用该模板文件。打开一个原理图文件，然后选择"设计"→"项目模板"→"变频声控器.SchDoc"命令，弹出"更新模板"对话框，单击"确定"按钮即可，如图2-83所示。

图2-82 保存模板

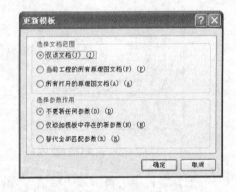

图2-83 "更新模板"对话框

提示：在Altium Designer 14中也附带了一些模板，这些模板都保存在Altium Designer 14默认的安装目录下的Templates文件夹中。

4. 原理图设计

在原理图上完成变频声控器原理图的设计。最终得到的原理图如图2-84所示。

5. 保存原理图

选择"文件"→"保存"命令或单击"保存"按钮 🖫，将设计的原理图保存在工程文件中。

本例详细介绍了原理图模板的创建方式。所谓原理图模板就是按照自己的习惯来定义的原理图图纸。将模板保存后，在以后的设计中就可以直接调用。

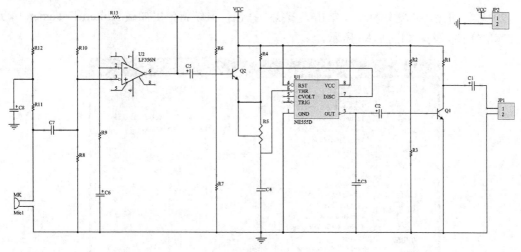

图 2-84 变频声控器原理图

2.5.4 开关电源电路设计

本例主要介绍原理图设计中经常遇到的一些知识点，包括查找元器件及其对应元器件库的载入和卸载、基本元器件的编辑和原理图的布局与布线，具体的设计步骤如下。

1. 建立工作环境

1）选择"开始"→"Altium Designer"命令，或双击桌面上的快捷方式图标，启动 Altium Designer 14 程序。

2）选择"文件"→"New（新建）"→"Project（工程）"→"PCB 工程（印制电路板工程）"命令，然后右击，在弹出的快捷菜单中选择"保存工程为"命令，将新建的工程文件保存为"NE555 开关电源电路.PrjPCB"。

3）选择"文件"→"New（新建）"→"原理图"命令，然后右击，在弹出的快捷菜单中选择"保存为"命令，将新建的原理图文件保存为"NE555 开关电源电路. SchDoc"。

2. 元器件库管理

在知道元器件所在元器件库的情况下，通过"库"对话框加载元器件库。

1）在"库"面板中单击"Library"按钮，弹出如图 2-85 所示的"可用库"对话框。在"可用库"对话框的元器件库列表中选定其中的元器件库，单击"上移"按钮，则该元器件库可以向上移动一行；单击"下移"按钮，则该元器件库可以向下移动一行；单击"删除"按钮，系统将卸载该元器件库。

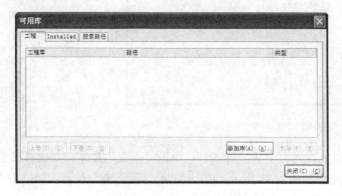

图 2-85 "可用库"对话框

2）在"可用库"对话框中，单击"查找"按钮，系统将弹出加载 Altium Designer 14 元器件库的文件列表，如图 2-86 所示。

图 2-86　元器件库文件列表

3）在元器件库文件列表中选择"Miscellaneous Devices.IntLib"元器件库并单击"打开"按钮，则系统将该元器件库加载到当前编辑环境下，同时会显示该库的地址。单击"关闭"按钮，回到原理图绘制工作界面，此时即可放置所需的元器件。

3. 查找元器件

1）在"库"面板中单击"Search"按钮，弹出如图 2-87 所示的"搜索库"对话框。

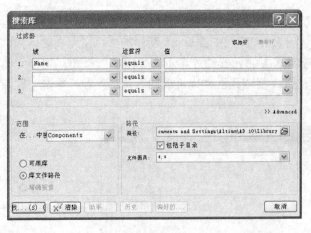

图 2-87　"搜索库"对话框

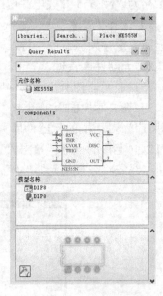

图 2-88　元器件查找结果

2）在文本框输入元器件名"NE555N"，单击"查找"按钮，系统将在设置的搜索范围内查找元器件，查找结果如图 2-88 所示，单击"Place NE555N"按钮，即可将该元器件放置在原理图中。

4. 原理图图纸的设置

选择"设计"→"文档选项"命令，或在编辑区内右击，在弹出的快捷菜单中选择"选项"→"文档选项"命令，弹出如图 2-89 所示的"文档选项"对话框，在该对话框中可以对图纸进行设置。

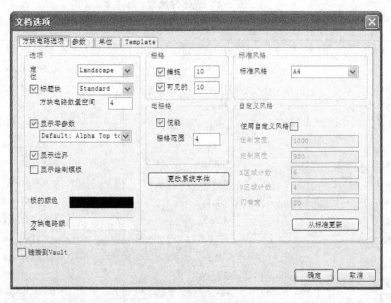

图 2-89　设置原理图图纸

5. 原理图设计

1）打开"库"面板，在当前元器件库的下拉列表框中选择"Miscellaneous Devices.IntLib"元器件库，然后在元器件过滤栏的文本框中输入"Inductor"，在元器件列表中查找电感，并将查找所得的电感放入原理图中，最后依次放入其他元器件。放置元器件后的图样如图 2-90 所示。

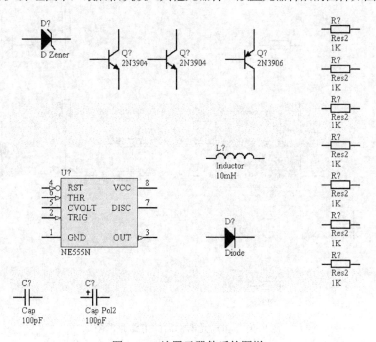

图 2-90　放置元器件后的图样

2）双击元器件"NE555N"，弹出"Properties for Schematic Component in Sheet（原理图元器件属性）"对话框，分别对元器件的编号、封装形式等进行设置。使用同样的方法可以对电容、电感和电阻值进行设置，设置好的元器件属性见表 2-1。

表 2-1　元器件属性

编　　号	注释/参数值	封装形式
C1	0.01μF	RAD-0.3
C2	47μF	POLAR0.8
D1	D Zener	DIODE-0.7
D2	Diode	SMC
L1	1mH	0402-A
R1	10kΩ	AXIAL-0.4
R2	10kΩ	AXIAL-0.4
R3	4.7kΩ	AXIAL-0.4
R4	1kΩ	AXIAL-0.4
R5	4.7kΩ	AXIAL-0.4
R6	270	AXIAL-0.4
R7	120	AXIAL-0.4
U1	NE555N	DIP8
VT1	2N3904	TO-92A
VT2	2N3904	T0-92A
VT3	2N3906	T0-92A

根据电路图合理地放置元器件，使电路原理图美观、清晰。设置好元器件属性后的电路原理图如图 2-91 所示。

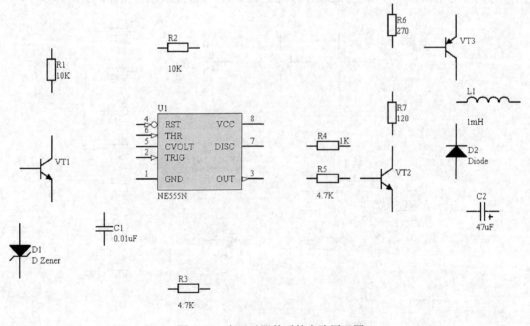

图 2-91　布局元器件后的电路原理图

3）布局好元器件后，连接线路。单击工具栏中的"放置线"按钮 ≈，执行连线操作。

4）选择"放置"→"电源端口"命令，或单击工具栏中的"GND 端口"按钮 ⏚，即可向原理图中放置接地符号。

5）单击"布线"工具栏中的"VCC 电源端口"按钮 ，鼠标光标变为十字形，并带有一个电源符号，移动光标到目标位置并单击，即可将电源符号放置在原理图中。电源符号和接地符号放置完成后的原理图如图 2-92 所示。

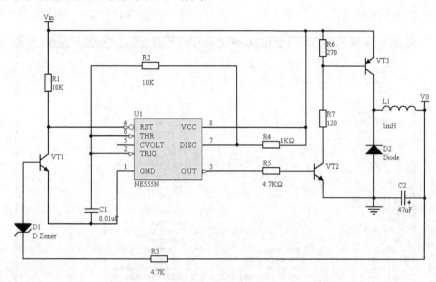

图 2-92　NE555N 构成的开关电源电路原理图

6. 保存原理图

选择"文件"→"保存"命令或单击"保存"按钮 ，将设计的原理图保存在工程文件中。

2.5.5　实用门铃电路设计

本例设计的是一种能发出"叮咚"声的门铃电路，它是由一块 SE555D 时基电路集成块和外围元器件组成的。

在本例中，将主要学习原理图设计过程文件的自动存盘。因为在一个电路的设计过程中，有时会遇到一些突发事件，如突然断电、运行程序被终止等，这些不可预料的事情会造成设计工作在没有保存的情况下被迫终止。为了避免损失，可以采取两种方法：一种是在设计过程中不断地存盘；另一种是使用 Altium Designer 14 提供的文件自动存盘功能。实用门铃电路设计步骤具体如下。

1. 建立工作环境

1）选择"开始"→"Altium Designer"命令，或双击桌面上的快捷方式图标，启动 Altium Designer 14 程序。

2）选择"文件"→"New（新建）"→"Project（工程）"→"PCB 工程（印制电路板工程）"命令，然后右击，在弹出的快捷菜单中选择"保存工程为"命令，将新建的工程文件保存为"实用门铃电路.PrjPCB"。

3）选择"文件"→"New（新建）"→"原理图"命令，然后右击，在弹出的快捷菜单中选择"保存为"命令，将新建的原理图文件保存为"实用门铃电路.SchDoc"。

2．自动存盘设置

Altium Designer 14 提供文件自动存盘功能。用户可以通过参数设置来控制文件自动存盘的细节。单击 Altium Designer 14 软件界面左上角的 DXP 菜单，在弹出的下拉菜单中选择"参数选择"命令，打开"参数选择"对话框，然后单击其中的"System（系统）"菜单下的"View（视图）"标签页。在"桌面"选项组中，勾选"自动保存桌面"复选框，即可启用自动存盘功能，勾选"恢复打开文档"复选框，则每次启动软件时，即打开上次关闭软件时的界面，打开上次未关闭的文件。"除了"表示不执行上述操作的文件种类，具体如图 2-93 所示。

图 2-93　自动存盘设置

3．加载元器件库

选择"设计"→"添加/移除库"命令，打开"可用库"对话框，然后在其中加载需要的元器件库。本例中需要加载的元器件库如图 2-94 所示。

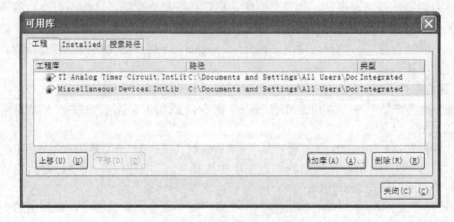

图 2-94　加载需要的元器件库

4．放置元器件

在"TI Analog Timer Circuit.IntLib"元器件库中找到 SE555D 芯片，在"Miscellaneous Devices.Intlib"元器件库中找到电阻、电容、扬声器等元器件，均放置在原理图中，如图 2-95 所示。

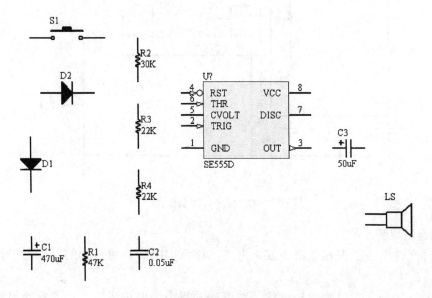

图 2-95　放置元器件

5．元器件布线

选择"放置"→"线"命令，或单击工具栏中的"放置线"按钮 ≋，对原理图进行布线。完成布线后，对元器件进行编号，对电阻、电容等元器件进行"赋值"，如图 2-96 所示。

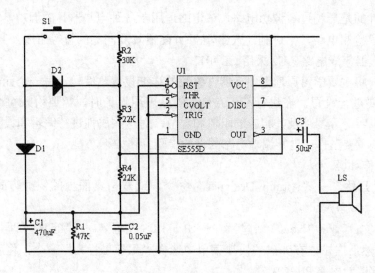

图 2-96　完成元器件布线

6．放置电源符号

单击"布线"工具栏中的"GND 接地符号"按钮 ⏚ 和"VCC 电源符号"按钮 ⏚ᵛᶜᶜ，在原理图中放置电源符号，完成整个原理图的设计，如图 2-97 所示。

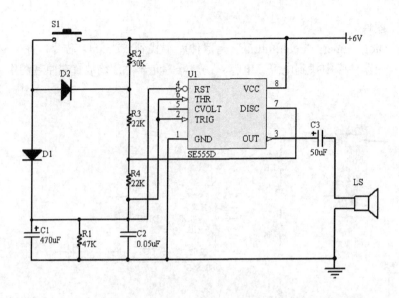

图 2-97　完成原理图设置

7. 保存原理图

选择"文件"→"保存"命令或单击"保存"按钮 ，将设计的原理图保存到工程文件中。

本例设计了一个实用的门铃电路，在设计过程中主要讲述了文件的自动保存功能，Altium Designer 14 通过提供这种功能来保证设计者在文件设计过程中文档的安全，从而为设计者带来便利。

2.5.6　过零调功电路设计

本例要设计的是一种过零调功电路，该电路适用于各种电热器具的调功。它是由电源电路、交流电过零检测电路、十进制计数器/脉冲分配器及双向晶闸管等组成。其中，U1A 采用通用运算放大器集成电路，U2 采用 CD4017。

在本例中，将主要学习原理图中元器件参数的详细设置与编辑。每一个元器件都有一些不同的属性需要进行设置。在进行基于 PCB 的原理图设计时，需要引入每个元器件的封装，如电阻、电容等元器件及其相应的阻值和容值。对这些属性进行编辑和设置，也是原理图设置中的一项重要工作。过零调功电路的设计步骤具体如下。

1. 建立工作环境

1）选择"开始"→"Altium Designer"命令，或双击桌面上的快捷方式图标，启动 Altium Designer 14 程序。

2）选择"文件"→"New（新建）"→"Project（工程）"→"PCB 工程（印制电路板工程）"命令，然后右击，在弹出的快捷菜单中选择"保存工程为"命令，将新建的工程文件保存为"过零调功电路.PrjPCB"。

3）选择"文件"→"New（新建）"→"原理图"命令，然后右击，在弹出的快捷菜单中选择"保存为"命令，将新建的原理图文件保存为"过零调功电路.SchDoc"。

2. 加载元器件库

选择"设计"→"添加/移除库"命令，打开"可用库"对话框，然后在其中加载需要的元器件库。本例中需要加载的元器件库如图 2-98 所示。

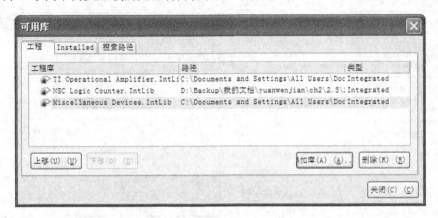

图 2-98　需要加载的元器件库

3．放置元器件

在"TI Operational Amplifier.IntLib"元器件库中找到放大器 LM324N，在"NSC Logic Counter.Intlib"元器件库中找到元器件 CD4017BMJ，从另外两个库中找到其他常用的一些元器件，将它们一一放置到原理图中，并进行简单布局，如图 2-99 所示。

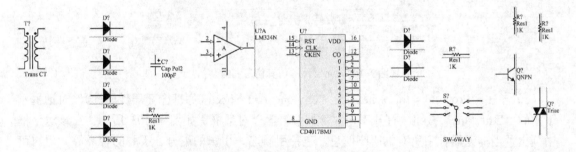

图 2-99　过零调功电路原理图中所需的元器件

4．编辑 CD4017BMJ 芯片属性

1）双击 CD4017BMJ 芯片，打开"Properties for Schematic Component in Sheet（原理图元器件属性）"对话框，然后在"Properties（属性）"选项组中设置元器件的序号、注释、元器件库等属性，在"Graphical（图形的）"选项组中设置元器件的位置坐标等属性。在对话框右边的"Parameters（参数）"设置区域中列出了该元器件的一些相关参数，如图 2-100 所示。其中，Published 表示元器件模型的发行日期，Datasheet 表示该元器件的数据手册，Package Information 表示元器件的封装信息，Publisher 表示该元器件模型的发行组织，Class 表示元器件的类型，Manufacturer 表示元器件的生产商，Note 表示提示信息等。并不是每个元器件都具有以上列出的每一种参数，但对这些参数用户可以自行进行编辑，也可以进行添加和删除操作。具体的方法是：选中一种参数，如选中元器件的 Publisher 参数，然后单击该设置区域下方的"编辑"按钮，打开如图 2-101 所示的"参数属性"对话框，在该对话框中可以对该参数进行编辑；单击"添加"按钮也可以打开"参数属性"对话框，在该对话框中可以自行编辑一个参数；单击"移除"按钮可以将一个参数移除。

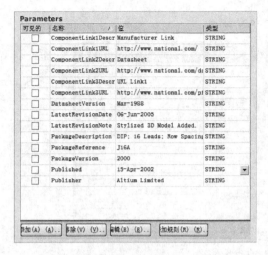

图 2-100　元器件参数　　　　　　　　　图 2-101　"参数属性"对话框

2）在如图 2-102 所示的"Models（模型）"设置区域中列出了元器件仿真、PCB 封装模型等信息。元器件的封装信息是和 PCB 设计相关的，而仿真信息是和电路仿真相关的，用户可以对它们进行修改，具体方法将在电路板设计和电路仿真的相关章节中详细介绍。

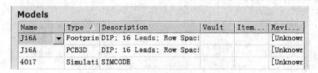

图 2-102　元器件的仿真信息和封装信息

3）单击"Properties for Schematic Component in Sheet（原理图元器件属性）"对话框左下角的"Edit Pins"按钮，打开"元件管脚编辑器"对话框，如图 2-103 所示。在该对话框中列出了当前元器件中所有的引脚信息，包括引脚名、引脚的编号、引脚的种类等。用户可以对引脚进行编辑，方法是：选中一个引脚，然后单击"编辑"按钮，打开"管脚属性"对话框，如图 2-104 所示。在该对话框中可以对该引脚进行详细的编辑，包括引脚的名称、编号、电气类型、位置和长度等。除了可以编辑已有的引脚，用户还可以通过单击"添加"按钮和"删除"按钮，在当前的元器件中添加引脚或删除已有的引脚。

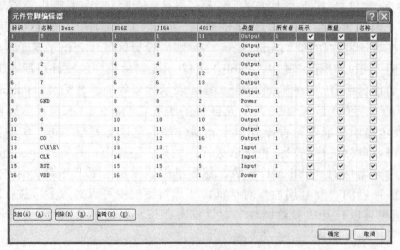

图 2-103　"元件管脚编辑器"对话框

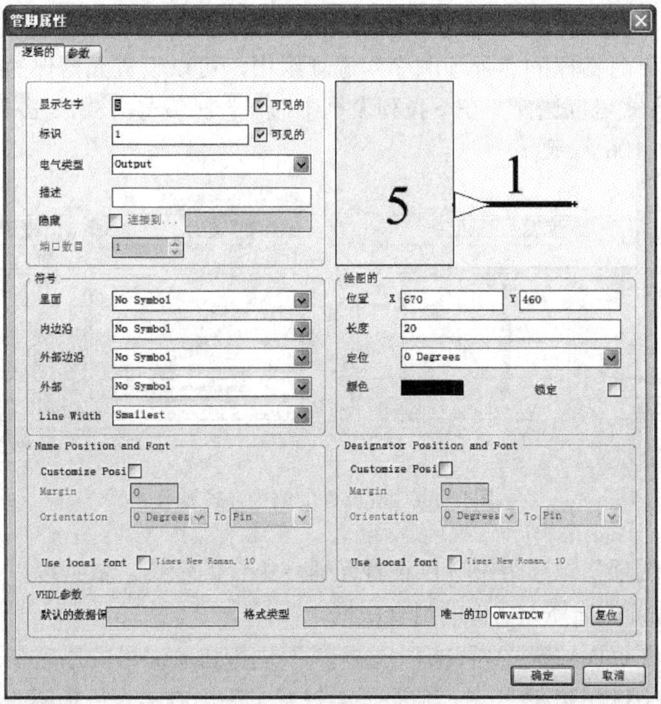

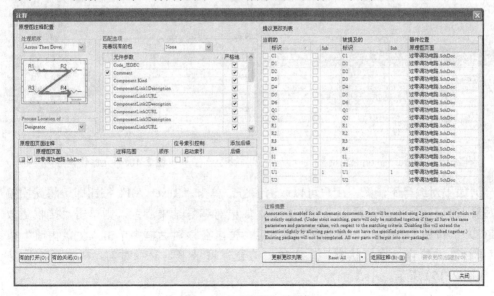

图 2-104 "管脚属性"对话框

提示： 一般来说，在设计电路图时，需要设置的元器件参数只有元器件序号、元器件的注释、一些有值元器件的值等，其他的参数不需要专门设置，也不要随便修改。在从元器件库中选择了需要的元器件后，但没有将它们放置到原理图上之前，按〈Tab〉键即可直接打开属性设置对话框。

5．设置其他元器件的属性

1）在 Altium Designer 14 中，用户可以使用元器件自动编号功能为元器件进行编号，选择"工具"→"注解"命令，打开如图 2-105 所示的"注释"对话框。

图 2-105 "注释"对话框

2）在"注释"对话框的"处理顺序"选项组中，可以设置元器件的编号方式和分类方式，有 4 种编号方式可以选择。在下拉列表框中选择一种编号方式，在右边会显示该编号方式的效果，如图 2-106 所示。

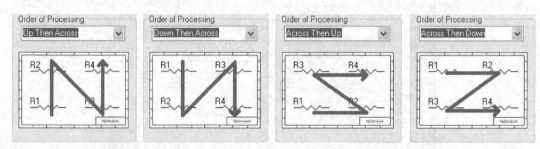

图 2-106　元器件的编号方式显示

3）在"匹配选项"选项组中可以设置元器件组合的依据，依据可以不止一个，勾选列表框中的复选框，可以选择元器件的组合依据。

4）在"原理图页面注释"列表框中选择需要进行自动编号的原理图。在本例中，由于只有一幅原理图，因此不用选择了，但是如果设置工程中有多个原理图或有层次原理图，那么在列表框中将列出所有的原理图，需要从中挑选需要进行自动编号的原理图文件。在"注释"对话框的右侧，列出了原理图中所有需要编号的元器件。设置完成后，单击"更新更改列表"按钮，弹出如图 2-107 所示的"Information"对话框，然后单击"OK"按钮，这时在"注释"对话框中可以看到所有的元器件已被编号，如图 2-108 所示。

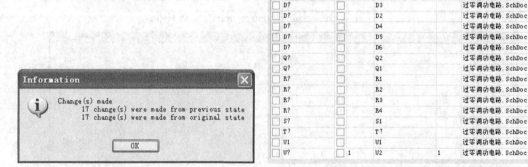

图 2-107　"Information"对话框　　　　　　　图 2-108　元器件编号

5）如果对编号不满意，用户可以取消编号，单击"Reset All"按钮即可将此次编号操作取消，然后经过重新设置再次进行编号。如果对编号结果满意，则单击"接收更改（创建 ECO）"按钮，打开"工程更改顺序"对话框，在该对话框中单击"生效更改"按钮进行编号合法性检查。在"状态"栏中的"检查"目录下，显示对勾，则表示编号是合法的，如图 2-109 所示。

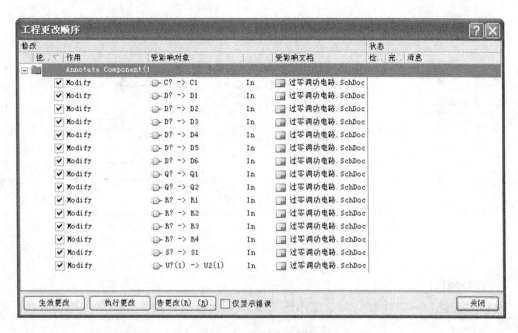

图 2-109　编号合法性检查

6）单击"执行更改"按钮将编号添加到原理图中，添加结果如图 2-110 所示。

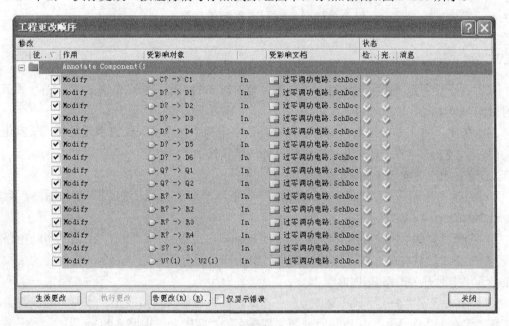

图 2-110　编号添加结果

提示：在进行元器件编号之前，如果有的元器件本身已经有了编号，那么需要将它们的编号全部变成"U?"或"R?"的状态，此时只需单击 告更改(R) (R). 按钮，即可将原有的编号全部去掉。

6. 原理图设计

在原理图上布线，添加需要的原理图符号，完成原理图的设计，如图 2-111 所示。

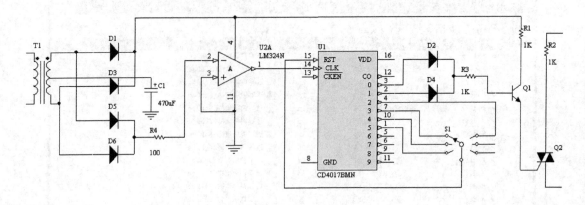

图 2-111　原理图设计完成

7. 保存原理图

选择"文件"→"保存"命令或单击"保存"按钮 ▣，将设计的原理图保存在工程文件中。

在本例中，重点介绍了原理图中元器件参数的设置，特别介绍了一种快速的元器件编号方法，利用这种方法可以快速为原理图中的元器件编号。当电路图的规模较大时，使用这种方法对元器件进行编号，可以有效地避免纰漏或重编的情况。

2.5.7　定时开关电路设计

本例要设计的是一个实用定时开关电路，定时时间的长短可通过电位器 RP 进行调节，定时时间可以实现在 1 小时内连续可调。

在本例中，将主要学习数字电路的设计，数字电路中包含了一些数字元器件，最常用的如与门、非门、或门等。定时开关电路的设计步骤具体如下。

1. 建立工作环境

1）选择"开始"→"Altium Designer"命令，或双击桌面上的快捷方式图标，启动 Altium Designer 14 程序。

2）选择"文件"→"New（新建）"→"Project（工程）"→"PCB 工程（印制电路板工程）"命令，然后右击，在弹出的快捷菜单中选择"保存工程为"命令，将新建的工程文件保存为"定时开关电路.PrjPCB"。

3）选择"文件"→"New（新建）"→"原理图"命令，然后右击，在弹出的快捷菜单中选择"保存为"命令，将新建的原理图文件保存为"定时开关电路.SchDoc"。

2. 加载元器件库

在本例中，除了要用到模拟元器件之外，还要用到一个与非门，这是一个数字元器件。

目前，最常用的数字电路元器件为 74 系列元器件，在 Altium Designer 14 中，这些门元器件可以在"TI Logic Gate1.IntLib"元器件库中找到。

选择"设计"→"添加/移除库"命令，打开"可用库"对话框，然后在其中加载需要的元器件库。本例中需要加载的元器件库如图 2-112 所示。

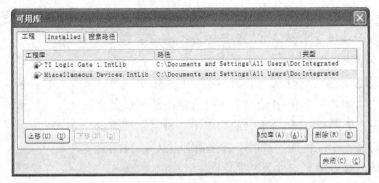

图 2-112　需要加载的元器件库

3．放置元器件

在"TI Logic Gate1.IntLib"元器件库中找到与非门元器件，从其他库中找到其他常用的一些元器件，将它们一一放置在原理图中，并进行简单地布局，如图 2-113 所示。

提示：在 Altium Designer 14 中提供了常用元器件的添加工具栏，需要添加与非门时，直接单击按钮 🔲 ，即可向原理图中添加一个与非门。

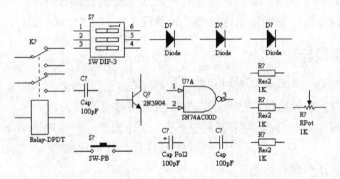

图 2-113　定时开关电路原理图中所需的元器件

4．原理图设计

在原理图上布线，编辑元器件属性，再向原理图中放置电源符号，完成原理图的设计，如图 2-114 所示。

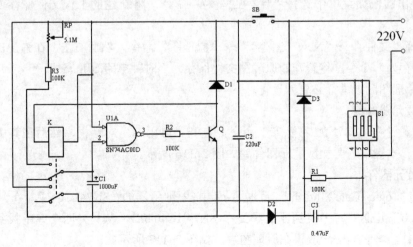

图 2-114　原理图设计完成

5．放置文字说明

选择"放置"→"文本字符串"命令，或单击绘图工具栏中的"放置文本字符串"按钮 **A**，光标变成十字形，并带有一个 Text 文本跟随光标，这时按〈Tab〉键打开"标注"对话框，在其中的"文本"文本框中输入文本的内容，然后设置文本的字体和颜色，如图 2-115 所示。最后单击"确定"按钮退出对话框，这时有一个红色的"220V"文本跟随光标，移动光标到目标位置单击即可将文本放置在原理图上。

6．保存原理图

选择"文件"→"保存"命令或单击"保存"按钮 ▣，将设计的原理图保存在工程文件中。

图 2-115 "标注"对话框

提示：除了放置文本之外，利用原理图编辑器所带的绘图工具，还可以在原理图上创建并放置各种各样的图形和图片。

本例中主要介绍了数字元器件的查找，在数字电路的设计过程中，常常需要用到大量的数字元器件，如何查找并正确使用这些数字元器件，在数字电路的设计中至关重要。

2.5.8　时钟电路设计

本例要设计的是一个简单的时钟电路，电路中的芯片是一片 CMOS 计数器，它能对收到的脉冲自动计数，在计数值到达一定数值时便关闭对应的开关。

在本例中，将主要学习原理图符号的放置，原理图符号是原理图必不可少的组成元素。在进行原理图设计时，总是在最后添加原理图符号，包括电源符号、接地符号、网络符号等。时钟电路的设计步骤具体如下。

1．建立工作环境

1）选择"开始"→"Altium Designer"命令，或双击桌面上的快捷方式图标，启动 Altium Designer 14 程序。

2）选择"文件"→"New（新建）"→"Project（工程）"→"PCB 工程"命令，然后右击，在弹出的快捷菜单中选择"保存工程为"命令，将新建的工程文件保存为"时钟电路.PrjPCB"。

3）选择"文件"→"New（新建）"→"原理图"命令，然后右击，在弹出的快捷菜单中选择"保存为"命令，将新建的原理图文件保存为"时钟电路.SchDoc"。

4）对原理图图纸进行必要的设置。

2．加载元器件库

选择"设计"→"添加/移除库"命令，打开"可用库"对话框，然后在其中加载需要的元器件库。本例中需要加载的元器件库如图 2-116 所示。

3．放置元器件

在"TI Logic Gate2.IntLib"元器件库中找到元器件 SN74LS04N，在"TI Logic Counter.IntLib"元器件库中找到计数器芯片 SN74HC4040D，从另外两个库中找到其他常用的一些元器件，将它们一一放置在原理图中，如图 2-117 所示。

图 2-116　需要加载的元器件库

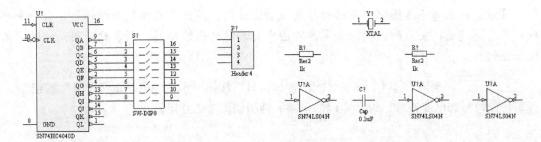

图 2-117　时钟电路原理图中所需的元器件

4．元器件布线

在原理图上布线，编辑元器件属性，如图 2-118 所示。

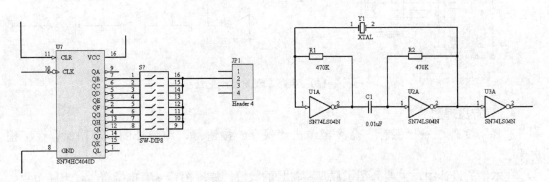

图 2-118　完成原理图布线

5．放置原理图符号

在布线时已经为原理图符号的放置留出了位置，下面放置原理图符号，先放置网络标签。

1）选择"放置"→"网络标签"命令，或单击工具栏中的按钮 Net，这时鼠标变成十字形状，并带有一个初始标签"Net Label1"。此时按〈Tab〉键，打开"网络标签"对话框，在该对话框中的"网络"文本框中输入网络标签的内容。然后单击对话框中的颜色块，将网络标签的颜色设置为红色，如图 2-119 所示。最后单击"确定"按钮退出对话框。移动光标到目标位置并单击，将网络标签放置到原理图中。

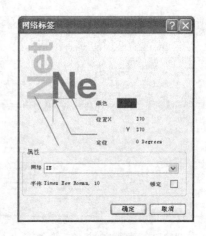

图 2-119 "网络标签"对话框

提示： 在电路原理图中，网络标签是成对出现的，因为具有相同网络标签的引脚或导线是具有电气连接关系的，所以如果原理图中有单独的网络标签，则在原理图编译时，系统会报错。

2）单击"布线"工具栏中的"GND 接地符号"按钮 ⏚ 和 "VCC 电源符号"按钮 ⏛ ，放置接地符号和电源符号，设计完成的电路原理图如图 2-120 所示。

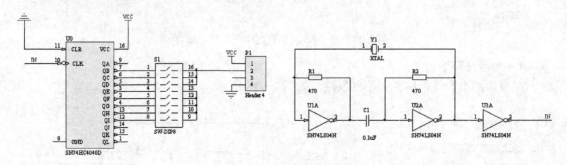

图 2-120 电路原理图设计完成

6. 保存原理图

选择"文件"→"保存"命令或单击"保存"按钮 🖫 ，将设计的原理图保存在工程文件中。

在本例的设计中，主要介绍了原理图符号的放置。原理图符号有电源符号、电路节点、网络标签等，这些原理图符号给原理图设计带来了更大的灵活性，应用它们，可以给设计工作带来极大的便利。

第 3 章　层次化原理图的设计

在前面章节中，我们学习了一般电路原理图的基本设计方法，将整个系统的电路绘制在一张原理图纸上。这种方法适用于规模较小、逻辑结构比较简单的系统电路设计。而对于大规模的电路系统来说，由于所包含的对象数量繁多，结构关系复杂，很难在一张原理图纸上完整地绘出，即使勉强绘制出来，其错综复杂的结构也非常不利于电路的阅读、分析与检测。

因此，对于大规模的复杂系统，应该采用另外一种设计方法，即电路的模块化设计。将整体系统按照功能分解成若干个电路模块，每个电路模块能够完成一定的独立功能，并且具有相对的独立性，可以由不同的设计者分别绘制在不同的原理图纸上。这样，不仅电路结构清晰，而且也便于多人共同参与设计，加快工作进程。

本章知识重点
● 层次原理图的概念
● 层次原理图的设计方法
● 层次原理图之间的切换

3.1　层次电路原理图的基本概念

对应电路原理图的模块化设计，Altium Designer 14 中提供了层次化原理图的设计方法，这种方法可以将一个庞大的系统电路作为一个整体项目来设计，而根据系统功能所划分出的若干个电路模块，则分别作为设计文件添加到该项目中。这样就把一个复杂的大型电路原理图设计变成了多个简单的小型电路原理图设计，层次清晰且设计简便。

层次电路原理图的设计理念是将实际的总体电路进行模块划分，划分的原则是每一个电路模块都应有明确的功能特征和相对独立的结构，同时还要有简单、统一的接口，便于模块之间的相互连接。

对于每一个具体的电路模块，可以分别绘制相应的电路原理图，该原理图一般称为"子原理图"。而各个电路模块之间的连接关系则采用一个顶层原理图来表示，顶层原理图主要由若干个方块电路即图纸符号组成，用来展示各个电路模块之间的系统连接关系，描述了整体电路的功能结构。这样，把整个系统电路分解成了顶层原理图和若干个子原理图来分别进行设计。

在层次原理图的设计过程中还需要注意一个问题，在一个层次原理图的工程项目中只能有一张总母图，一张原理图中的方块电路不能参考本张图纸上的其他方块电路或其上一级的原理图。

3.2　层次原理图的基本结构和组成

Altium Designer 14 提供的层次原理图设计功能非常强大，能够实现多层的层次化设计功能。用户可以将整个电路系统划分为若干个子系统，每一个子系统可以划分为若干个功能模块，而每一个功能模块还可以再细分为若干个基本的小模块，这样依次细分下去，就把整个系统划分成为多个层次，电路设计由繁变简。

图 3-1 所示的是一个二级层次原理图的基本结构，由顶层原理图和子原理图共同组成，

是一种模块化结构。

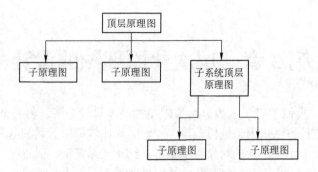

图 3-1　二级层次原理图的基本结构

　　其中，子原理图是用来描述某一电路模块具体功能的普通电路原理图，这里只是增加了一些输入/输出端口，作为与上层进行电气连接的通道口。普通电路原理图的绘制方法在前面章节中已经介绍过，主要由各种具体的元器件、导线等构成。

　　顶层电路图即母图的主要构成元素不再是具体的元器件，而是代表子原理图的图纸符号。图 3-2 所示的是一个电路设计实例采用层次结构设计时的顶层原理图。该顶层原理图主要由 4 个图纸符号组成，每一个图纸符号都代表一个相应的子原理图文件，共有 4 个子原理图。在图纸符号的内部给出了一个或多个表示连接关系的电路端口，对于这些端口，在子原理图中都有相同名称的输入/输出端口与之对应，以便建立不同层次间的信号通道。

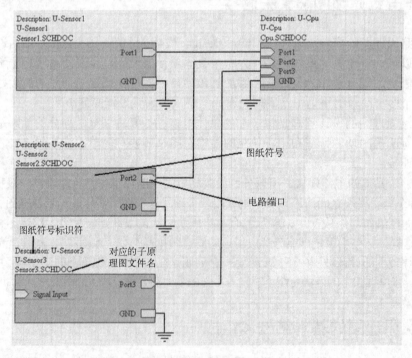

图 3-2　顶层原理图的基本组成

　　图纸符号之间也是借助电路端口，使用导线或总线完成连接。而且，在同一个项目的所有电路原理图（包括顶层原理图和子原理图）中，相同名称的输入/输出端口和电路端口之间，在电气意义上都是相互连接的。

3.3 层次结构原理图的设计方法

基于上述设计理念，层次电路原理图设计的具体实现方法有两种，一种是自上而下的设计方式，另一种是自下而上的设计方式。

自上而下的设计方法是在绘制电路原理图之前，要求设计者对此次设计有一个整体的把握。把整个电路设计分成多个模块，确定每个模块的设计内容，然后对每一模块进行详细的设计。这种设计方法被称为自顶向下，逐步细化。该设计方法要求设计者在绘制原理图之前就对系统有比较深入的了解，且对电路模块的划分比较清楚。

自下而上的设计方法是设计者先绘制子原理图，然后根据子原理图生成原理图符号，进而生成上层原理图，最后完成整个设计。这种方法比较适用于对整个设计还不是非常熟悉的用户，也是一种适合初学者的设计方法。

3.3.1 自上而下的层次原理图设计

本节以"基于通用串行数据总线 USB 的数据采集系统"的电路设计为例，详细介绍自上而下的层次电路的具体设计过程。

采用层次电路的设计方法，将实际的总体电路按照电路模块的划分原则划分为 4 个电路模块，即 CPU 模块和三路传感器模块 Sensor1、Sensor2、Sensor3。首先绘制层次原理图中的顶层原理图，然后再分别绘制每一电路模块的具体原理图。

自上而下绘制层次原理图的操作步骤如下。

1）启动 Altium Designer 14，打开"Files（文件）"面板，在"新的"选项栏中选择"Blank Project（PCB）（空白项目文件）"选项，则在"Projects（工程）"面板中出现了新建的项目文件，另存为"USB 采集系统.PrjPCB"。

2）在项目文件"USB 采集系统.PrjPCB"上右击，在弹出的快捷菜单中选择"给工程添加新的"→"Schematic（原理图）"命令，在该项目文件中新建一个电路原理图文件，另存为"Mother.SchDoc"，并完成图纸相关参数的设置。

3）选择"放置"→"图表符"命令，或单击"布线"工具栏中的"放置图表符"按钮，光标将变为十字形状，并带有一个原理图符号标志。

4）移动光标到需要放置原理图符号的位置，单击确定原理图符号的一个顶点，移动光标到合适的位置再次单击确定其对角顶点，即可完成原理图符号的放置。

5）此时光标仍处于放置原理图符号的状态，重复上一步操作可以放置其他原理图符号。右击或按〈Esc〉键即可退出操作。

6）设置原理图符号的属性。双击需要设置属性的原理图符号或在绘制状态时按〈Tab〉键，系统将弹出相应的"方块符号"对话框，如图 3-3 所示。原理图符号属性的主要参数的含义如下。

① 位置：表示原理图符号在原理图上的 X 轴坐标和 Y 轴坐标，可以输入数值。

② X-Size（宽度）和 Y-Size（高度）：表示原理图符号的宽度和高度，可以输入数值。

③ 板的颜色：用于设置原理图符号边框的颜色。

④ 填充色：用于设置原理图符号的填充颜色。

⑤ "Draw Solid（是否填充）"复选框：勾选该复选框，则原理图符号将以 Fill Color（填充颜色）中的颜色填充多边形。

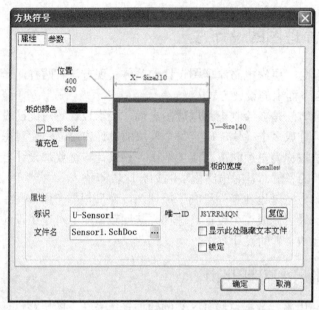

图 3-3 "方块符号"对话框

⑥ 板的宽度：用于设置原理图符号的边框粗细，有 Smallest（最小）、Small（小）、Medium（中等）和 Large（大）4 种线宽。

⑦ "标识"文本框：用于输入相应原理图符号的名称，其作用与普通电路原理图中的元器件标识符相似，是层次电路图中用来表示原理图符号的唯一标志，不同的原理图符号应该有不同的标识符。这里输入"U-Sensor1"。

⑧ "文件名"文本框：用于输入原理图符号所代表的下层子原理图的文件名。这里输入"Sensor1.SchDoc"。

⑨ "显示此处隐藏文本文件"复选框：用于确定显示或隐藏原理图符号的文本域。

7）在"参数"选项卡中执行添加、删除和编辑原理图符号等其他有关参数的操作，如图 3-4 所示。单击"添加"按钮，系统将弹出如图 3-5 所示的"参数属性"对话框。在该对话框中，可以设置追加的参数名称和数值等属性。

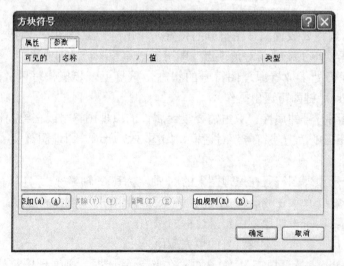

图 3-4 "参数"选项卡

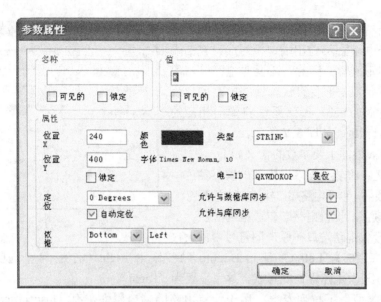

图 3-5 "参数属性"对话框

8）在"名称"文本框中输入"Description"，在"值"文本框中输入"U-Sensor1"，勾选其下的"可见的"复选框。单击"确定"按钮，关闭该对话框。单击"图表符"对话框中的"确定"按钮，关闭该对话框。按照上述方法放置另外 3 个原理图符号 U-Sensor2、U-Sensor3 和 U-Cpu，并设置好相应的属性，如图 3-6 所示。

9）选择"放置"→"添加图纸入口"命令，或单击"布线"工具栏中的"放置图纸入口"按钮，光标将变为十字形状。

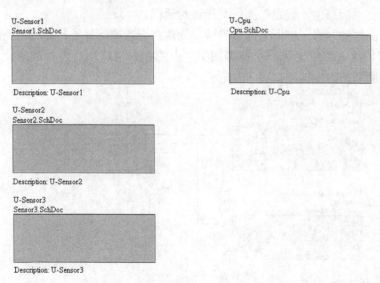

图 3-6 设置好的 4 个原理图符号

10）移动光标到原理图符号内部，选择放置电路端口的位置并单击，会出现一个随光标移动的电路端口，但只其能在原理图符号内部的边框上移动，在适当的位置再次单击即可完成电路端口的放置。此时，光标仍处于放置电路端口的状态，重复上述步骤可以继续放置其他电路端口。右击或按〈Esc〉键即可退出操作。

11）设置电路端口的属性。根据层次电路图的设计要求，在顶层原理图中，每一个原理

图符号上的所有电路端口都应与其所代表的子原
理图上的一个电路输入/输出端口相对应，包括端
口名称及接口形式等。因此，需要对电路端口的
属性加以设置。双击需要设置属性的电路端口或
在绘制状态时按〈Tab〉键，系统将弹出相应的
"方块入口"对话框，如图 3-7 所示。

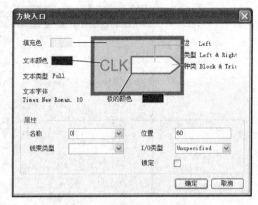

图 3-7 "方块入口"对话框

电路端口属性的主要参数的含义如下。

① 填充色：设置电路端口内部的填充颜色。

② 文本颜色：设置电路端口标注文本的颜色。

③ 板的颜色：设置电路端口边框的颜色。

④ 边：设置电路端口在原理图符号中的大致

方位，有 Top（顶部）、Left（左侧）、Bottom（底部）和 Right（右侧）4 个选项。

⑤ 类型：设置电路端口的形状，这里设置为"Right"。

⑥ "I/O 类型"下拉列表框：用于设置电路的端口属性，有 Unspecified（未指明）、
Output（输出）、Input（输入）和 Bidirectional（双向）4 个选项。"I/O 类型"下拉列表框通
常与电路端口外形的设置一一对应，这样有利于直观理解。端口的属性由 I/O 类型决定，这
是电路端口最重要的属性之一。这里将端口属性设置为"Output"。

⑦ "名称"下拉列表框：设置电路端口的名称，应该与层次原理图子图中的端口名称对
应，只有这样才能完成层次原理图的电气连接。这里设置为"Port1"。

⑧ "位置"文本框：设置电路端口的位置。该文本框中的内容将根据端口移动而自动设
置，用户无需更改。

属性设置完毕后单击"确定"按钮关闭该对话框。

12）使用同样的方法，把所有的电路端口均放在合适的位置处，并一一完成属性设置。

13）使用导线或总线把每一个原理图符号上的相应电路端口连接起来，并放置接地符
号，完成顶层原理图的绘制，如图 3-8 所示。

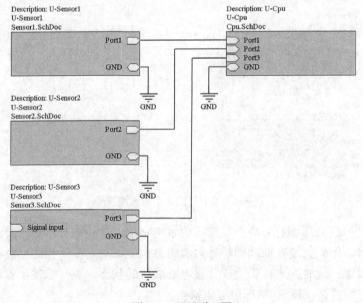

图 3-8 顶层原理图

下面根据顶层原理图中的原理图符号，把与之相对应的子原理图分别绘制出来，这一过程就是使用原理图符号来建立子原理图的过程。

14）选择"设计"→"产生图纸"命令，此时光标变为十字形状。移动光标到原理图符号"U-Cpu"的内部，单击，系统自动生成一个新的原理图文件，名称为"Cpu.SchDoc"，与相应的原理图符号所代表的子原理图文件名一致，如图 3-9 所示。此时可以看到，在该原理图中已经自动放置好了与 4 个电路端口方向一致的输入端口和输出端口。

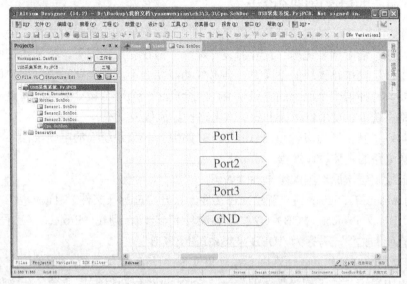

图 3-9　由原理图符号"U-Cpu"建立的子原理图

15）使用普通电路原理图的绘制方法，放置各种所需的元器件并进行电气连接，完成"Cpu"子原理图的绘制，如图 3-10 所示。

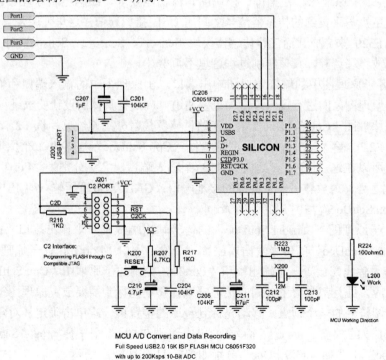

图 3-10　子原理图"Cpu.SchDoc"

16）使用同样的方法，用顶层原理图中的另外 3 个原理图符号"U-Sensor1""U-Sensor2"和"U-Sensor3"建立与其相对应的 3 个子原理图"Sensor1.SchDoc""Sensor2.SchDoc"和"Sensor3.SchDoc"，并且分别绘制出来。

至此，采用自上而下的层次电路图设计方法，完成了整个 USB 数据采集系统的电路原理图绘制。

3.3.2 自下而上的层次原理图设计

对于一个功能明确、结构清晰的电路系统来说，采用层次电路设计方法，使用自上而下的设计流程，能够清晰地表达出设计者的设计理念。但在有些情况下，特别是在电路的模块化设计过程中，不同电路模块的不同组合会形成功能完全不同的电路系统。用户可以根据具体的设计需要，选择若干个已有的电路模块，组合产生一个符合设计要求的完整电路系统。此时，该电路系统可以使用自下而上的层次电路设计流程来完成。

下面还是以"基于通用串行数据总线 USB 的数据采集系统"的电路设计为例，介绍自下而上的层次电路的具体设计过程。

自下而上绘制层次原理图的操作步骤如下。

1）启动 Altium Designer 14，新建项目文件。打开"Files（文件）"面板，在"新的"选项栏中选择"Blank Project（PCB）（空白项目文件）"选项，则在"Projects（工程）"面板中出现了新建的项目文件，另存为"USB 采集系统.PrjPCB"。

2）新建原理图文件作为子原理图。在项目文件"USB 采集系统.PrjPCB"上右击，在弹出的快捷菜单中单击"给工程添加新的"→"Schematic（原理图）"命令，在该项目文件中新建原理图文件，另存为"Cpu.SchDoc"，并完成图纸相关参数的设置。采用同样的方法建立原理图文件"Sensor1.SchDoc""Sensor2.SchDoc"和"Sensor3.SchDoc"。

3）绘制各个子原理图。根据每一模块的具体功能要求，绘制电路原理图。例如，CPU 模块主要完成主机与采集到的传感器信号之间的 USB 接口通信，这里使用带有 USB 接口的单片机 C8051F320 来完成。而三路传感器模块 Sensor1、Sensor2、Sensor3 则主要完成三路传感器信号的放大和调制，具体绘制过程这里不再赘述。

4）放置各子原理图中的输入端口和输出端口。子原理图中的输入端口和输出端口是子原理图与顶层原理图之间进行电气连接的重要通道，应根据具体的设计要求进行放置。

例如，在原理图"Cpu.SchDoc"中，三路传感器信号分别通过单片机 P2 口的 3 个引脚（P2.1、P2.2、P2.3）输入到单片机中，是原理图"Cpu.SchDoc"与其他 3 个原理图之间的信号传递通道，所以在这 3 个引脚处放置了 3 个输入端口，名称分别为"Port1""Port2"和"Port3"。除此之外，还放置了一个共同的接地端口"GND"。放置了输入/输出电路端口的电路原理图"Cpu.SchDoc"与图 3-10 完全相同。

同样，在子原理图"Sensor1.SchDoc"的信号输出端放置一个输出端口"Port1"，在子原理图"Sensor2.SchDoc"的信号输出端放置一个输出端口"Port2"，在子原理图"Sensor3.SchDoc"的信号输出端放置一个输出端口"Port3"，分别与子原理图"Cpu.SchDoc"中的 3 个输入端口对应，并且都放置了共同的接地端口。移动光标到需要放置原理图符号的位置，单击确定原理图符号的一个顶点，移动光标到合适的位置再一次单击确定其对角顶点，即可完成原理图符号的放置。放置了输入/输出电路端口的 3 个子原理图"Sensor1.SchDoc""Sensor2.SchDoc"和"Sensor3.SchDoc"分别如图 3-11～图 3-13 所示。

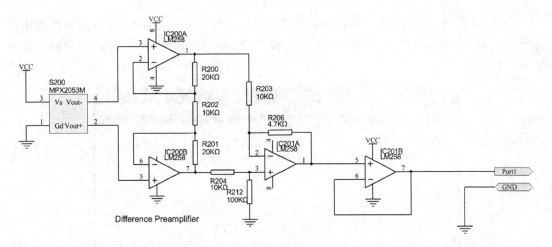

图 3-11 子原理图"Sensor1.SchDoc"

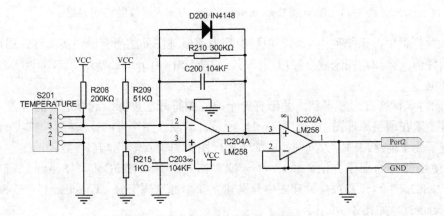

图 3-12 子原理图"Sensor2.SchDoc"

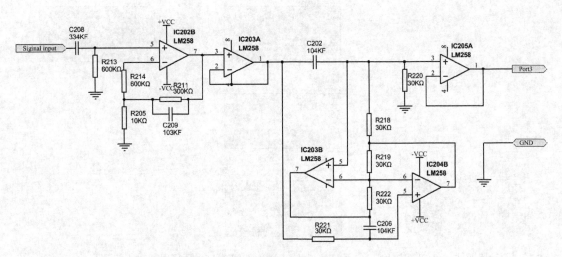

图 3-13 子原理图"Sensor3.SchDoc"

5）在项目"USB 采集系统.PrjPCB"中新建一个原理图文件"Mother1.PrjPCB"，以便进行顶层原理图的绘制。

6）打开原理图文件"Mother1.PrjPCB"，选择"设计"→"HDL 文件或原理图生成图纸符"命令，系统将弹出如图 3-14 所示的"Choose Document to Place（选择文件放置）"对话框。

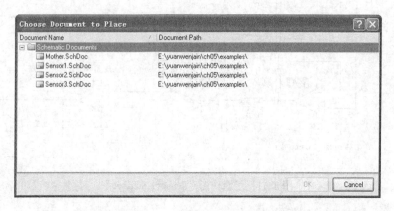

图 3-14 "Choose Document to Place（选择文件放置）"对话框

在该对话框中，系统列出了同一项目中除当前原理图外的所有原理图文件，用户可以选择其中的任何一个原理图来建立原理图符号。这里选中"Cpu.SchDoc"，单击"OK"按钮关闭该对话框。

7）此时光标变成十字形状，并带有一个原理图符号的虚影。选择适当的位置，将该原理图符号放置在顶层原理图中，如图 3-15 所示，该原理图符号的标识符为"U-Cpu"，边缘已经放置了 4 个电路端口，方向与相应的子原理图中的输入/输出端口一致。

8）使用同样的操作方法，由 3 个子原理图"Sensor1.SchDoc""Sensor2.SchDoc"和"Sensor3.SchDoc"可以在顶层原理图中分别建立 3 个原理图符号"U-Sensor1""U-Sensor2"和"U-Sensor3"，如图 3-16 所示。

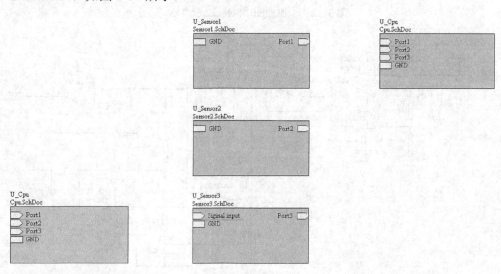

图 3-15 放置 U_Cpu 原理图符号   图 3-16 顶层原理图符号

9）设置原理图符号和电路端口的属性。由系统自动生成的原理图符号不一定完全符合设计要求，很多时候还需要再次进行编辑，如原理图符号的形状、大小和电路端口的位置及属性等。

10）用导线或总线将原理图符号通过电路端口连接起来，并放置接地符号，完成顶层原理图的绘制，结果与图 3-8 完全一致。

3.4　层次原理图之间的切换

绘制完成的层次电路原理图中一般都包含顶层原理图和多张子原理图。用户在编辑时，常常需要在这些图中来回切换、查看，以便了解完整的电路结构。在 Altium Designer 14 中，提供了层次原理图切换的专用命令，以帮助用户在复杂的层次原理图之间方便地进行切换，实现多张原理图的同步查看和编辑。

切换的方法有以下两种。

1）选择"工具"→"上/下层次"命令，如图 3-17 所示。

2）单击主工具栏中的"上/下层次"按钮 ，单击后，光标将变成十字形状。如果是上层切换到下层，则只需移动光标到下层的方块电路上，然后单击即可进入下一层；如果是下层切换到上层，则只需移动光标到下层的方块电路的某个端口上，然后单击即可进入上一层。

上下层切换也可利用项目管理器，用户可直接单击项目窗口中的层次结构中所要编辑的文件名即可。

3.5　层次设计表

图 3-17　"上/下层次"命令

一般设计的层次原理图，层次较少，结构也比较简单。但是对于多层次的层次电路原理图，其结构关系是相当复杂的，用户不容易看懂。因此，系统提供了一种层次设计表作为用户查看复杂层次原理图的辅助工具。借助于层次设计表，用户可以清晰地了解层次原理图的层次结构关系，进一步明确层次电路图的设计内容。

生成层次设计表的步骤如下。

1）编译整个项目。在前面章节中已对项目"USB 采集系统"进行了编译。

2）选择"报告"→"Report Project Hierarchy（工程层次报告）"命令，即可生成有关该项目的层次设计表。

在生成的层次设计表中，使用缩进格式明确地列出了本项目中的各个原理图之间的层次关系，原理图文件名越靠左，说明该文件在层次电路图中的层次越高。

3.6　操作实例

通过前面章节的学习，用户对 Altium Designer 14 中层次原理图的设计方法应该有了一个整体的认识。在本章的最后，我们用实例来详细介绍一下两种层次原理图的设计步骤。

3.6.1　声控变频器电路的层次原理图设计

在层次原理图中，表达子图之间关系的原理图称为母图。首先，在母图中按照不同的功能将原理图划分成一些子模块，采用一些特殊的符号和概念来表示各张原理图之间的关系。

本例主要讲述自上而下的层次原理图设计，完成层次原理图设计方法中母图和子图的设计。声控变频器电路层次原理图的设计步骤具体如下。

1. 建立工作环境

1）在 Altium Designer 14 主界面中，选择"文件"→"New（新建）"→"Project（工程）"→"PCB 工程"命令，右击，在弹出的快捷菜单中选择"保存工程为"命令，将新建的工程文件保存为"声控变频器.PrjPcb"。

2）选择"文件"→"New（新建）"→"原理图"命令，然后右击，在弹出的快捷菜单中选择"保存为"命令，将新建的原理图文件保存为"声控变频器.SchDoc"，如图 3-18 所示。

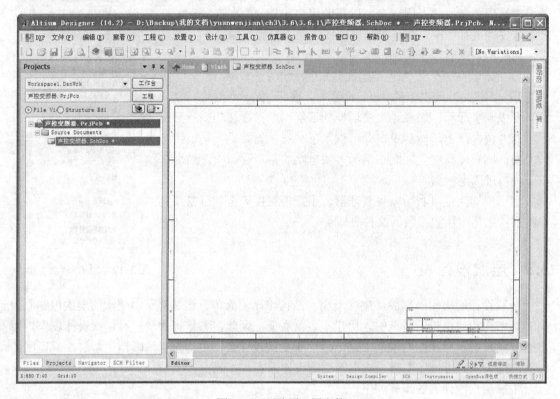

图 3-18　新建原理图文件

2. 放置方块图

1）在本例的层次原理图的母图中，有两个方块图，分别代表两个下层子图，因此在进行母图设计时首先应在原理图图纸上放置两个方块图。选择"放置"→"图表符"命令，或单击工具栏中的"图表符"按钮，光标将变为十字形状，并带有一个方块电路图标志。在图纸上单击确定方块图的左上角顶点，然后拖动鼠标绘制一个适当大小的方块，再次单击确定方块图的右下角顶点，这样就确定了一个方块图。

2）放置完一个方块图后，光标仍处于放置方块图的状态，使用同样的方法在原理图中放置另外一个方块图。右击即可退出绘制方块图的状态。

3）双击绘制好的方块图，打开"方块符号"对话框，在该对话框中可以设置方块图的相关参数，如图 3-19 所示。

4）单击"参数"选项卡，在该选项卡中单击"添加"按钮可以为方块图添加一些参数。例如，可以添加一个对该方块图的描述，如图 3-20 所示。

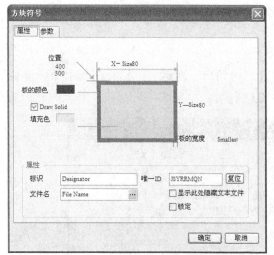

图 3-19　设置方块图属性　　　　　　　　　图 3-20　为方块图添加描述性文字

3. 放置电路端口

1）选择"放置"→"添加图纸入口"命令，或单击工具栏中的"添加图纸入口"按钮，光标将变为十字形状。移动鼠标到方块图内部，选择要放置的位置并单击鼠标左键，会出现一个电路端口跟随光标移动，但只能在方块图内部的边框上移动，在适当的位置再次单击鼠标左键即可完成电路端口的放置。

2）双击一个放置好的电路端口，打开"方块入口"对话框，在该对话框中对电路端口属性进行设置。

3）完成属性修改的电路端口如图 3-21 所示。

提示： 在设置电路端口的 I/O 类型时，一定要使其符合电路的实际情况，如本例电源方块图中的 VCC 端口是向外供电的，所以它的 I/O 类型一定是 Output。另外，要使电路端口的箭头方向和其 I/O 类型相匹配。

4. 连接线路

将具有电气连接的方块图的各个电路端口用导线或总线连接起来。连接完成后，整个层次原理图的母图便设计完成了，如图 3-22 所示。

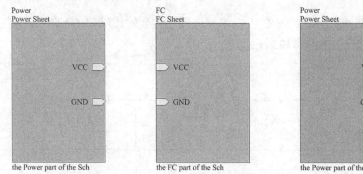

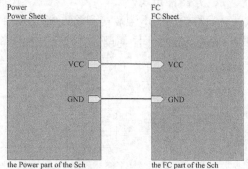

图 3-21　设置电路端口属性　　　　　　　　　图 3-22　母图

5. 设计子原理图

选择"设计"→"产生图纸"命令，光标将变为十字形状，移动光标到方块电路图

"Power"上并单击，系统自动生成一个新的原理图文件，名称为"Power Sheet.SchDoc"，与对应的方块图所代表的子原理图文件名一致。

6. 加载元器件库

选择"设计"→"添加/移除库"命令，打开"可用库"对话框，然后在其中加载需要的元器件库。本例中需要加载的元器件库如图3-23所示。

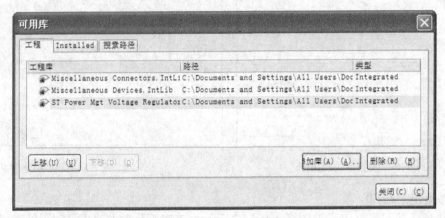

图3-23 需要加载的元器件库

7. 放置元器件并布局

1）选择"库"面板，在其中浏览刚刚加载的元器件库 ST Power Mgt Voltage Regulator. IntLib，找到需要的 L7809CP 芯片，然后将其放置在图纸上。

2）在其他的元器件库中找到所需的其他元器件，然后一一放置到原理图中，并对这些元器件进行布局，布局结果如图3-24所示。

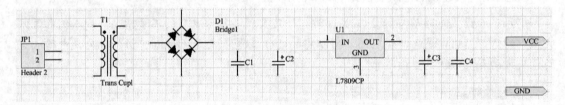

图3-24 元器件布局

8. 元器件布线

1）将输出的电源端接到输入/输出端口 VCC 上，将接地端连接到输出端口 GND 上，至此，Power Sheet 子图便设计完成了，如图3-25所示。

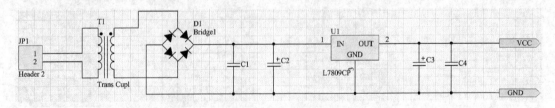

图3-25 Power Sheet 子图设计完成

2）按照上面的步骤完成另一个原理图子图的绘制。设计完成的 FC Sheet 子图如图3-26所示。

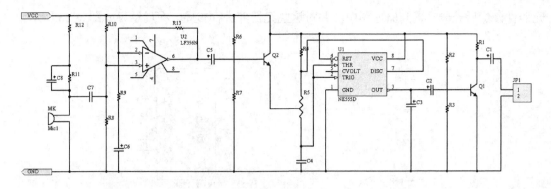

图 3-26 FC Sheet 子图设计完成

两个子图都设计完成后,整个层次原理图的设计便结束了。在本例中,讲述了层次原理图自上而下的设计方法。层次原理图的分层可以有若干层,这样可以使复杂的原理图更有条理,也更加方便阅读。

3.6.2 存储器接口电路的层次原理图设计

本例主要讲述自下而上的层次原理图设计。在电路的设计过程中,有时候会出现一种情况,即事先不能确定端口,此时不能将整个工程的母图绘制出来,因此自上而下的方法就不能胜任了。而自下而上的方法就是先设计好原理图的子图,然后由子图生成母图。存储器接口电路层次原理图的设计步骤具体如下。

1. 建立工作环境

1)在 Altium Designer 14 主界面中,选择"文件"→"New(新建)"→"Project(工程)"→"PCB 工程"命令,然后右击,在弹出的快捷菜单中选择"保存工程为"命令,将工程文件另存为"存储器接口.PrjPCB"。

2)选择"文件"→"New(新建)"→"原理图"命令,然后右击,在弹出的快捷菜单中选择"保存为"命令,将新建的原理图文件另存为"寻址.SchDoc"。

2. 加载元器件库

选择"设计"→"添加/移除库"命令,打开"可用库"对话框,然后在其中加载需要的元器件库。本例中需要加载的元器件库如图 3-27 所示。

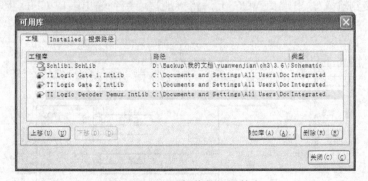

图 3-27 需要加载的元器件库

3. 放置元器件并布局

选择"库"面板,在其中浏览刚刚加载的元器件库 TI Logic Decoder Demux. IntLib,找到需要的译码器 SN74LS138D,然后将其放置在图纸上。在其他元器件库中找出所需的其他元器件，然后——放置到原理图中，并对这些元器件进行布局，布局结果如图 3-28 所示。

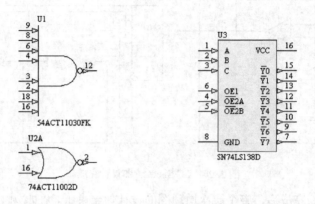

图 3-28　元器件布局

4. 元器件的连接

1）绘制导线，连接各元器件，如图 3-29 所示。

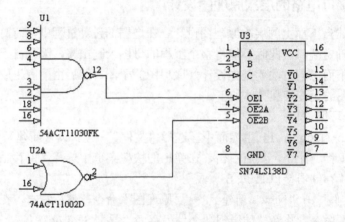

图 3-29　绘制导线

2）在图中放置网络标签。选择"放置"→"网络标签"命令，或单击工具栏中的按钮
Net，在需要放置网络标签的引脚上添加正确的网络标签，并添加接地符号和电源符号，将输出的电源端接到输入/输出端口 VCC 上，将接地端连接到输出端口 GND 上。至此，Power Sheet 子图便设计完成了，如图 3-30 所示。

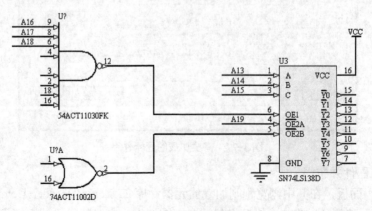

图 3-30　放置网络标签

提示：由于本电路为接口电路，有一部分引脚会连接到系统的地址总线和数据总线上，因此，本图中的网络标签并不是成对出现的。

5. 放置输入/输出端口

1）输入/输出端口是子原理图和其他子原理图的接口。选择"放置"→"端口"命令，或单击工具栏中的按钮 ⚏，系统进入放置输入/输出端口的状态。移动光标到目标位置，单击确定输入/输出端口的一个顶点，然后拖动鼠标到合适的位置，再次单击确定输入/输出端口的另一个顶点，这样就放置好了一个输入/输出端口。

2）双击放置完的输入/输出端口，打开"端口属性"对话框，如图 3-31 所示。在该对话框中设置输入/输出端口的名称、I/O 类型等参数。

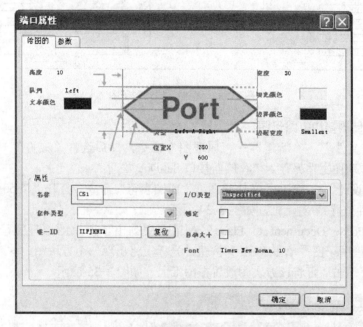

图 3-31 "端口属性"对话框

3）使用同样的方法，放置电路中所有的输入/输出端口，这样就完成了"寻址"原理图子图的设计，如图 3-32 所示。

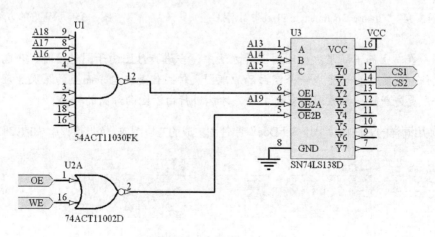

图 3-32 "寻址"原理图子图

95

6. 绘制其他子原理图

绘制"存储"原理图子图和绘制"寻址"原理图子图的方法一样，绘制好的"存储"原理图子图如图 3-33 所示。

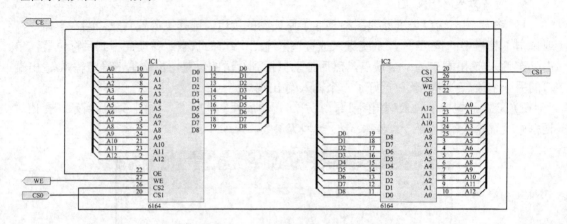

图 3-33 "存储"原理图子图

7. 设计存储器接口电路母图

1）选择"文件"→"新建"→"原理图"命令，然后选择"文件"→"保存为"命令，将新建的原理图文件另存为"存储器接口.SchDoc"。

2）选择"设计"→"HDL 文件或图纸生成图表符"命令，打开"Choose Document to Place（选择文件位置）"对话框，如图 3-34 所示。

3）在"Choose Document to Place"对话框中列出了所有的原理图子图。选择"存储.SchDoc"原理图子图，单击"OK"按钮，光标上将出现一个方块图，移动光标到原理图中适当的位置，单击即可将该方块图放置在图纸上，如图 3-35 所示。

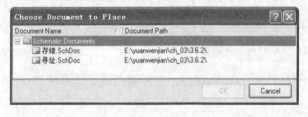

图 3-34 "Choose Document to Place"对话框

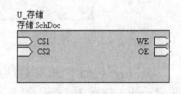

图 3-35 放置好的方块图

提示：在自上而下的层次原理图设计方法中，当进行母图向子图转换时，不需要新建一个空白文件，系统会自动生成一个空白的原理图文件。但是在自下而上的层次原理图设计方法中，一定要先新建一个原理图空白文件，才能进行由子图向母图的转换。

4）使用同样的方法将"寻址.SchDoc"原理图生成的方块图放置到图纸中，如图 3-36 所示。

图 3-36 生成的母图方块图

5) 用导线将具有电气关系的端口连接起来，至此完成了整个原理图母图的设计，如图3-37所示。

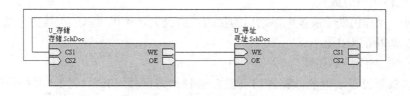

图 3-37　存储器接口电路母图

8. 编译电路

选择"工程"→"Compile PCB Project 存储器接口.PrjPcb（编译存储器接口电路板项目.PrjPcb）"命令，将原理图进行编译，在"Projects（工程）"面板中即可看到层次原理图中母图和子图的关系，如图3-38所示。

本例主要介绍了当采用自下而上的方法设计原理图时，由子图生成母图的方法。

3.6.3　4 Port UART 电路的层次原理图设计

1. 自上而下的层次化原理图设计

自上而下的层次化原理图设计的主要步骤如下。

（1）建立工作环境

1）在 Altium Designer 14 主界面中，选择"文件"→"New（新建）"→"Project（工程）"→"PCB 工程"命令，然后右击，在弹出的快捷菜单中选择"保存工程为"命令，将工程文件另存为"My job.PrjPCB"。

2）在 Altium Designer 14 主界面中，选择"文件"→"New（新建）"→"原理图"命令，右击，在弹出的快捷菜单中选择"保存为"命令，将新建的原理图文件保存为"Top.SchDoc"。

图 3-38　母图和子图的关系

（2）绘制方块图

1）选择"放置"→"图表符"命令，或单击工具栏中的按钮 ，光标将变为十字形状，并带有一个方块电路图标志。

2）移动光标到需要放置方块电路图的位置，单击确定方块电路图的一个顶点，移动鼠标到合适的位置，再次单击确定其对角顶点，即可完成方块电路图的放置。

3）此时，光标仍处于放置方块电路图的状态，重复上述操作即可放置其他方块电路图。右击或按〈Esc〉键即可退出操作。

（3）设置方块电路图属性

此时放置的图纸符号并没有具体的意义，需要进行进一步设置，包括其标识符、所表示的子原理图文件，以及一些相关的参数等。

1）选择"放置"→"放置图纸入口"命令，或单击工具栏中的按钮 ，光标将变为十字形状。

2）移动光标到方块电路图内部，选择要放置的位置并单击鼠标左键，会出现一个电路端口跟随光标移动，但只能在方块电路图内部的边框上移动，在适当的位置再次单击鼠标左键即可完成电路端口的放置。

3）此时，光标仍处于放置电路端口的状态，重复上述操作可以放置其他电路端口。右击或按〈Esc〉键即可退出操作。

（4）设置电路端口的属性

1）双击需要设置属性的电路端口（或在绘制状态下按〈Tab〉键），系统将弹出相应的电路端口属性编辑对话框，对电路端口的属性加以设置。

2）使用导线或总线把每一个方块电路图上的相应电路端口连接起来，并放置好接地符号，完成顶层原理图的绘制，如图 3-39 所示。

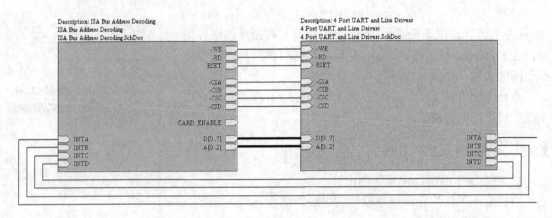

图 3-39　设计完成的顶层原理图

3）根据顶层原理图中的方块电路图，把与之对应的子原理图分别绘制出来，这一过程就是使用方块电路图来建立子原理图的过程。

（5）生成子原理图

1）选择"设计"→"产生图纸"命令，这时光标将变为十字形状。移动鼠标到顶层原理图的左侧方块电路图内部并单击，系统自动生成一个新的原理图文件，名称为"ISA Bus Address Decoding.SchDoc"，与对应的方块电路图所代表的子原理图文件名一致，如图 3-40 所示。在该原理图中可以看到，已经自动放置好了与 14 个电路端口方向一致的输入/输出端口。

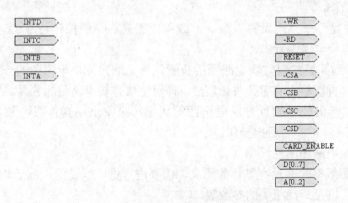

图 3-40　由方块电路图产生的子原理图

2）使用普通电路原理图的绘制方法，放置各种所需的元器件并进行电气连接，完成子原理图"ISA Bus Address Decoding.SchDoc"的绘制，如图 3-41 所示。

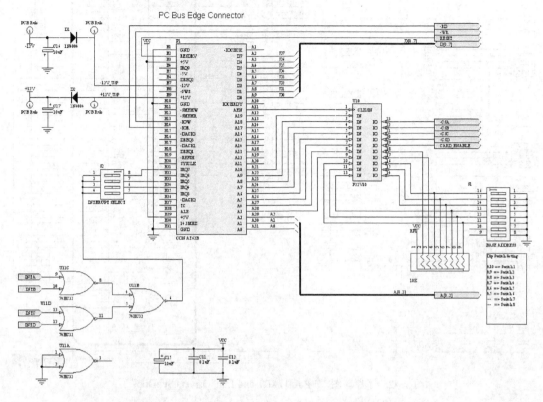

图 3-41　子原理图"ISA Bus Address Decoding.SchDoc"

3）使用同样的方法，由顶层原理图中的另外一个方块电路图"4 Port UART and Line Drivers"建立对应的子原理图"4 Port UART and Line Drivers.SchDoc"，并且绘制出来。

这样就采用自上而下的层次电路图设计方法完成了整个系统的电路原理图绘制。

2．自下而上的层次化原理图设计

自下而上的层次化原理图设计的主要步骤如下。

（1）新建项目文件

1）在 Altium Designer 14 主界面中，选择"文件"→"New"（新建）→"Project（工程）"→"PCB 工程"命令，右击，在弹出的快捷菜单中选择"保存工程为"命令，将新建的工程文件保存为"My job1.PrjPCB"。

2）选择"文件"→"New（新建）"→"原理图"命令，然后右击，在弹出的快捷菜单中选择"保存为"命令，将新建的原理图文件保存为"ISA Bus Address Decoding.SchDoc"。

3）使用同样的方法建立原理图文件"4 Port UART and Line Drivers.SchDoc"。

（2）绘制各个子原理图

根据每一模块的具体功能要求，绘制各个子原理图。

（3）放置各子原理图中的输入/输出端口

子原理图中的输入/输出端口是子原理图与顶层原理图之间进行电气连接的重要通道，应根据具体的设计要求加以放置。放置了输入/输出电路端口的两个子原理图"ISA Bus Address Decoding.SchDoc"和"4 Port UART and Line Drivers.SchDoc"，分别如图 3-41 和图 3-42 所示。

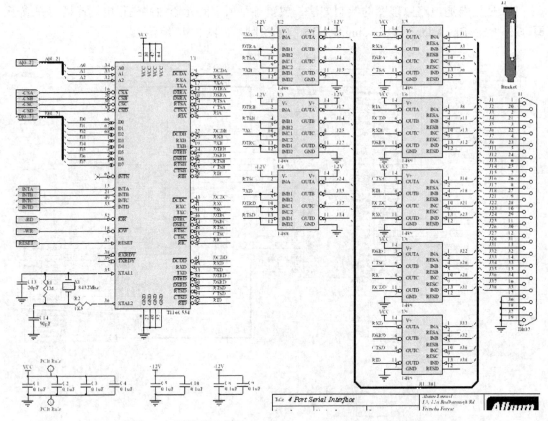

图 3-42 子原理图 "4 Port UART and Line Drivers.SchDoc"

（4）新建顶层原理图

在项目 "My job1.PrjPCB" 中新建一个原理图文件 "Top1. SchDoc"，以便进行顶层原理图的绘制。

（5）生成方块图

1）打开原理图文件 "Top1. SchDoc"，选择 "设计" → "HDL 文件或图纸生成图表符" 命令，系统弹出如图 3-43 所示的 "Choose Document to Place（选择文件放置）" 对话框。在该对话框中，系统列出了同一项目中除当前原理图外的所有原理图文件，用户可以选择其中的任何一个原理图来建立方块电路图。例如，这里选中 "ISA Bus Address Decoding.SchDoc"。

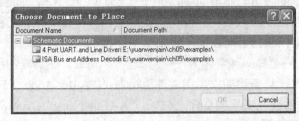

图 3-43 "Choose Document to Place（选择文件放置）" 对话框

2）此时，光标变成十字形状，并带有一个方块电路图的虚影。选择适当的位置，单击即可将该方块电路图放置在顶层原理图中。该方块电路图的标识符为 "U_ISA Bus Address Decoding"，其边缘已经放置了 14 个电路端口，方向与对应的子原理图中的输入/输出端口一致。

3）按照同样的操作方法，由子原理图 "4 Port UART and Line Drivers.SchDoc" 可以在顶层原理图中建立方块电路图 "U_4 Port UART and Line Drivers.SchDoc"，如图 3-44 所示。

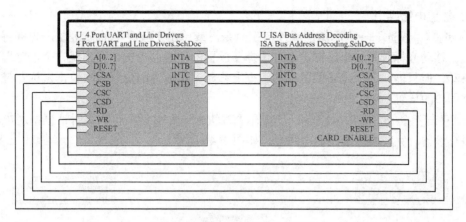

图 3-44　顶层原理图方块电路图

（6）设置方块电路图和电路端口的属性

由系统自动生成的方块电路图不一定完全符合设计要求，很多时候还需要再次加以编辑，包括方块电路图的形状、大小和电路端口的位置及属性等。

（7）连接电路图

用导线或总线将方块电路图通过电路端口连接起来，完成顶层原理图的绘制，结果与图 3-44 完全一致。

这样，采用自下而上的层次电路设计方法同样完成了整个系统的电路原理图绘制。

3.6.4　电子游戏机电路的原理图设计

本例将使用层次原理图设计方法设计电子游戏机电路，涉及的知识点包括层次原理图设计方法、生成元器件报表以及文件组织结构等。

1. 建立工作环境

1）在 Altium Designer 14 主界面中，选择"文件"→"New（新建）"→"Project（工程）"→"PCB 工程"命令，右击，在弹出的快捷菜单中选择"保存工程为"命令，将新建的工程文件保存为"电子游戏机电路.PrjPcb"。

2）选择"文件"→"New（新建）"→"原理图"命令，然后右击，在弹出的快捷菜单中选择"保存为"命令，将新建的原理图文件保存为"电子游戏机电路.SchDoc"。

2. 放置方块图

1）选择"放置"→"图表符"命令，或单击"布线"工具栏中的按钮 ▦，光标将变为十字形状，并带有一个方块电路图标志。在图纸上单击鼠标左键确定方块图的左上角顶点，然后拖动鼠标绘制出一个适当大小的方块，再次单击鼠标左键确定方块图的右下角顶点，这样就确定了一个方块图。

2）放置完一个方块图后，光标仍处于放置方块图的状态，使用同样的方法在原理图中放置另外一个方块图。右击即可退出绘制方块图的状态。

3）双击绘制好的方块图，打开"方块符号"对话框，在该对话框中可以设置方块图的参数，如图 3-45 所示。

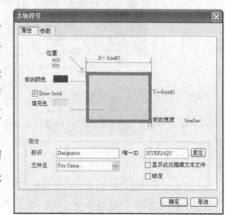

图 3-45　设置方块图属性

3．放置电路端口

1）选择"放置"→"添加图纸入口"命令，或单击工具栏中的按钮 ，光标将变为十字形状。移动光标到方块电路图内部，选择要放置的位置并单击，会出现一个电路端口跟随鼠标移动，但只能在方块电路图内部的边框上移动，在适当的位置再次单击鼠标左键即可完成电路端口的放置。

2）双击一个放置好的电路端口，打开"方块入口"对话框，在该对话框中对电路端口属性进行设置。完成属性修改的电路端口如图3-46所示。

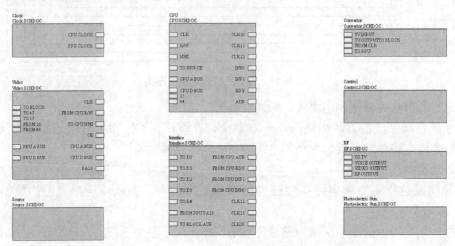

图3-46　完成属性修改后的电路端口

4．连接导线

将具有电气连接关系的方块图的各个电路端口用导线或总线连接起来。连接完成后，整个层次原理图的母图便设计完成了，如图3-47所示。

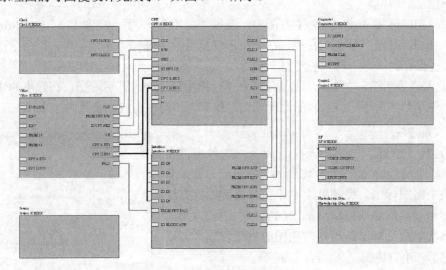

图3-47　完成连线后的原理图母图

5．中央处理器电路模块设计

1）选择"设计"→"产生图纸"命令，这时光标将变为十字形状。移动光标到方块电路图"CPU"上并单击，系统自动生成一个新的原理图文件，名称为"CPU.SchDoc"，与对应的方块电路图所代表的子原理图文件名一致。

2）在生成的 CPU.SchDoc 原理图中进行子图设计。本电路模块中用到的元器件有 6257P、6116、SN74LS139A 和一些阻容元器件（库文件在随书光盘中提供）。

3）放置元器件到原理图中，对元器件的各项属性进行设置并布局。然后进行布线操作，结果如图3-48所示。

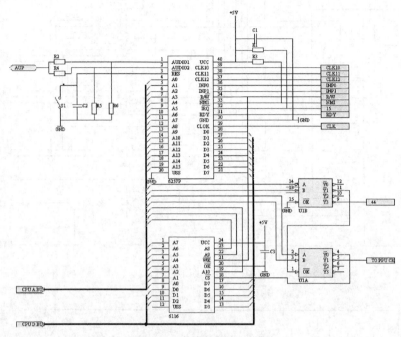

图 3-48　布线后的 CPU 模块

6. 其他电路模块设计

使用同样的方法绘制图像处理电路、接口电路、射频调制电路、电源电路、制式转换电路、时钟电路、控制盒电路和光电枪电路，分别如图3-49～图3-56所示。

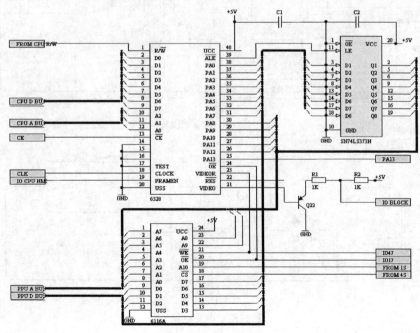

图 3-49　图像处理电路

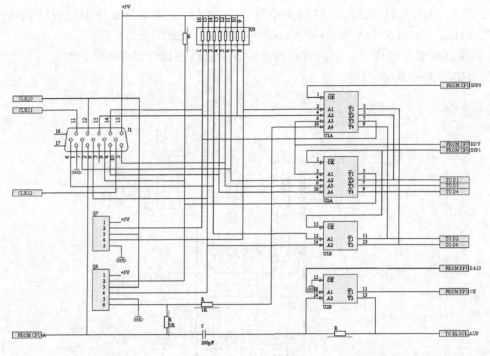

图 3-50 接口电路

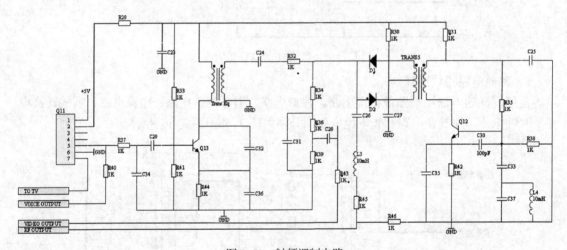

图 3-51 射频调制电路

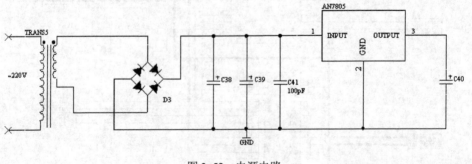

图 3-52 电源电路

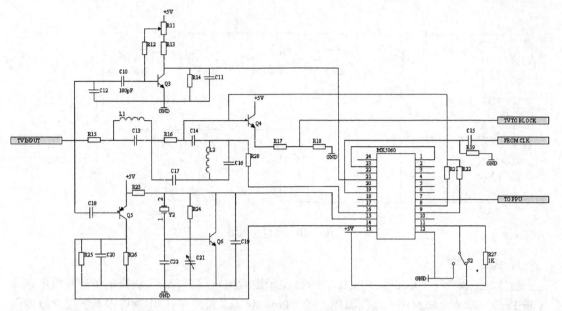

图 3-53 制式转换电路

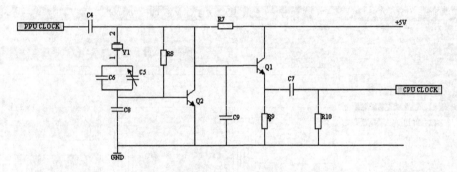

图 3-54 时钟电路

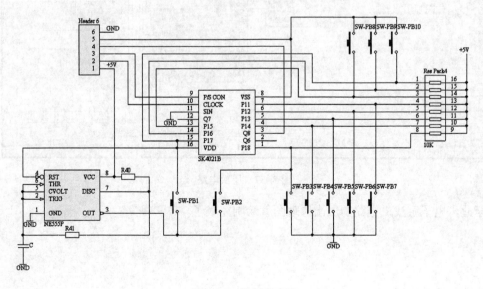

图 3-55 控制盒电路

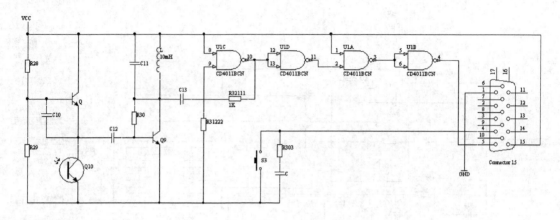

图 3-56　光电枪电路

7. 编译电路

选择"工程"→"Compile PCB Project 电子游戏机电路.PrjPcb（编译电子游戏机电路项目.PrjPcb）"命令，将原理图进行编译，在"Projects（工程）"面板中就可以看到层次原理图中母图和子图的关系，如图 3-57 所示。

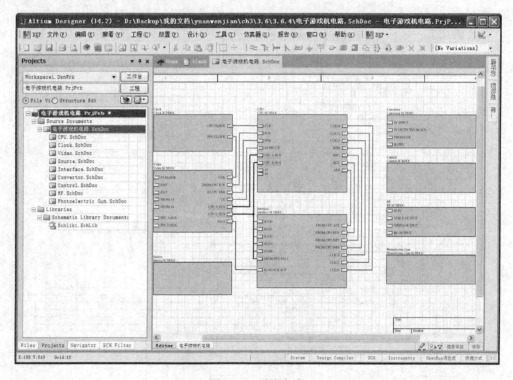

图 3-57　层次电路

至此，电子游戏机电路的层次原理图就绘制完成了。

第 4 章　原理图的后续处理

学习完原理图的绘制方法和技巧后，本章将介绍原理图的后续处理。

本章知识重点

- 原理图的电气规则检查
- 原理图的编译
- 打印与报表输出

4.1　在原理图中放置 PCB Layout 标志

Altium Designer 14 允许用户在原理图中添加 PCB 设计规则。当然，PCB 设计规则也可以在 PCB 编辑器中定义。不同的是，在 PCB 编辑器中，设计规则的作用范围是在规则中定义的，而在原理图编辑器中，设计规则的作用范围就是添加处。这样，用户在进行原理图设计时，可以提前将一些 PCB 设计规则定义好，以便进行下一步的 PCB 设计。

对于元器件、引脚等对象，可以使用前面介绍的方法添加设计规则。而对于网络和属性对话框，需要在网络上放置 PCB Layout 标志来设置 PCB 设计规则。

例如，为图 4-1 所示的电路的 VCC 网络和 GND 网络添加一条设计规则，先设置 VCC 网络和 GND 网络的走线宽度为 30mil，具体步骤如下。

1）选择"放置"→"指示"→"PCB 布局"命令，即可放置 PCB Layout 标志，此时按〈Tab〉键，弹出如图 4-2 所示的"参数"对话框。

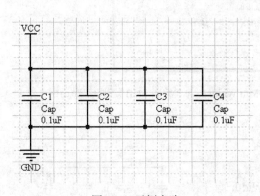

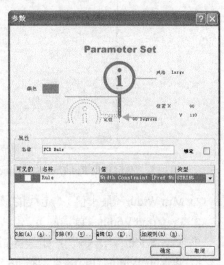

图 4-1　示例电路　　　　　　　　　　　图 4-2　"参数"对话框

2）单击"编辑"按钮，系统将弹出如图 4-3 所示的"参数属性"对话框，单击其中的"编辑规则值"按钮，系统将弹出如图 4-4 所示的"选择设计规则类型"对话框，在该对话框中可以选择要添加的设计规则。双击"Width Constraint"选项，系统将弹出如图 4-5 所示的"Edit PCB Rule(From Schematic)-Max-Min Width Rule（编辑 PCB 规则）"对话框，对话框中部分选项的含义介绍如下。

图 4-3 "参数属性"对话框

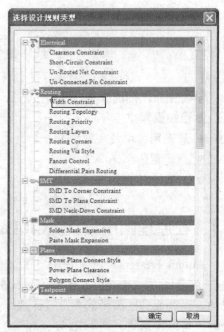

图 4-4 "选择设计规则类型"对话框

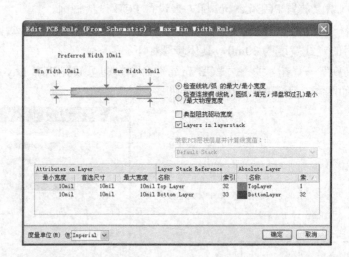

图 4-5 "Edit PCB Rule(From Schematic)-Max-Min Width Rule（编辑 PCB 规则）"对话框

① Min Width（最小值）：走线的最小宽度。
② Preferred Width（首选的）：走线首选宽度。
③ Max Width（最大值）：走线的最大宽度。
3）将 Min Width、Preferred Width 和 Max Width 均设为 30mil，单击"确定"按钮。
4）将修改后的 PCB Layout 标志放置到相应的网络中，完成对 VCC 和 GND 网络走线宽度的设置，效果如图 4-6 所示。

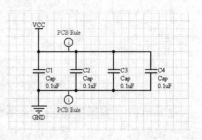

图 4-6 添加 PCB Layout 标志后的效果

4.2 打印与报表输出

原理图设计完成后，经常需要输出一些数据或图纸。本节将介绍 Altium Designer 14 原理图的打印与报表输出。

Altium Designer 14 具有丰富的报表功能，可以方便地生成各种不同类型的报表。当电路原理图设计完成且经过编译检测之后，应该充分利用系统所提供的这种功能来创建各种原理图的报表文件。借助于这些报表文件，用户能从不同的角度，更好地掌握整个项目的有关设计信息，为下一步的设计工作做好充足的准备。

4.2.1 打印输出

为了方便原理图的浏览和交流，经常需要将原理图打印到图纸上。Altium Designer 14 提供了直接将原理图打印输出的功能。

在打印之前首先要进行页面设置。选择"文件"→"页面设置"命令，即可弹出"Schematic Print Properties（示意图打印性能）"对话框，如图4-7所示，对话框中各选项的含义介绍如下。

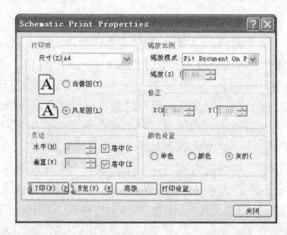

图 4-7 "Schematic Print Properties（示意图打印性能）"对话框

（1）"打印纸"选项组

"打印纸"选项组用于设置纸张的相关参数，具体包括以下几个选项。

① "尺寸"：选择所用打印纸的尺寸。

② "肖像图"：选中该单选按钮，图纸将竖放。

③ "风景图"：选中该单选按钮，图纸将横放。

（2）"页边"选项组

"页边"选项组用于设置页边距，具体有以下两个选项。

① "水平"：设置水平页边距。

② "垂直"：设置垂直页边距。

（3）"缩放比例"选项组

"缩放比例"选项组用于设置打印比例，有以下两个选项。

① "缩放模式"：选择比例模式，其中有两个选项。选择"Fit Document On Page"，系统将自动调整比例，以便将整张图纸打印到一张图纸上；选择"Scaled Print"，将由用户自己定义比例大小，这时整张图纸将以用户定义的比例打印，有可能打印在一张图纸上，也有可

能打印在多张图纸上。

② "缩放"：当选择 "Scaled Print" 缩放模式时，用户可以在此设置打印比例。

（4）"修正"选项组

"修正"选项组用于修正打印比例。

（5）"颜色设置"选项组

"颜色设置"选项组用于设置打印的颜色，其中有 "单色" "颜色" 和 "灰的" 3 个单选按钮。

另外，单击 "预览" 按钮可以预览打印效果，单击 "打印设置" 按钮可以进行打印机设置，如图 4-8 所示。

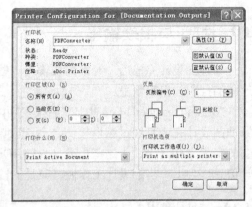

图 4-8　打印机设置

设置、预览完成后，即可单击 "打印" 按钮，打印原理图。

此外，选择 "文件"→"打印" 命令，或单击工具栏中的 "打印" 按钮，也可以打印原理图。

4.2.2　网络表

网络表有多种格式，通常为一个 ASCII 码的文本文件，它用于记录和描述电路中各个元器件的数据以及各个元器件之间的连接关系。在低版本的设计软件中，往往需要生成网络表，以便进行下一步的 PCB 设计或仿真。Altium Designer 14 提供了集成的开发环境，用户无需生成网络表就可以直接生成 PCB 或进行仿真。但有时为了方便交流，还是要生成网络表。

在由原理图生成的各种报表中，应该说，网络表最为重要。所谓网络，指的是彼此连接在一起的一组元器件引脚，一个电路实际上就是由若干网络组成的。而网络表就是对电路或电路原理图的一个完整描述，描述的内容包括两个方面：一是电路原理图中所有元器件的信息（包括元器件标识、元器件引脚和 PCB 封装形式等）；二是网络的连接信息（包括网络名称、网络节点等），是进行 PCB 布线和设计 PCB 印制电路板不可缺少的工具。

网络表的生成有多种方法，可以在原理图编辑器中由电路原理图文件直接生成，也可以利用文本编辑器手动编辑生成，当然，还可以在 PCB 编辑器中，从已经布线的 PCB 文件中导出相应的网络表。

Altium Designer 14 为用户提供了方便快捷的实用工具，可以帮助用户针对不同的项目设计需求，创建多种格式的网络表文件。这里，需要创建的是用于 PCB 设计的网络表，即 Protel 网络表。

具体来说，网络表包括两种，一种是基于单个原理图文件的网络表，另一种则是基于整个项目的网络表。

4.2.3　基于整个工程的网络表

下面以 "4 Port Serial Interface.PrjPCB" 为例，介绍工程网络表的创建及特点。在创建网络表之前，应先进行简单的选项设置。

1. 网络表选项设置

1）打开随书光盘中的工程文件 "4 Port Serial Interface.PrjPCB"，并打开其中的电路原理图文件。

2）选择 "工程"→"工程参数" 命令，打开工程管理选项对话框，单击 "Options" 选项卡，界面如图4-9所示，该选项卡中各选项的含义介绍如下。

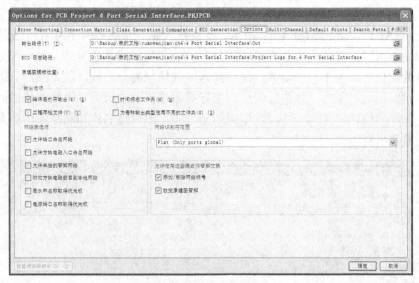

图4-9 "Options"选项卡

① "输出路径"：用于设置各种报表（包括网络表）的输出路径，系统会根据当前工程所在的文件夹自动创建默认路径。在图4-9中，系统默认路径为："D:\Backup\我的文档\yuanwenjian\ch4\4 Port Serial Interface\Out"，单击右边的"打开"按钮⊘，可以对默认路径进行更改。

② "输出选项"：用来设置网络表的输出选项，这里保持默认设置即可。

③ "网络表选项"：用于设置创建网络表的条件，其中有以下6个复选框。

"允许端口命名网络"：该复选框用于设置是否允许用系统产生的网络名代替与电路输入/输出端口相关联的网络名。如果所设计的工程只是普通的原理图文件，不包含层次关系，则可以勾选该复选框。

"允许方块电路入口命名网络"：该复选框用于设置是否允许用系统产生的网络名代替与图纸入口相关联的网络名，系统默认勾选该复选框。

"允许单独的管脚网络"：该复选框用于设置生成网络表时，是否允许系统自动将引脚号添加到各个网络名称中。

"附加方块电路数目到本地网络"：该复选框用于设置产生网络表时，是否允许系统自动将图纸号添加到各个网络名称中。当一个工程中包含多个原理图文档时，应勾选该复选框，以便于查找错误。

"高水平名称取得优先权"：该复选框用于设置产生网络表时，以什么样的优先权排序。若勾选该复选框，则系统以命令的等级高低决定优先权。

"电源端口名称取得优先权"：该复选框的功能同上。若勾选该复选框，则系统对电源端口将给予更高的优先权。

本例中，使用系统默认的设置即可。

2. 创建工程网络表

1）选择"设计"→"工程的网络表"→"Protel（生成原理图网络表）"命令，如图4-10所示。

图4-10 创建工程网络表菜单命令

2）系统自动生成了当前工程的网络表文件"4 Port Serial Interface.NET"，并存放在了当前工程下的"Generated \Netlist Files"文件夹中。双击打开该工程的网络表文件"4 Port Serial Interface.NET"，界面如图 4-11 所示。该网络表是一个简单的 ASCII 码文本文件，由一行一行的文本组成，具体内容分为两大部分，一部分是元器件的信息，另一部分是网络的信息。元器件的信息由若干小段组成，每一元器件的信息为一小段，用方括号分隔，由元器件的标识、封装形式、型号、数值等组成，空行是系统自动生成的。网络的信息同样由若干小段组成，每一网络的信息为一小段，用圆括号分隔，由网络名称和网络中所有具有电气连接关系的元器件引脚组成。

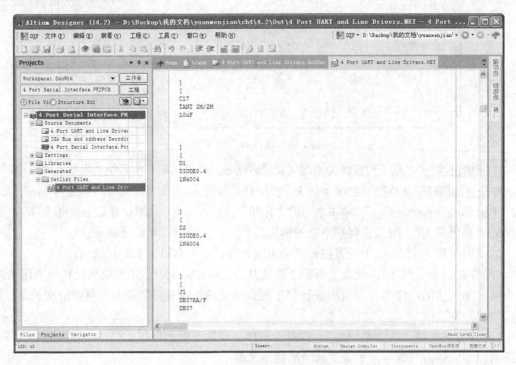

图 4-11　创建工程的网络表文件

4.2.4　基于单个原理图文件的网络表

下面以某实例工程"4 Port Serial Interface.PrjPCB"中的一个原理图文件"4 Port Serial Interface.SchDoc"为例，介绍基于单个原理图文件的网络表的创建，具体步骤如下。

1）打开随书光盘中的工程"4 Port Serial Interface.PrjPCB"中的原理图文件"4 Port Serial Interface.SchDoc"。

2）选择"设计"→"文件的网络表"→"Protel（生成原理图网络表）"命令，系统自动生成了当前原理图的网络表文件"4 Port Serial Interface.NET"，并存放在了当前工程下的"Generated\Netlist Files"文件夹中。双击打开该原理图的网络表文件"4 Port Serial Interface.NET"，如图 4-12 所示。该网络表的组成形式与上述基于整个工程的网络表是一样的，由于该工程只有两个原理图文件，因此，基于原理图文件的网络表"4 Port Serial Interface.NET"与基于整个工程的网络表所包含的内容不完全相同。

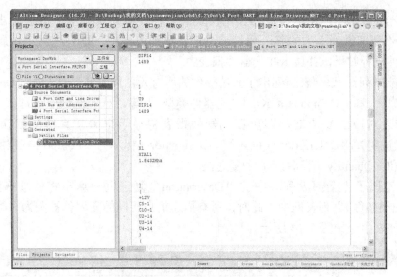

图 4-12　创建文件的网络表

4.2.5　生成元器件报表

元器件报表主要用来列出当前工程中用到的所有元器件的标识、封装形式、库参考等，相当于一份元器件清单。依据这份报表，用户可以详细地查看工程中元器件的各类信息，同时，在制作印制电路板时，也可以作为元器件采购的参考。

下面仍然以工程"4 Port Serial Interface.PrjPcb"为例，介绍元器件报表的创建过程及功能特点。

1. 元器件报表的选项设置

1）打开随书光盘中的工程"4 Port Serial Interface.PrjPCB"中的原理图文件"4 Port Serial Interface.SchDoc"。

2）选择"报告"→"Bill of Materials（材料清单）"命令，系统弹出相应的"Bill of Materials For Project（元器件报表）"对话框，如图 4-13 所示。在该对话框中，可以对要创建的元器件报表进行设置。对话框左侧有两个列表框，具体介绍如下。

图 4-13　"Bill of Materials For Project（元器件报表）"对话框

①"聚合的纵队"：用于设置创建网络表的条件，该列表框用于设置元器件的归类标准。可以将"全部纵列"中的某一属性信息拖到该列表框中，则系统将以该属性信息为标准，对元器件进行归类，并显示在元器件报表中。

②"全部纵列"：该列表框列出了系统提供的所有元器件属性信息，如"Description（元器件描述信息）"和"Component Kind（元器件类型）"等。对于需要查看的有用信息，可以勾选右边与之对应的复选框，即可在元器件报表中显示出来。系统的默认设置为勾选"Comment（说明）""Description（描述）""Designator（标示）""Footprint（引脚）""LibRef（参照库）"和"Quantity（查询）"6个复选框。

例如，勾选了"全部纵列"中的"Description"复选框，单击将该项拖到"Grouped Columns（归类条件）"列表框中。此时，所有描述信息相同的元器件被归为一类，显示在右侧的元器件列表中，如图4-14所示。

图4-14　元器件归类显示

另外，在右侧的元器件列表的各栏中都有一个下拉按钮，单击该按钮同样可以设置列表的显示内容。例如，单击元器件列表中的"Description"栏的下拉按钮▼，则会弹出如图 4-15 所示的下拉列表。在该下拉列表中，可以选择"All（显示全部元器件）"选项，也可以选择"Custom（以定制方式显示）"选项，还可以只显示具有某一具体描述信息的元器件，例如，选择"1N4004"选项，则相应的元器件列表如图4-16所示。

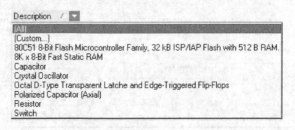

图4-15　"Description"列表

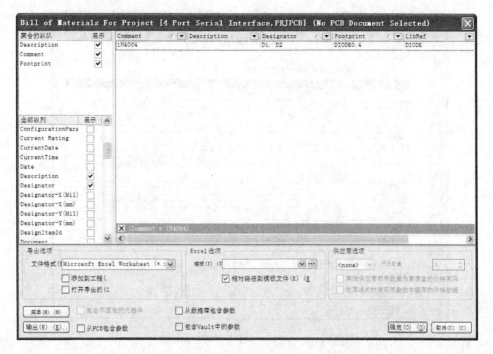

图 4-16　只显示描述信息为"Capacitor"的元器件

在元器件报表对话框的下方，还有若干选项和按钮，具体介绍如下。

①"文件格式"：用于为元器件报表设置文件输出格式。单击右边的下拉按钮 ▾，可以选择不同的文件输出格式。有多个选项供用户选择，如 CVS 格式、文本格式、Excel 格式、电子表格等。

②"添加到工程"复选框：若勾选该复选框，则系统在创建了元器件报表后会将报表直接添加到工程中。

③"打开导出的"复选框：若勾选该复选框，则系统在创建了元器件报表后会自动以相应的应用程序打开。

④"模板"：用于为元器件报表设置显示模板。单击右边的下拉按钮 ▾，可以使用曾经用过的模板文件，也可以单击按钮 ⋯ 重新选择。选择时，如果模板文件与元器件报表在同一目录下，则可以勾选"相对路径到模板文件"复选框，使用相对路径搜索，否则应使用绝对路径搜索。

⑤"菜单"：单击该按钮，会弹出如图 4-17 所示的环境设置快捷菜单。由于该菜单中的各项命令比较简单，因此这里不再一一介绍，用户可以自己练习操作。

⑥"输出"：单击该按钮，可以将元器件报表保存到指定的文件夹中。

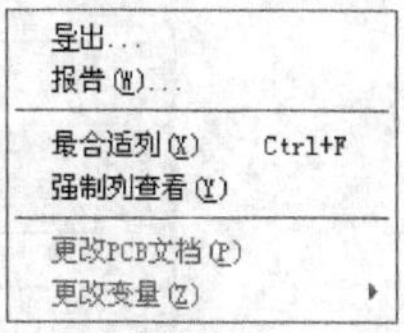

图 4-17　环境设置快捷菜单

设置好元器件报表的相应选项后，即可进行元器件报表的创建、显示和输出。元器件报表可以以多种格式输出，但一般选择 Excel 格式。

2．元器件报表的创建

1）单击"菜单"按钮，在弹出的快捷菜单中选择"报告"命令，则弹出元器件"报告预览"对话框，如图 4-18 所示。

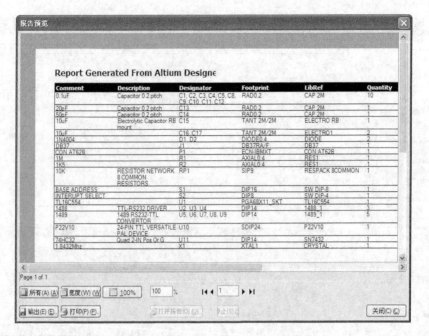

图 4-18　元器件"报告预览"对话框

2）单击"输出"按钮，将该报表进行保存，默认文件名为"4 Port Serial Interface.xls"，是一个 Excel 格式的文件。

3）单击"打开报告"按钮，将该报表打开，如图 4-19 所示。

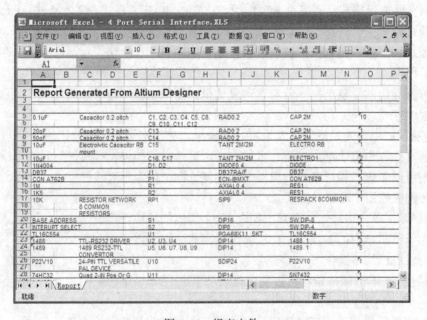

图 4-19　报表文件

4）单击"打印"按钮，将该报表打印输出。

5）在元器件报表对话框中，单击"模板"下拉列表框后面的按钮 ⋯ ，在"D:\Program Files\AD14\Template"目录下选择系统自带的元器件报表模板文件"BOM Default Template.XLT"，如图 4-20 所示。

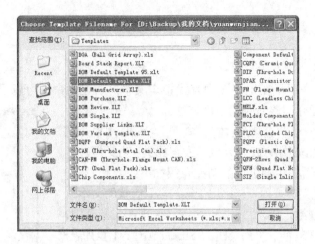

图 4-20　选择元器件报表模板

6）单击"打开"按钮后，返回元器件报表对话框。单击"确定"按钮，退出对话框。

此外，Altium Designer 14 还为用户提供了建议的元器件报表，不需要进行设置即可生成。

4.2.6　生成简单报表

与前面设置的元器件报表不同，简单元器件清单报表不需要进行参数设置，可以直接生成原理图报表文件。

选择"报告"→"Simple BOM（简单 BOM 表）"命令，则系统同时产生两个文件，即"4 Port Serial Interface.BOM"和"4 Port Serial Interface.CSV"，并加入到工程中，如图 4-21 所示。

图 4-21　简易元器件报表

4.3　查找与替换操作

为了快速、准确地绘制原理图，需要一些有关技巧的命令，如查找命令，用于元器件过多的复杂电路图或有要求的场合。

4.3.1 查找文本

"查找文本"命令用于在电路图中查找指定文本，通过此命令可以迅速找到包含某一文字标识的图元。下面介绍该命令的使用方法。

选择"编辑"→"查找文本"命令，或使用快捷键〈Ctrl+F〉，系统将弹出如图 4-22 所示的"发现原文"对话框。

"发现原文"对话框中各选项的功能介绍如下。

① "文本被发现"下拉列表框：用于输入需要查找的文本。

② "范围"选项组：包含"Sheet 范围（原理图文档范围）""选择"和"标识符"3 个下拉列表框。"Sheet 范围"下拉列表框用于设置所要查找的电路图范围，有"Current Document（当前文档）""Project Document（项目文档）""Open Document（已打开的文档）"和"Document On Path（选定路径中的文档）"4个选项。"选择"下拉列表框用于设置需要查找的文本对象的范

图 4-22 "发现原文"对话框

围，有"All Objects（所有对象）""Selected Objects（选择的对象）"和"Deselected Objects（未选择的对象）"3 个选项。"All Objects"选项表示对所有的文本对象进行查找，"Selected Objects"选项表示对选中的文本对象进行查找，"Deselected Objects"选项表示对没有选中的文本对象进行查找。"标识符"下拉列表框用于设置查找的电路图标识符范围，有"All Identifiers（所有 ID）""Net Identifiers Only（仅网络 ID）"和"Designators Only（仅标号）"3个选项。

③ "选项"选项组：用于匹配查找对象所具有的特殊属性，有"敏感案例""仅完全字"和"跳至结果"3 个复选框。勾选"敏感案例"复选框表示查找时要注意大小写的区别；勾选"仅安全字"复选框表示只查找具有整个单词匹配的文本，要查找的网络标识包含的内容有网络标签、电源端口、I/O 端口和方块电路 I/O 口；勾选"跳至结果"复选框表示查找后跳到结果处。

用户按照自己的实际情况进行设置，然后单击"确定"按钮开始查找。

4.3.2 文本替换

"文本替换"命令用于将电路图中指定的文本用新的文本替换掉，该操作在需要将多处相同文本修改成另一文本时非常有用。选择"编辑"→"替换文本"命令，或使用快捷键〈Ctrl+H〉，系统将弹出如图 4-23 所示的"发现并替代原文"对话框。

可以看出如图 4-22 和图 4-23 所示的两个对话框非常相似，对于相同的部分，这里不再赘述，读者可以参看"查找文本"命令，下面对未提到的选项进行解释。

① "替代"文本框：用于输入替换原文本的新文本。

② "替代提示"复选框：用于设置是否显示确认替换提示对话框。如果勾选该复选框，则在进行替换前显示确认替换提示对话框，反之则不显示。

图 4-23 "发现并替代原文"对话框

4.3.3 发现下一个

"发现下一个"命令用于查找"发现下一个"对话框中指定的文本，也可以使用快捷键〈F3〉来执行该命令。

4.4 操作实例

通过前面章节的学习，用户发现原理图设计不单是绘制原理图，还需要进行后续的分析、检查等。本节将以多个实例来详细阐述原理图的检查和分析。

4.4.1 ISA 总线与地址解码电路的报表输出

图 4-24 所示的电路原理图为 3.6 节实例项目 "4 Port Serial Interface.PrjPCB" 中的一个原理图文件，即 "ISA Bus and Address Decoding.SchDoc"。

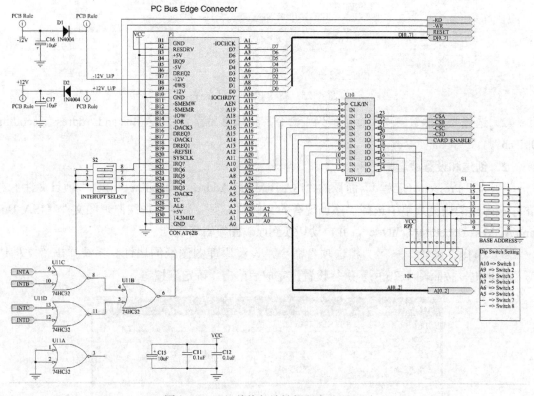

图 4-24　ISA 总线与地址解码电路原理图

设计电路原理图并输出相关报表的基本过程如下。

1）创建一个项目文件。

2）在项目文件中创建一个原理图文件，再使用"文档选项"命令设置图纸的属性。

3）放置各个元器件并设置其属性。

4）元器件布局。

5）使用布线工具连接各元器件。

6）设置并放置电源符号和接地符号。

7）进行 ERC 检查。

8）报表输出。

9）保存设计文档和项目文件。

1. 建立工作环境

1）启动 Altium Designer 14，选择"文件"→"New（新建）"→"Project（工程）"→"PCB 工程"命令，创建一个 PCB 项目文件，如图 4-25 所示。

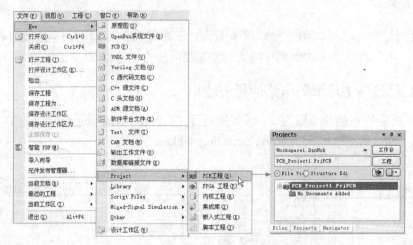

图 4-25　新建 PCB 项目文件

2）选择"文件"→"保存工程为"命令，将项目另存为"ISA Bus and Address Decoding.PrjPcb"。

2. 创建和设置原理图图纸

1）在"Projects（工程）"面板的"ISA Bus and Address Decoding.PrjPcb"项目文件上右击，在弹出的快捷菜单中选择"添加现有的文件到工程"命令，加载原理图文件"ISA Bus and Address Decoding.SchDoc"，并自动切换到原理图编辑环境。

2）选择"设计"→"文档选项"命令，设置原理图图纸的属性。系统弹出"文档选项"对话框，按照图 4-26 所示进行设置，完成后单击"确定"按钮。

图 4-26　设置"文档选项"对话框

3）选择"设计"→"文档选项"命令，在弹出的"文档选项"对话框中，设置图纸的标题栏。单击"参数"选项卡，出现标题栏设置选项。在"Address（地址）"选项中输入地址，在"Organization（机构）"选项中输入设计机构名称，在"Title（名称）"选项中输入原理图的名称，其他选项可以根据需要填写，如图4-27所示。

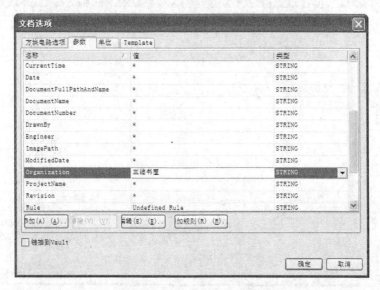

图4-27 "参数"选项卡设置

3．报表输出

1）选择"设计"→"工程的网络表"→"Protel（生成项目网络表）"命令，系统自动生成了当前项目的网络表文件"ISA Bus and Address Decoding.NET"，并存放在了当前项目的"Generated \Netlist Files"文件夹中。双击打开该原理图的网络表文件"ISA Bus and Address Decoding.NET"，如图4-28所示。

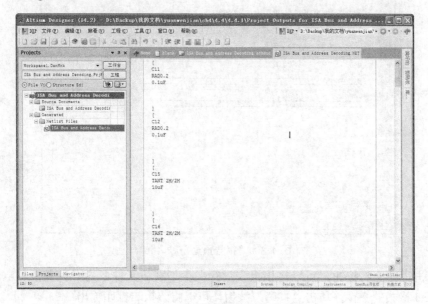

图4-28 打开原理图的网络表文件

2）在只有一个原理图的情况下，该网络表的组成形式与上述基于整个原理图的网络表相同，在此不再重复。

3）选择"报告"→"Bill of Materials（元器件清单）"命令，系统将弹出相应的元器件报表对话框，设置相应选项，如图4-29所示。

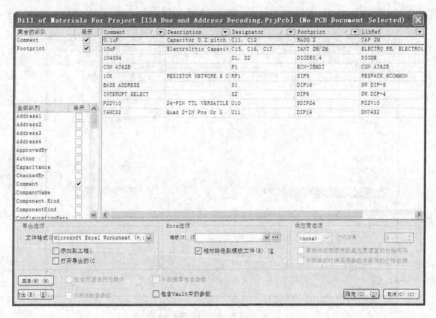

图4-29 设置元器件报表

4）单击"菜单"按钮，在快捷菜单中选择"报告"命令，系统将弹出"报告预览"对话框，如图4-30所示。

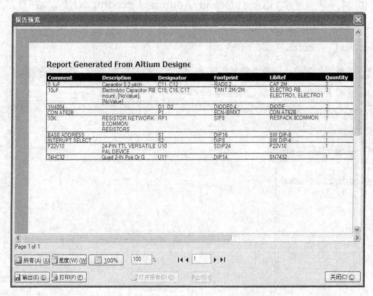

图4-30 "报告预览"对话框

5）单击"输出"按钮，可以将该报表进行保存，默认文件名为"音量控制电路.xls"，是一个Excel格式的文件，单击"打印"按钮，可以将该报表打印输出。

6）在元器件报表对话框中，单击"模板"下拉列表框的按钮 ⋯ ，在"X:\Program Files\AD 14\Templates"目录下，选择系统自带的元器件报表模板文件"BOM Default

Template.XLT"。

7）单击"打开"按钮，返回元器件报表对话框。单击"确定"按钮，退出对话框。

4．编译并保存项目

选择"工程"→"Compile PCB Projects（编译 PCB 项目）"命令，系统将自动生成信息报告，并在"Messages（信息）"面板中显示出来，如图 4-31 所示。修改错误，直到没有任何错误信息出现，则表明电气检查通过。

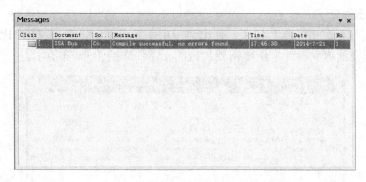

图 4-31　"Messages（信息）"面板

4.4.2　A-D 转换电路的打印输出

本例设计的是一个与 PC 并行口相连接的 A-D 转换电路，如图 4-32 所示。本电路采用的 A-D 芯片是 National Semiconductor 制造的 ADC0804LCN，接口器件是 25 引脚的并行口插座。下面介绍原理图的打印输出。

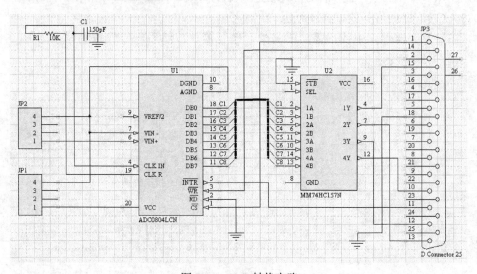

图 4-32　A-D 转换电路

原理图绘制完成后，有时需要将其通过打印机或绘图仪输出成纸质文档，以便设计人员进行校对或存档。原理图打印输出的具体步骤如下。

1．建立工作环境

1）选择"开始"→"Altium Designer"命令，或双击桌面上的快捷方式图标，启动 Altium Designer 14 程序。

2）选择"文件"→"New（新建）"→"Project（工程）"→"PCB 工程"命令，创建

一个 PCB 项目文件，然后选择"文件"→"保存工程为"命令，将项目另存为"AD 转换电路.PrjPcb"。

3）在"Projects（工程）"面板的"AD 转换电路.PrjPcb"项目文件上单击鼠标右键，在弹出的快捷菜单中选择"给工程添加新的"→"Schematic（原理图）"命令，新建一个原理图文件，然后选择"文件"→"保存为"命令，将项目另存为"AD 转换电路.SCHDOC"，并自动切换到原理图编辑环境。

2．加载元器件库

在"库"面板中单击"库"按钮，弹出"可用库"对话框。单击"添加库"按钮，加载原理图设计时所需的库文件。本例中需要加载的元器件库如图 4-33 所示。

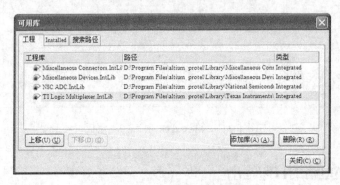

图 4-33　需要加载的元器件库

3．放置元器件

1）选择"库"面板，浏览刚刚加载的元器件库 NSC ADC.IntLib，找到所需的 A-D 芯片 ADC0804LCN，然后将其放置在图纸上。

2）在其他元器件库中找出需要的另外一些元器件，然后一一放置到原理图中，并进行布局，如图 4-34 所示。

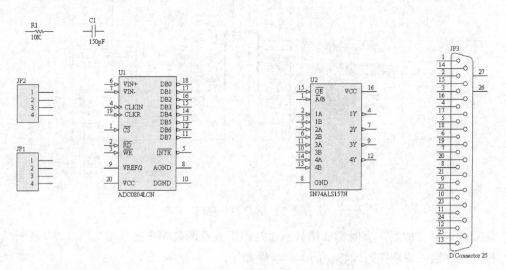

图 4-34　放置元器件并布局

4．绘制总线

1）将 ADC0804LCN 芯片上的 DB0～DB7 引脚和 MM74HC157N 芯片上的 1A～4B 引

脚连接起来。选择"放置"→"总线"命令，或单击工具栏中的按钮 ，这时光标变成十字形状。单击确定总线的起点，然后按住鼠标左键并拖动，画出总线，在总线拐角处再次单击，画好的总线如图4-35所示。

提示：在绘制总线时，要使总线离芯片引脚有一段距离，因为还要放置总线分支，如果总线放置得过于靠近芯片引脚，则在放置总线分支时就会有困难。

2）放置总线分支。选择"放置"→"总线进口"命令，或单击工具栏中的按钮 ，用总线分支将芯片的引脚和总线连接起来，如图4-36所示。

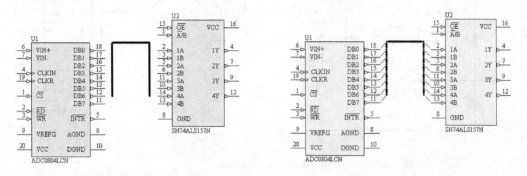

| 图4-35 画好的总线 | 图4-36 放置总线分支 |

5. 放置网络标签

选择"放置"→"网络标签"命令，或单击工具栏中的按钮 ，这时光标变成十字形状，并带有一个初始标号"Net Label1"。这时按〈Tab〉键打开如图4-37所示的"网络标签"对话框，在"网络"文本框中输入网络标签的名称，然后单击"确定"按钮退出该对话框。接着移动光标，将网络标签放置到总线分支上，如图4-38所示。注意，要确保电气上相连接的引脚具有相同的网络标签，引脚 DB7 和引脚 4B 相连并拥有相同的网络标签 C1，表示这两个引脚在电气上是相连的。

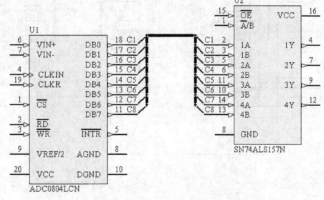

| 图4-37 编辑网络标签 | 图4-38 网络标签放置完成 |

6. 绘制其他导线

绘制除了总线之外的其他导线，结果如图4-39所示。

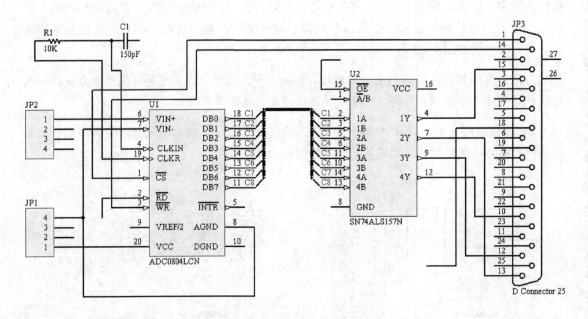

图 4-39　完成布线

7. 设置元器件序号和参数并添加接地符号和电源符号

双击元器件弹出属性对话框，对各类元器件分别进行编号，对需要赋值的元器件进行赋值，然后向电路中添加接地符号和电源符号，完成的原理图如图 4-40 所示。

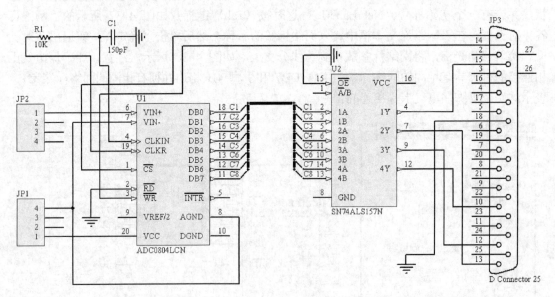

图 4-40　完成的原理图

8. 页面设置

1）选择"文件"→"页面设置"命令，即可弹出"Schematic Print Properties（原理图打印设置）"对话框，如图 4-41 所示。

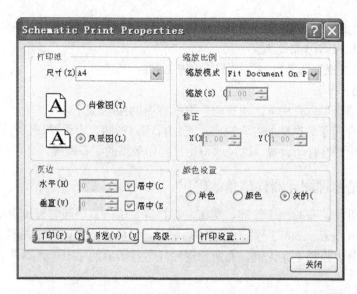

图 4-41 "Schematic Print Properties（原理图打印设置）"对话框

2）在"尺寸"下拉列表框中选择打印的纸型，然后选择打印的方式，有纵向和横向两种，效果如图 4-42 所示。单击"确定"按钮返回到"Schematic Printer Setup（原理图打印设置）"对话框。

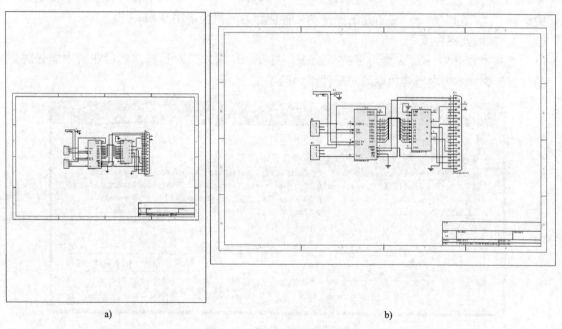

a)   b)

图 4-42　纵向和横向示意图

a) 纵向效果　b) 横向效果

3）"页边"选项组中可以设置打印页面到边框的距离，页边距有水平和竖直两种。

4）在"缩放比例"选项组中的"缩放模式"下拉列表框中选择打印比例。如果选择"Fit Document On Page（适合页面）"选项，则表示采用充满整页的缩放比例，系统会自动根据当前打印纸的尺寸计算合适的缩放比例；如果选择"Scaled Print（打印缩放）"选项，则"缩放"文本框和"修正"选项组将被激活，在"缩放"文本框中输入缩放的比例，也可以在"修正"选项组中设置 X 方向和 Y 方向的尺寸，以确定 X 方向和 Y 方向的缩放比例。

5）在"颜色设置"选项组中设置图纸的输出颜色。

9. 打印输出

打印设置完成后可以直接单击"打印"按钮将图纸打印输出。

在本例中，介绍了原理图的打印输出。正确打印原理图，不仅要保证打印机硬件连接正确，而且要合理地进行打印设置，这是取得良好打印效果的必备前提。

4.4.3 报警电路原理图元器件清单的输出

在原理图设计中，有时出于管理、交流、存档等目的，需要随时输出整个设计的相关信息，对此，Altium Designer 14 提供了相应的功能，可以将整个设计的相关信息以多种格式输出。在本例中，将以报警电路为例，介绍原理图元器件清单的输出。元器件清单的生成方法具体如下。

1. 建立工作环境

1）在 Altium Designer 14 主界面中，选择"文件"→"New（新建）"→"Project（工程）"→"PCB 工程"命令，然后右击，在弹出的快捷菜单中选择"保存工程为"命令，将新建的工程文件保存为"报警电路.PrjPCB"。

2）选择"文件"→"New（新建）"→"原理图"命令，然后右击，在弹出的快捷菜单中选择"保存为"命令，将新建的原理图文件保存为"报警电路.SchDoc"。

2. 加载元器件库

选择"设计"→"添加/移除库"命令，打开"可用库"对话框，然后在其中加载需要的元器件库。本例中需要加载的元器件库如图 4-43 所示。

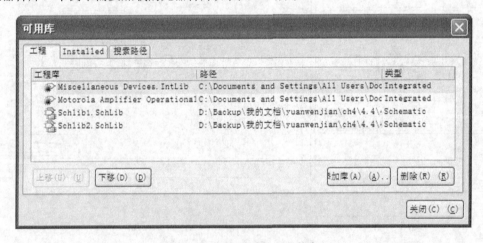

图 4-43　需要加载的元器件库

3. 放置元器件

由于 AT89C51、SS173K222AL 和变压器元器件在原理图元器件库中查找不到，因此需要进行编辑，这里不做赘述。在"Motorola Amplifier Operational Amplifier.IntLib"元器件库中找到 LM158H 元器件，从另外两个库中找到其他常用的一些元器件。将所需元器件一一放置在原理图中，并进行简单布局，如图 4-44 所示。

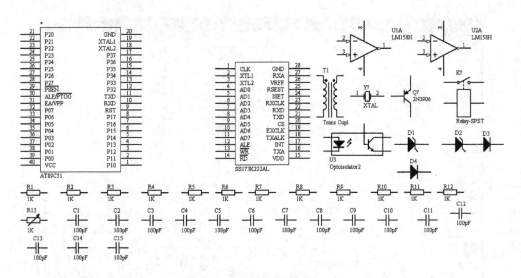

图 4-44 原理图中所需的元器件

4. 元器件布线

在原理图上布线，编辑器件属性，然后向原理图中放置电源符号，完成原理图的设计，如图 4-45 所示。

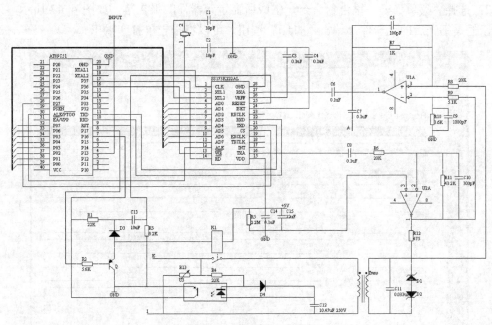

图 4-45 完成原理图设计

5. 元器件清单

元器件清单是一张原理图中涉及的所有元器件的列表。在进行一个具体的项目开发时，设计完成后紧接着就要采购元器件，当项目中涉及大量的元器件时，对元器件各种信息的管理和准确统计就是一项有难度的工作，这时，元器件清单就能派上用场了。Altium Designer 14 可以轻松生成一张原理图的元器件清单。

1）选择"报告"→"Bill of Materials（元器件清单）"命令，打开报警电路元器件清单的对话框，如图 4-46 所示。

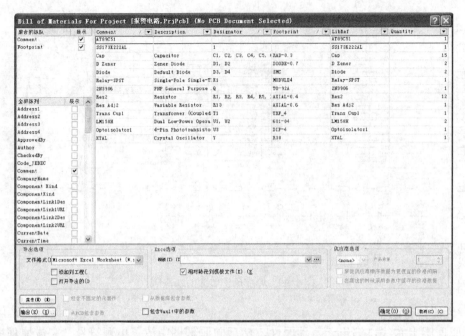

图 4-46　报警电路元器件清单

2）选择"菜单"→"报告"命令，生成所显示元器件的报告单，如图 4-47 所示。列表中显示的是筛选后的元器件，单击"打印"按钮，可以将报告单打印输出。

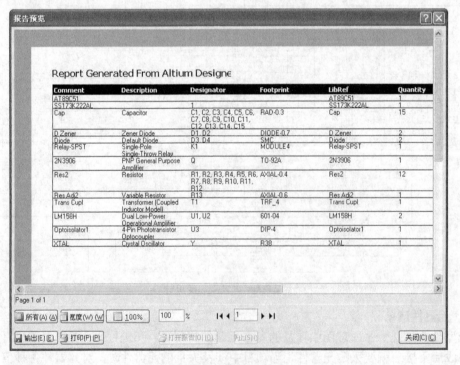

图 4-47　元器件报告单

3）在"报告预览"对话框中单击"输出"按钮，打开保存文件对话框。在该对话框的"文件名"文本框中输入导出文件要保存的名称，在"保存类型"下拉列表框中选择导出文件的类型。然后在报警电路元器件清单的对话框中单击"输出"按钮，打开保存文件对话框。

提示：在导出的文件类型中，*.xml 是可扩展样式语言类型，*.xls 是 Excel 文件类型，*.html 是网页文件类型，*.csv 是脚本文件类型，*.txt 是文本文档类型。

4）完成原理图元器件列表文件的导出后，单击"确定"按钮退出对话框。

6. 生成网络表文件

1）选择"设计"→"文件的网络表"→"Protel"命令，系统会自动生成一个"报警电路.NET"的文件。

2）双击该文件，将其在主窗口工作区打开，该文件是一个文本文件，用括号"[]"分开，同一括号中的引脚在电气上是相连的，如图 4-48 所示。

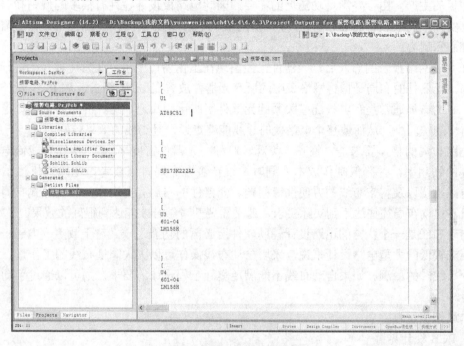

图 4-48　网络表中的元器件信息

提示：设计者可以根据网络表中的格式自行在文本编辑器中设计网络表文件，也可以在生成的网络表文件中直接进行修改，以使其更符合设计要求。但是注意，一定要保证元器件定义的所有连接正确无误，否则就会在 PCB 的自动布线中出现错误。

本例讲述了原理图元器件清单的导出方法和网络表的生成，用户可以根据需要导出各种不同分类的元器件，也可以根据需要将输出的文件保存为不同的文件类型。网络表是原理图向 PCB 转换的桥梁，地位十分重要。网络表可以支持电路的模拟和 PCB 的自动布线，也可以用来查错。

第 5 章　印制电路板设计

设计印制电路板是整个工程设计的目的。原理图设计得再完美，如果电路板设计不合理，则性能将大打折扣，严重时甚至不能正常工作。制板商要参照用户设计的 PCB 图来进行电路板的生产。由于要满足功能上的需要，因此电路板设计往往有很多的规则和要求，若要考虑实际中的散热和干扰等问题，则相对于原理图的设计来说，PCB 图的设计更需要设计者的细心和耐心。

在完成网络报表的导入后，元器件已经出现在工作窗口中了，此时可以开始进行元器件的布局。元器件的布局是指将网络表中的所有元器件放置在 PCB 图上，是 PCB 设计的关键步骤。好的布局通常是有电气连接关系的元器件引脚比较靠近，这样的布局可以让走线距离短，占用的空间少，从而使整个电路板的导线能够走通，且走线的效果较好。

电路布局的整体要求是"整齐、美观、对称、元器件密度平均"，这样才能使电路板达到最高的利用率，并降低制作成本。同时，设计者在布局时还要考虑电路的机械结构、散热、电磁干扰以及将来布线的方便性等问题。元器件的布局有自动布局和交互式布局两种方式，只靠自动布局往往达不到实际要求，通常需要两者结合才能达到很好的效果。

自动布线是一个优秀的电路设计辅助软件所必需的功能之一。对于散热、电磁干扰及高频等要求较低的大型电路设计来说，采用自动布线操作可以大大降低布线的工作量，同时还能减少布线时的漏洞。如果自动布线不能满足实际工程设计的要求，则可以通过手动布线进行调整。

本章知识重点
- PCB 设计界面
- PCB 环境参数
- PCB 的布局
- PCB 的布线

5.1　PCB 编辑器的功能特点

Altium Designer 14 的 PCB 设计能力非常强，能够支持复杂的 32 层 PCB 设计，但是在每一个设计中无须使用所有的层次。例如，项目的规模比较小时，双面走线的 PCB 就能提供足够的走线空间，此时只需启动 Top Layer 和 Bottom Layer 的信号层以及对应的机械层、丝印层等即可，无须任何其他的信号层和内部电源层。

Altium Designer 14 的 PCB 编辑器提供了一条设计印制电路板的快捷途径，PCB 编辑器通过它的交互性编辑环境将手动设计和自动化设计完美融合。PCB 的底层数据结构最大限度地考虑了用户对速度的要求，通过对功能强大的设计法则的设置，用户可以有效地控制印制电路板的设计过程。对于特别复杂的、有特殊布线要求的、Altium Designer 14 难以自动完成的布线工作，可以选择手动布线。总之，Altium Designer 14 的 PCB 设计系统功能强大且方便，具有以下几个功能特点。

（1）丰富的设计法则

电子工业的飞速发展对印制电路板的设计人员提出了更高的要求。为了能够成功地设计出性能良好的电路板，用户需要仔细考虑电路板的阻抗匹配、布线间距、走线宽度、信号反射等各项因素，而 Altium Designer 14 强大的设计法则极大地方便了用户。Altium Designer 14 提供了超过 25 种设计法则类别，覆盖了设计过程中的方方面面。这些定义的法则可以应用在某个网络、某个区域，直至整个 PCB 上，同时法则互相组合能够形成多方面的复合法则，使用户迅速地完成印制电路板的设计。

（2）易用的编辑环境

和 Altium Designer 14 的原理图编辑器一样，PCB 编辑器完全符合 Windows 应用程序风格，操作起来非常简单，且编辑环境自然直观。

（3）合理的元器件自动布局功能

Altium Designer 14 提供了元器件自动布局功能，通过元器件自动布局，计算机将根据原理图生成的网络报表对元器件进行初步布局。用户的布局工作仅限于元器件位置的调整。

（4）高智能的基于形状的自动布线功能

Altium Designer 14 在印制电路板的自动布线技术上有了长足的进步。在自动布线的过程中，Altium Designer 14 将根据定义的布线规则，并基于网络形状对电路板进行自动布线。自动布线可以在某个网络、某个区域，直至整个电路板的范围内进行，大大减少了用户的工作量。

（5）易用的交互性手动布线

对于有特殊布线要求的网络或特别复杂的电路设计，Altium Designer 14 提供了易用的手动布线功能。电气格点的设置使得手动布线时能快速定位连线点，操作起来简单又准确。

（6）强大的封装绘制功能

Altium Designer 14 提供了常用的元器件封装，对于超出 Altium Designer 14 自带元器件封装库的元器件，在 Altium Designer 14 的封装编辑器中可以方便地绘制出来。此外，Altium Designer 14 采用库的形式管理新建封装，使得在一个设计项目中绘制的封装，在其他的设计项目中能够得到引用。

（7）恰当的视图缩放功能

Altium Designer 14 提供了强大的视图缩放功能，方便了大型的 PCB 绘制。

（8）强大的编辑功能

Altium Designer 14 的 PCB 设计系统有标准的编辑功能，用户可以方便地使用各种编辑功能，提高工作效率。

（9）万无一失的设计检验

PCB 文件作为电子设计的最终结果，是绝对不能出错的。Altium Designer 14 提供了强大的设计法则检验器（DRC），用户可以对 DRC 的规则进行设置，然后 Altium Designer 14 将自动检测整个 PCB 文件。此外，Altium Designer 14 还能够给出各种关于 PCB 的报表文件，以方便后续的工作。

（10）高质量的输出

Altium Designer 14 支持标准的 Windows 打印输出功能，其 PCB 输出质量无可挑剔。

5.2 PCB 界面简介

PCB 界面主要包括 3 个部分：菜单栏、主工具栏和工作窗口，如图 5-1 所示。

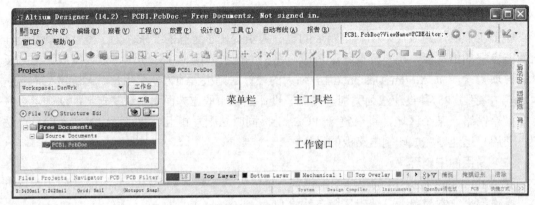

菜单栏　　　主工具栏

工作窗口

图 5-1　PCB 设计界面

与原理图设计的界面一样，PCB 设计界面也是在软件主界面的基础上添加了一系列的命令和工具栏，这些命令及工具栏主要用于 PCB 设计中的板设置、布局、布线及工程操作等。命令与工具栏基本是对应的，能用命令来完成的操作几乎都能通过工具栏中的相应工具按钮完成。另外，右击工作窗口将弹出快捷菜单，其中包括进行 PCB 设计时常用的命令。

5.2.1　菜单栏

在 PCB 设计过程中，各项操作都可以使用菜单栏中相应的菜单命令完成，各项菜单的功能介绍如下。

1）"文件"菜单：主要用于文件的打开、关闭、保存与打印等。

2）"编辑"菜单：用于对象的选取、复制、粘贴与查找等。

3）"察看"菜单：用于视图的各种管理，如工作窗口的放大与缩小，各种工具、面板、状态栏及节点的显示与隐藏等。

4）"工程"菜单：包含与项目有关的各种操作，如项目文件的打开与关闭、工程项目的编译及比较等。

5）"放置"菜单：包含在 PCB 中放置对象的各种命令。

6）"设计"菜单：用于添加或删除元器件库、网络报表的导入、原理图与 PCB 间的同步更新及印制电路板的定义等。

7）"工具"菜单：可为 PCB 设计提供各种工具，如 DRC 检查、元器件的手动和自动布局、PCB 图的密度分析以及信号的完整性分析等。

8）"自动布线"菜单：可进行与 PCB 布线相关的操作。

9）"报告"菜单：可进行生成 PCB 设计报表及 PCB 的测量操作。

10）"窗口"菜单：可对窗口进行各种操作。

11）"帮助"菜单：帮助菜单。

5.2.2　主工具栏

主工具栏中以图标按钮的形式列出了常用命令的快捷方式，用户可以根据需要对主工具栏中包含的命令进行选择，也可以对摆放位置进行调整。

右键单击菜单栏或工具栏的空白区域，即可弹出工具栏的命令菜单，如图 5-2 所示。其中包含 6 个命令，有√标志的命令将被选中并出

图 5-2　命令菜单

现在工作窗口上方的主工具栏中。每一个命令代表一系列工具选项，具体含义介绍如下。

- "PCB 标准"命令：用于控制 PCB 标准工具栏（见图 5-3）的打开和关闭。

图 5-3　标准工具栏

- "过滤器"命令：控制工具栏 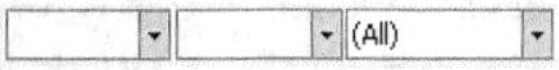 的打开与关闭，用于快速定位各种对象。
- "应用程序"命令：控制工具栏 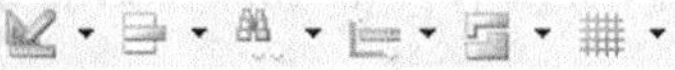 的打开与关闭。
- "布线"命令：控制布线工具栏 的打开与关闭。
- "导航"命令：控制导航工具栏的打开与关闭。
- "Customize（用户定义）"命令：用户自定义设置。

5.3　电路板的物理结构及环境参数设置

对于手动生成的 PCB，在进行 PCB 设计前，需要先对板的各种属性进行详细的设置，主要包括板形的设置、PCB 图纸的设置、电路板层的设置、层的显示、颜色的设置、布线框的设置、PCB 系统参数的设置以及 PCB 设计工具栏的设置等。

1．边框线的设置

电路板的物理边界即为 PCB 的实际大小和形状，板形的设置是在工作层面"Mechanical 1"上进行的，根据所设计的 PCB 在产品中的位置、空间的大小、形状以及与其他部件的配合来确定 PCB 的外形与尺寸，具体步骤如下。

1）新建一个 PCB 文件，使之处于当前的工作窗口中，如图 5-4 所示，默认的 PCB 图为带有栅格的黑色区域，它包括 6 个工作层面。

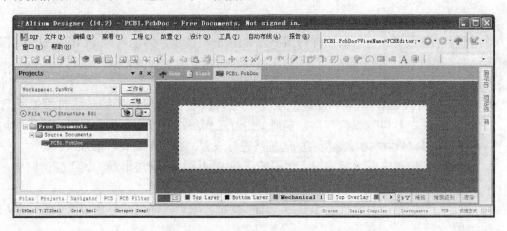

图 5-4　默认的 PCB 图

其中，两个信号层 Top Layer（顶层）和 Bottom Layer（底层）用于建立电气连接的铜箔层；Mechanical 1（机械层）用于设置 PCB 与机械加工相关的参数，也用于 PCB 3D 模型的放置与显示；Top Overlay（丝印层）用于添加电路板的说明文字；Keep-Out Layer（禁止布线层）用于设立布线范围，支持系统的自动布局和自动布线功能；Multi-Layer（多层同时显示）可实现多层的叠加显示，用于显示与多个电路板层相关的 PCB 细节。

2）单击工作窗口下方的"Mechanical 1（机械层）"标签，使该层面处于当前的工作窗口中。

3）选择"放置"→"走线"命令，光标将变成十字形状。将光标移到工作窗口的合适位置，单击即可进行线的放置操作，每单击一次就确定一个固定点。通常将板的形状定义为矩形。但在特殊情况下，为了满足电路的某种特殊要求，也可以将板形定义为圆形、椭圆形或不规则的多边形。这些都可以通过"放置"菜单来完成。

4）当绘制的线组成了一个封闭的边框时，即可结束边框的绘制。右击或按〈Esc〉键可以退出该操作，绘制结束后的 PCB 边框如图 5-5 所示。

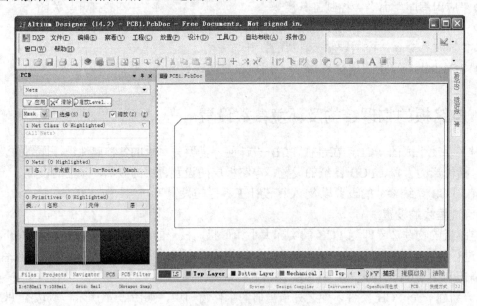

图 5-5　设置边框后的 PCB 图

2. 设置边框线的属性

双击任一边框线即可打开其属性对话框，如图 5-6 所示。为了确保 PCB 图中的边框线为封闭状态，可以在此对话框中，对线的起始点和结束点进行设置，使一根线的终点为下一根线的起点。下面介绍此对话框中其他选项的含义。

- "层"下拉列表框：用于设置线所在的电路板层。用户在开始画线时可以不选择"Mechanical 1（机械层）"层，在此处进行工作层的修改也可以实现上述操作所达到的效果，只是这样需要对所有的边框线进行设置，操作起来比较麻烦。
- "网络"下拉列表框：用于设置边框线所在的网络。通常边框线不属于任何网络，即不存在任何电气特性。
- "锁定"复选框：勾选该复选框后，边框线将被锁定，即无法对该边框线进行移动等操作。
- "使在外"复选框：用于定义边框线属性是否为"使在外"。具有该属性的对象被定义为板外对象，将不出现在系统生成的"Gerber"文件中。

设置完成后单击"确定"按钮，完成边框线的属性设置。

3. 板形的修改

对边框线进行设置主要是给制板商提供制作板形的依据。用户也可以在设计时直接修改板形，即在工作窗口中直接看到自己设计的板子的外观形状，然后对板形进行修改。

选择"设计"→"板子形状"命令进行板形的设置与修改,如图 5-7 所示。

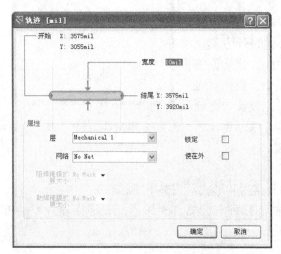

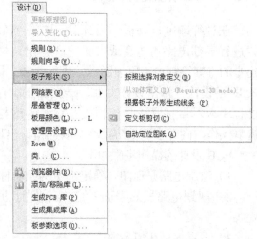

图 5-6　边框线属性对话框　　　　　　　　图 5-7　板形设计与修改命令

4. 按照选择对象定义

在机械层或其他层利用线条或圆弧定义一个内嵌的边界,以新建对象为参考重新定义板形,具体的操作步骤如下。

1)选择"放置"→"圆弧"命令,在电路板上绘制一个圆,如图 5-8 所示。

2)选中刚才绘制的圆,然后选择"设计"→"板子形状"→"按照选择对象定义"命令,电路板将变成圆形,如图 5-9 所示。

5. 根据板子外形生成线条

在机械层或其他层将板子边界转换为线条,具体的操作步骤如下。

选择"设计"→"板子形状"→"根据板子外形生成线条"命令,弹出"从板外形而来的线/弧原始数据"对话框,如图 5-10 所示。按照需要设置参数,然后单击"确定"按钮,退出对话框,板边界自动转化为线条,如图 5-11 所示。

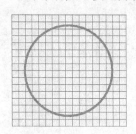

图 5-8　绘制一个圆

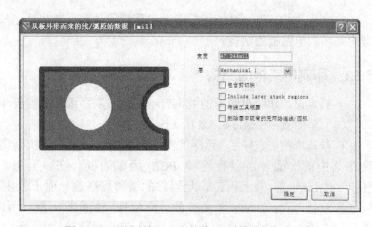

图 5-10　"从板外形而来的线/弧原始数据"对话框

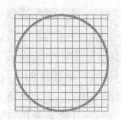

图 5-9　改变后的板形

5.4 PCB 的设计流程

在进行印制电路板的设计时，首先要确定设计方案，并进行局部电路的仿真或实验，完善电路性能。然后根据确定的方案绘制电路原理图，并进行 ERC 检查。最后完成 PCB 的设计，输出设计文件，送交加工制作。设计者在此过程中应尽量按照设计流程进行设计，这样可以避免一些重复操作，同时也可以防止不必要的错误出现。

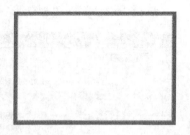

图 5-11　转化边界

PCB 设计的操作步骤如下。

1）绘制电路原理图。确定选用的元器件及其封装形式，完善电路。

2）规划电路板。全面考虑电路板的功能、部件、元器件封装形式、连接器及安装方式等。

3）设置各项环境参数。

4）载入网络表和元器件封装。搜集所有的元器件封装，确保选用的每个元器件封装都能在 PCB 库文件中找到，将封装和网络表载入到 PCB 文件中。

5）元器件自动布局。设定自动布局规则，使用自动布局功能，将元器件进行初步布置。

6）手工调整布局。手工调整元器件布局，使其符合 PCB 的功能需要和元器件电气要求，同时还要考虑安装方式、放置安装孔等。

7）电路板自动布线。合理设定布线规则，使用自动布线功能为 PCB 自动布线。

8）手工调整布线。自动布线结果往往不能满足设计要求，还需要进行大量的手工调整。

9）DRC 校验。PCB 布线完毕，需要经过 DRC 校验无误，否则应根据错误提示进行修改。

10）文件保存，输出打印。保存、打印各种报表文件及 PCB 制作文件。

11）加工制作。将 PCB 制作文件送交加工单位。

5.5 设置电路板工作层面

在使用 PCB 设计系统进行印制电路板设计前，首先要了解一下工作层面，其中第一个概念是印制电路板的结构。

5.5.1 印制电路板的结构

一般来说，印制电路板的结构有单面板、双面板和多层板 3 种。

（1）单面板（Single-Sided Boards）

在最基本的 PCB 上，元器件集中在其中的一面，走线则集中在另一面。因为走线只出现在其中的一面，所以称这种 PCB 为单面板。在单面板上，通常只有底面（也就是"Bottom Layer"）敷上铜箔，元器件的引脚焊在这一面上，主要完成电气特性的连接。顶层（也就是"Top Layer"）是空的，元器件安装在这一面，所以又称为"元器件面"。因为单面板在设计线路上有许多严格的限制（因为只有一面，所以布线间不能交叉，必须绕走独自的路径），因此布通率往往很低，只有早期的电路及一些比较简单的电路才使用这类的板子。

（2）双面板（Double-Sided Boards）

双面板的两面都有布线，不过如要在两面进行布线，则必须要在两面之间有适当的电路连接才行。这种电路间的"桥梁"称为过孔（via）。过孔是在 PCB 上充满或涂上金属的小洞，它可以与两面的导线相连接。双层板通常无所谓元器件面和焊接面，因为两个面都可以焊接或安装元器件，但习惯地称"Bottom Layer"为焊接面，"Top Layer"为元器件面。因为双面板的面积比单面板大了一倍，且布线可以互相交错（可以绕到另一面），因此适合用在比单面板复杂的电路上。相对于多层板而言，双面板的制作成本不高，在给定一定面积时通常都能 100%布通，因此一般的印制电路板都采用双面板。

（3）多层板（Multi-Layer Boards）

常用的多层板有 4 层板、6 层板、8 层板和 10 层板等。简单的 4 层板是在"Top Layer"和"Bottom Layer"的基础上增加了电源层和地线层，这点极大程度地解决了电磁干扰问题，提高了系统的可靠性，同时还可以提高布通率，缩小 PCB 的面积。6 层板通常是在 4 层板的基础上增加了两个信号层，即"Mid-Layer 1"和"Mid-Layer 2"。8 层板则通常包括 1 个电源层、两个地线层和 5 个信号层（"Top Layer""Bottom Layer""Mid-Layer 1""Mid-Layer 2"和"Mid-Layer 3"）。

多层板层数的设置是很灵活的，设计者可以根据实际情况进行合理的设置。各种层的设置应尽量满足以下几点要求：

1）元器件层的下面为地线层，它提供元器件屏蔽层并为顶层布线提供参考平面。

2）所有的信号层应尽可能与地平面相邻。

3）尽量避免两信号层直接相邻。

4）主电源应尽可能地与其对应地相邻。

5）兼顾层压结构对称。

多层板结构如图 5-12 所示。

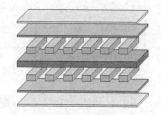

图 5-12　多层板结构

5.5.2　工作层面的类型

在设计印制电路板时，往往会碰到工作层面选择的问题。Altium Designer 14 提供了多个工作层面供用户选择，用户可以在不同的工作层面上进行不同的操作。当进行工作层面设置时，应选择 PCB 设计管理器的"设计"→"板层颜色"命令，系统将弹出如图 5-13 所示的"视图配置"对话框。

PCB 一般包括很多层，不同的层包含不同的设计信息。制板商通常是将各层分开做，后期经过压制和处理，最后生成各种功能的电路板。

Altium Designer 14 提供了以下 6 种类型的工作层面。

1）"Signal Layers"：信号层即为铜箔层，主要完成电气连接特性。Altium Designer 14 提供 32 层信号层，分别为"Top Layer""Mid Layer 1""Mid Layer 2"……"Mid Layer 30"和"Bottom Layer"，各层以不同的颜色显示。

2）"Internal Planes"：内部电源与地层，也属于铜箔层，主要用于建立电源网络和地网络。Altium Designer 14 提供 16 层"Internal Planes"，分别为"Internal Layer 1""Internal Layer 2"……"Internal Layer 16"，各层以不同的颜色显示。

3）"Mechanical Layers"：机械层，用于描述电路板的机械结构、标注及加工等说明，不能完成电气连接特性。Altium Designer 14 提供 16 层机械层，分别为"Mechanical Layer 1""Mechanical Layer 2"……"Mechanical Layer 16"，各层以不同的颜色显示。

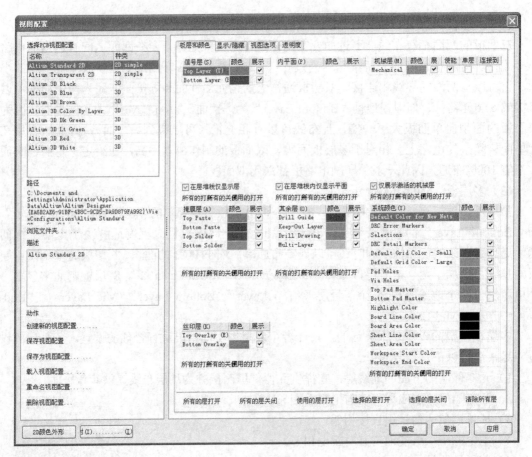

图 5-13 "视图配置"对话框

4）"Mask Layers"：掩膜层，主要用于保护铜线，也可以防止元器件被焊到不正确的地方。Altium Designer 14 提供 4 层掩膜层，分别为"Top Paster""Bottom Paster""Top Solder"和"Bottom Solder"，分别以不同的颜色显示。

5）"Silkscreen Layers"：丝网层，也称为图标面。通常在此层会印上文字与符号，以标示各零件在电路板上的位置。Altium Designer 14 提供两层丝印层，分别为"Top Overlay"和"Bottom Overlay"。

6）"Other Layers"：其他层，具体如下。

- "Drill Guides"和"Drill Drawing"：用于描述钻孔图和钻孔位置。
- "Keep-Out Layer"：禁止布线层。只有在这里设置了布线框，才能启动系统的自动布局和自动布线功能。
- "Multi-Layer"：设置更多层，横跨所有的信号层。

5.6 在 PCB 文件中导入原理图网络表信息

印制电路板有单面板、双面板和多层板 3 种。单面板由于成本低而被广泛应用。初听起来单面板似乎比较简单，但是从技术上说单面板的设计难度很大。在印制电路板设计中，单面板设计是一个重要的组成部分，也是印制电路板设计的起步。双面板的电路一般比单面板复杂，但是由于双面都能布线，设计不一定比单面板困难，因此深受广大设计人员的喜爱。

单面板与双面板的设计过程类似，均可按照电路板设计的一般步骤进行。在设计电路板之前，先要准备好原理图和网络表，为设计印制电路板打下基础。然后进行电路板的规划，也就是电路板板边的确定，或说是确定电路板的尺寸。规划好电路板后，接下来的任务就是将网络表和元器件封装装入。装入元器件封装后，元器件是重叠的，需要对元器件封装进行布局，布局的好坏直接影响到电路板的自动布线，因此非常重要。元器件的布局可以采用自动布局，也可以手动对元器件的布局进行调整。元器件封装在规划好的电路板上以后，即可运用 Altium Designer 14 提供的强大的自动布线功能，进行自动布线。自动布线结束后，往往还存在一些令人不满意的地方，这就需要设计人员利用经验通过手动方式进行修改和调整。当然，对于那些设计经验丰富的设计人员来说，从元器件封装的布局到布完线，都可以手动完成。

现在最普遍的电路设计方式是使用双面板进行设计。但是，当电路比较复杂，利用双面板已无法实现理想的布线时，就要采用多层板进行设计了。多层板是指采用 4 层板以上的电路板进行布线。它一般包括顶层、底层、电源层、接地层，甚至还包括若干个中间层，板层越多，布线越简单。但是多层板的制作费用比较高，制作工艺也比较复杂。多层板的布线主要以顶层和底层为主要布线层，以中间层为辅。在需要进行中间层布线时，往往先将那些在顶层和底层难以布置的网络，布置在中间层，然后再切换到顶层或底层进行其他的布线操作。

网络表是原理图与 PCB 图之间的联系纽带，原理图的信息可以通过导入网络表的形式完成与 PCB 之间的同步。在进行网络表的导入之前，需要先对装载元器件的封装库和同步比较器的比较规则进行设置。

5.6.1　准备原理图和网络表

由于 Altium Designer 14 采用的是集成元器件库，因此对于大多数设计者来说，在进行原理图设计的同时便装载了元器件的 PCB 封装模型，此时可以略去该项操作。但 Altium Designer 14 同时也支持单独的元器件封装库，只要 PCB 文件中有一个元器件封装不在集成的元器件库中，则就需要单独装载该封装所在的元器件库。元器件封装库的添加与原理图中元器件库的添加步骤相同，这里不再重复。

要制作印制电路板，需要有原理图和网络表，这是制作电路板的前提。下面所讲的内容是以图 5-14 所示的"ISA Bus Address Decoding.SchDoc"原理图为例，制作一块电路板。

5.6.2　电路板的规划

对于要设计的电子产品，不可能没有尺寸要求，设计人员要先确定电路板的尺寸，因此首要的工作就是电路板的规划，也就是电路板板边的确定。

进入 PCB 设计服务器后，电路板规划的一般步骤如下。

1）单击编辑区下方的标签"Mechanical1"，即可将当前的工作层面设置为"机械层1"，一般用于设定 PCB 的物理边界。

2）选择"放置"→"走线"命令，这时鼠标变成十字形状。移动光标到工作窗口，在机械层上创建一个封闭的多边形。双击多边形，打开"轨迹"对话框，如图 5-15 所示。在该对话框中用户可以很精确地进行定位，还可以设置工作层面和线宽。

3）完成布线框的设置后，右击或按〈Esc〉键退出布线框的操作。

4）单击编辑区下方的标签，将当前的工作层面设置为"Keep Out（禁止布线层）"，一般用于设定 PCB 的电气边界。

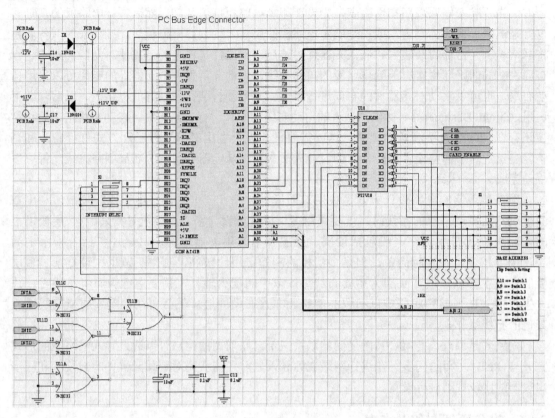

图 5-14　实例原理图

5）选择"放置"→"禁止布线"→"线径"命令，光标变成十字形状，在 PCB 图的物理边界内部绘制一个封闭的矩形，设定电气边界，如图 5-16 所示。

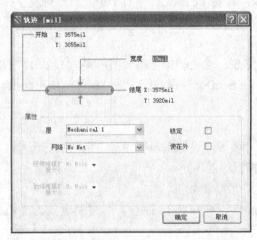

图 5-15　"轨迹"对话框　　　　　　　　图 5-16　绘制边框

5.6.3　网络表和元器件的装入

电路板规划好后，接下来的任务就是装入网络表和元器件封装。在装入网络表和元器件封装前，必须装入所需的元器件封装库。如果没有装入元器件封装库，则在装入网络表及元器件的过程中，程序将提示用户装入过程失败。

1. 元器件封装库的装入

1）选择"设计"→"添加/移除库"命令，打开"可用库"对话框，如图 5-17 所示。在该对话框中，找出原理图中所有元器件对应的元器件封装库。选中这些库，单击"添加库"按钮，即可添加这些元器件库。

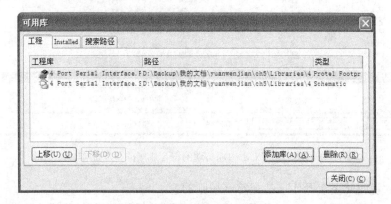

图 5-17　"可用库"对话框

2）添加完所有需要的元器件封装库后，程序即可将选中的元器件库装入。

2. 网络表与元器件的装入

网络表与元器件的装入过程实际上是将原理图设计的数据装入印制电路设计系统的过程。PCB 设计系统中的数据的变化，都可以通过网络宏（Netlist Macro）来完成。通过分析网络表文件和 PCB 系统内部的数据，可以自动产生网络宏，基本步骤如下。

1）在原理图编辑环境中，选择"设计"→"Update PCB Document PCB1.PcbDoc（更新PCB 文件）"命令，出现如图 5-18 所示的"工程更改顺序"对话框。

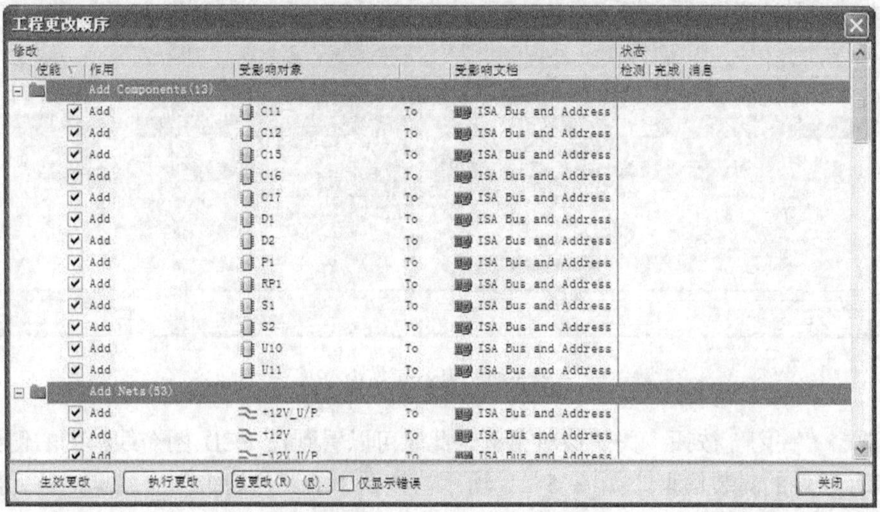

图 5-18　"工程更改顺序"对话框

2）单击"生效更改"按钮，系统将扫描所有的更改操作项，并验证能否在 PCB 上执行所有的更新操作。随后在可以执行更新操作的"检测"栏中将显示 ✔ 标记，如图 5-19 所示。

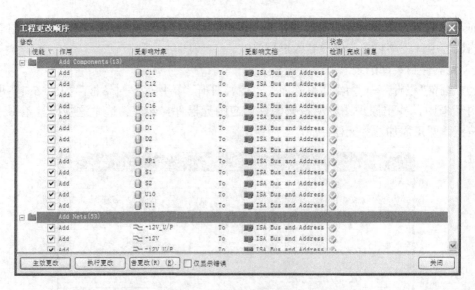

图 5-19　PCB 中能实现的符合规则的更新操作

标记：说明此更改操作项都是符合规则的。

标记：说明此更改操作项是不可执行的，需要返回到以前的步骤中进行修改，然后再重新进行更新验证。

3）进行合法性校验后单击"执行更改"按钮，系统将完成网络表的导入，同时在每一项的"完成"栏中显示标记，提示导入成功，如图 5-20 所示。

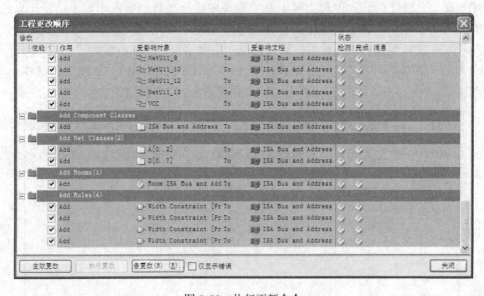

图 5-20　执行更新命令

4）单击"关闭"按钮，关闭该对话框。此时可以看到在 PCB 图布线框的右侧出现了导入的所有元器件的封装模型，如图 5-21 所示。该图中的紫色边框为布线框，各元器件之间仍保持着与原理图相同的电气连接特性。

需要注意的是，导入网络表时，原理图中的元器件并不直接导入到绘制的布线区内，而是位于布线区范围以外。通过随后执行的自动布局操作，系统自动将元器件放置在布线区内。当然，用户也可以手动拖动元器件到布线区内。

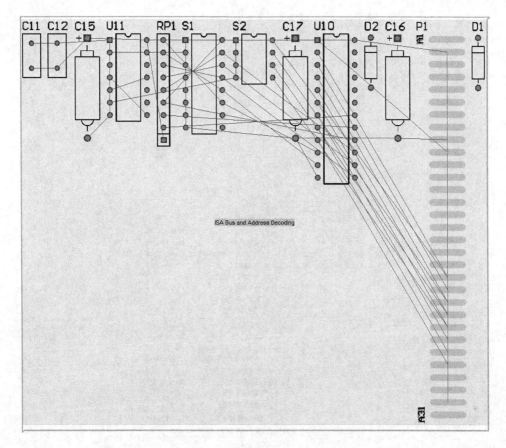

图 5-21　导入网络表后的 PCB 图

5.7　手动调整元器件的布局

元器件的手动布局是指手工设置元器件的位置。前面曾经看到过元器件自动布局的结果，虽然设置了自动布局的参数，但是自动布局只是对元器件进行了初步的摆放，而且摆放得并不整齐，需要走线的长度也不是最小，随后的 PCB 布线效果当然也不会很好，因此需要对元器件的布局进行进一步调整。

在 PCB 上，可以通过对元器件的移动来完成手动布局的操作，但是单纯的手动移动不够精细，不能非常齐整地摆放元器件。为此，PCB 编辑器提供了专门的手动布局操作，它们都在"编辑"菜单→"对齐"命令的下一级菜单中，如图 5-22 所示。

5.7.1　元器件说明文字的调整

元器件标注不当虽然不影响电路的正确性，但是对于一个资深的电路设计人员来说，电路板版面的美观也是很重要的，因此元器件标注应当加以调整，具体方法如下。

1）双击标注，弹出如图 5-23 所示的"串"对话框，该对话框用于设置文字标注属性，具体可以设置以下内容。

● "文本"：用于设置文字内容，这里设置为 C1。

● "Height"：用于设置字体的高度。

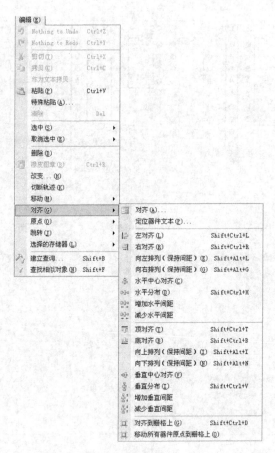

图 5-22 "对齐"命令

- "宽度"：用于设置字体的宽度。
- "字体名"：用于设置字体类型，这里设置为 Default。
- "层"：用于设置文字标注所处的工作层面，这里设置为 Top Overlay。
- "旋转"：用于设置标注文字的放置角度，这里设置为水平方向，即 0°。
- "位置"：用于设置标注文字的位置坐标。

2）设置完成后，单击"确定"按钮即可完成说明文字的自动调整。

5.7.2 元器件的手动布局

下面将利用元器件自动布局的结果，继续进行手动布局调整。手动布局的结果如图 5-24 所示。

（1）实现元器件的移动

单击需要移动的元器件，并按住鼠标左键不放，此时光标变为十字形状，表示已选中要

图 5-23 文字标注属性设置对话框

移动的元器件。拖动鼠标，则十字光标会带动被选中的元器件移动，将元器件移动到适当的位置后，松开鼠标左键即可。

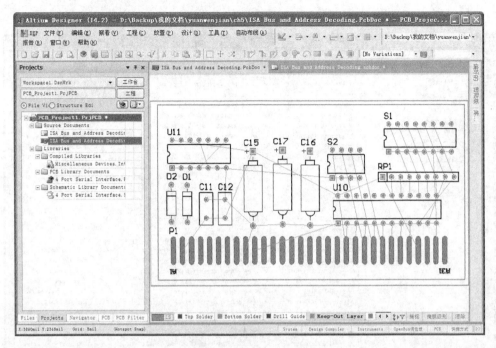

图 5-24　手动布局结果

（2）实现元器件的旋转

单击需要旋转的元器件，并按住鼠标左键不放，此时光标变为十字形状，表示已选中要旋转的元器件。按〈Space〉键、〈X〉键或〈Y〉键，即可调整元器件的方向。

布局完成后会发现原来定义的 PCB 形状偏大，需要重新定义 PCB 形状，这些内容前面已有介绍，这里不再赘述。

5.8　电路板的自动布线

在 PCB 上走线的首要任务就是要在 PCB 上走通所有的导线，建立起所有需要的电气连接，这在高密度的 PCB 设计中很具有挑战性。在能够完成所有走线的前提下，布线的要求如下。

● 走线长度尽量短和直，在这样的走线上电信号完整性较好。
● 走线中尽量少地使用过孔。
● 走线的宽度要尽量宽。
● 输入/输出端的边线应避免相邻平行，以免产生反射干扰，必要时应加地线隔离。
● 两相邻层间的布线要互相垂直，平行容易产生耦合。

5.8.1　设置 PCB 自动布线的规则

Altium Designer 14 在 PCB 编辑器中提供了 6 大类设计法则，覆盖了设计过程中元器件的电气特性、走线宽度、走线拓扑布局、表贴焊盘、阻焊层、电源层、测试点、电路板制作、元器件布局、信号完整性等方面。在进行自动布线之前，应先对自动布线规则进行详细的设置。选择"设计"→"规则"命令，即可打开"PCB 规则及约束编辑器"对话框，如图 5-25 所示，可以看到对话框左侧有 10 种设计规则，下面详细介绍这 10 种设计规则。

图 5-25 "PCB 规则及约束编辑器"对话框

1. "Electrical（电气规则）"类设置

Electrical 类规则主要针对具有电气特性的对象，用于系统的 ERC（电气规则检查）功能。当在布线过程中违反电气特性规则（共有 4 种设计规则）时，ERC 检查器将自动报警，提示用户。单击"Electrical"选项，对话框右侧将只显示该类的设计规则，如图 5-26 所示。

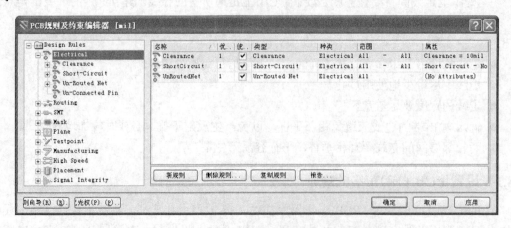

图 5-26 "Electrical（电气规则）"选项设置界面

1）"Clearance（安全间距规则）"：单击该选项，对话框右侧将列出该规则的详细信息，如图 5-27 所示。该规则用于设置具有电气特性的对象之间的间距。在 PCB 上具有电气特性的对象包括导线、焊盘、过孔和铜箔填充区等。在间距设置中可以设置导线与导线之间、导线与焊盘之间、焊盘与焊盘之间的间距规则，设置规则时可以选择适用该规则的对象和具体的间距值。通常情况下安全间距越大越好，但是太大的安全间距会使电路不够紧凑，同时也将造成制板成本的提高。因此安全间距通常设置在 10～20mil，根据不同的电路结构可以设置不同的安全间距。用户可以对整个 PCB 的所有网络设置相同的布线安全间距，也可以对某一个或多个网络进行单独的布线安全间距设置。

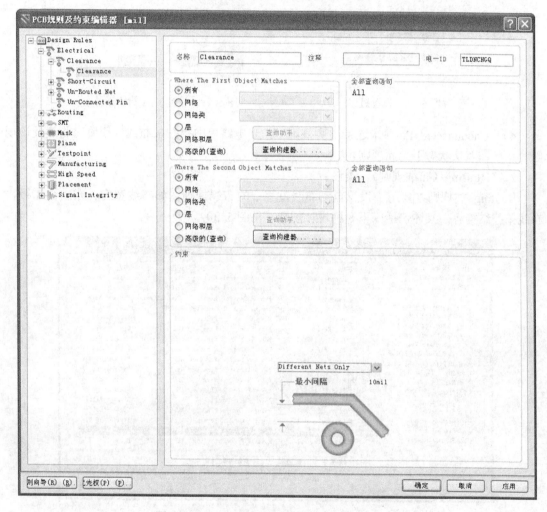

图 5-27 "Clearance（安全间距规则）"设置界面

其中，各选项组的功能介绍如下。

- "Where The First Object Matches（优先匹配的对象所处位置）"选项组：用于设置该规则优先应用的对象所处的位置。应用的对象范围为"所有""网络""网络类""层""网络和层"和"高级的（查询）"6 种。选中某一单选按钮后，可以在该单选按钮后的下拉列表框中选择相应的对象，也可以在右侧的"全部询问语句"列表框中填写相应的对象。通常采用系统的默认设置，即选中"所有"单选按钮。
- "Where The Second Object Matches（次优先匹配的对象所处位置）"选项组：用于设

置该规则次优先级应用的对象所处的位置。通常采用系统的默认设置，即选中"所有"单选按钮。

● "约束"选项组：用于设置进行布线的最小间距，这里采用系统的默认设置。

2）"Short Circuit（短路规则）"：用于设置在 PCB 上是否可以出现短路，图 5-28 所示的为该项设置的示意图，通常情况下是不允许的。设置该规则后，拥有不同网络标签的对象在相交时如果违反该规则，系统将报警并拒绝执行该布线操作。

3）"Unrouted Net（取消布线网络规则）"：用于设置在 PCB 上是否可以出现未连接的网络，图 5-29 所示的为该项设置的示意图。

图 5-28　设置短路　　　　　　　　　图 5-29　设置未连接网络

4）"Unconnected Pin（未连接引脚规则）"：当电路板中存在未布线的引脚时将违反该规则。系统在默认状态下无此规则。

2．"Routing（布线规则）"类设置

Routing 类规则主要用于设置自动布线过程中的布线规则，如布线宽度、布线优先级、布线拓扑结构等，具体包括以下 8 种设计规则（见图 5-30）。

图 5-30　"Routing（布线规则）"设置界面

1）"Width（走线宽度规则）"：用于设置走线宽度，图 5-31 所示的是该规则的设置界面。走线宽度是指 PCB 铜膜走线（即俗称的导线）的实际宽度值，包括最大允许值、最小允许值和首选值 3 个选项。与安全间距一样，走线宽度过大也会使电路不够紧凑，造成制板成本的提高。因此，走线宽度通常设置在 10～20mil，应根据不同的电路结构设置不同的走线宽度。用户可以对整个 PCB 的所有走线设置相同的走线宽度，也可以对某一个或多个网络单独进行走线宽度的设置。

其中，各选项组的功能介绍如下。

- "Where The First Object Matches（优先匹配的对象所处位置）"选项组：用于设置布线宽度优先应用对象所处的位置，有"所有""网络""网络类""层""网络和层"和"高级的（查询）"6个单选按钮。选中某一单选按钮后，可以在该单选按钮后的下拉列表框中选择相应的对象，也可以在右侧的"全部查询语句"列表框中填写相应的对象。通常采用系统的默认设置，即选中"所有"单选按钮。

图 5-31　"Width（走线宽度规则）"设置界面

- "约束"选项组：用于限制走线宽度。若勾选"Layers in layerstack（层栈中的层）"复选框，则将列出当前层栈中各层的布线宽度规则设置；否则将显示所有层的布线宽度规则设置。布线宽度设置分为"Maximum（最大）""Minimum（最小）"和"Preferred（首选）"3种，其主要目的是方便在线修改布线宽度。勾选"典型驱动阻抗宽度"复选框后，将显示其驱动阻抗属性，这是高频高速布线过程中很重要的一个布线属性设置。驱动阻抗属性分为"Maximum Impedance（最大阻抗）""Minii-mum Impedance（最小阻抗）"和"Preferred Impedance（首选阻抗）"3种。

图 5-32　设置走线拓扑结构

2）"Routing Topology（走线拓扑结构规则）"：用于选择走线的拓扑结构，图 5-32 所示的是该项设置的示意图。各种拓扑结构如图 5-33 所示。

3）"Routing Priority（布线优先级规则）"：用于设置布线优先级，图 5-34 所示的是该规则的设置界面，在该对话框中可以对每一个网络设置布线优先级。PCB 上的空间有限，可能有若干根导线需要在同一块区域内走线才能得到最佳的走线效果，通过设置走线的优先级可以决定导线占用空间的先后。设置此规则时可以针对单个网络设置优先级。系统提供了 0～100 共 101 种优先级选择，0 表示优先级最低，100 表示优先级最高，默认的布线优先级规则为所有网络布线的优先级为 0。

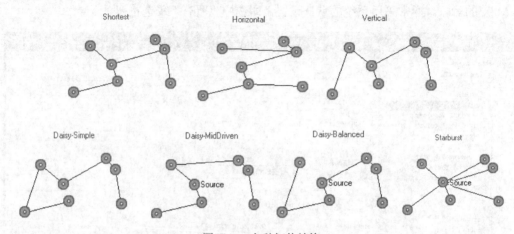

图 5-33　各种拓扑结构

图 5-34　"Routing Priority（布线优先级规则）"设置界面

4）"Routing Layers（布线工作层规则）"：用于设置布线规则可以约束的工作层，图 5-35 所示的是该规则的设置界面。

5）"Routing Corners（导线拐角规则）"：用于设置导线拐角形式，图 5-36 所示的是该规则的设置界面。PCB 上的导线有 3 种拐角方式，如图 5-37 所示，通常情况下会采用 45°的拐角形式。设置此规则时可以针对每个连接、每个网络，直至整个 PCB，设置导线拐角形式。

图 5-35 "Routing Layers（布线工作层规则）"设置界面

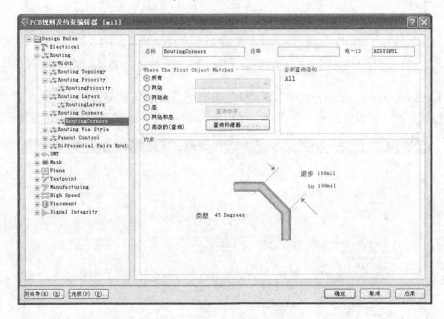

图 5-36 "Routing Corners（导线拐角规则）"设置界面

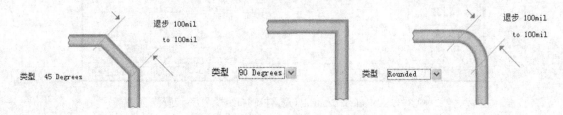

图 5-37 PCB 上导线的 3 种拐角方式

6）"Routing Via Style（布线过孔样式规则）"：用于设置走线时所用过孔的样式，图 5-38 所示的是该规则的设置界面，在该对话框中可以设置过孔的各种尺寸参数。过孔直径和钻孔孔径都有"最大的""最小的"和"首选的"3种定义方式。默认的过孔直径为50mil,过孔孔径为28mil。在PCB的编辑过程中,可以根据不同的元器件设置不同的过孔大小,钻孔尺寸应参考实际元器件引脚的粗细进行设置。

图5-38 "Routing Via Style(布线过孔样式规则)"设置界面

7)"Fanout Control(扇出控制布线规则)":用于设置走线时的扇出形式,图5-39所示的是该规则的设置界面。可以针对每一个引脚、每一个元器件,甚至整个PCB,设置扇出形式。

图5-39 "Fanout Control(扇出控制布线规则)"设置界面

8)"Differential Pairs Routing(差分对布线规则)":用于设置差分对形式,图5-40所示的是该规则的设置界面。

3. "SMT(表贴封装规则)"类设置

SMT类规则主要用于设置表面安装元器件的走线规则,其中包括以下3种设计规则。

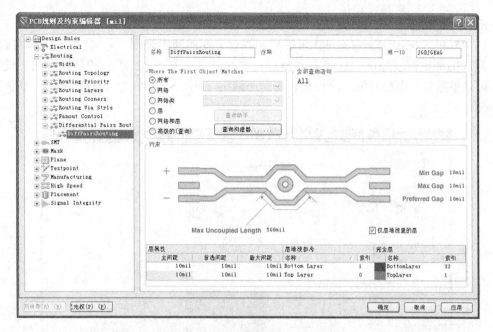

图 5-40 "Differential Pairs Routing（差分对布线规则）"设置界面

1）"SMD To Corner（表面安装元器件的焊盘与导线拐角处最小间距规则）"：用于在表面安装元器件的焊盘出现走线拐角时，设置拐角和焊盘之间的距离，如图 5-41a 所示。通常，走线时引入拐角会导致电信号的反射，引起信号之间的串扰，因此需要限制从焊盘引出的信号传输线至拐角的距离，以减小信号串扰。可以针对每一个焊盘、每一个网络，直至整个 PCB，设置拐角和焊盘之间的距离，默认间距为 0mil。

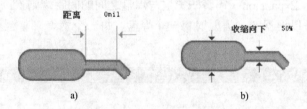

图 5-41 "SMT"的设置

2）"SMD To Plane（表面安装元器件的焊盘与中间层间距规则）"：用于设置表面安装元器件的焊盘连接到中间层的走线距离。该项设置通常出现在电源层向芯片的电源引脚供电的场合。可以针对每一个焊盘、每一个网络，直至整个 PCB，设置焊盘和中间层之间的距离，默认间距为 0mil。

3）"SMD Neck Down（表面安装元器件的焊盘颈缩率规则）"：用于设置表面安装元器件的焊盘连线的导线宽度，如图 5-41b 所示。在该规则中可以设置导线线宽上限占据焊盘宽度的百分比，通常走线总是比焊盘小。可以根据实际需要对每一个焊盘、每一个网络，甚至整个 PCB，设置焊盘上的走线宽度与焊盘宽度之间的最大比率，默认值为 50%。

4. "Mask（阻焊规则）"类设置

Mask 类规则主要用于设置阻焊剂铺设的尺寸，主要用在"Output Generation（输出阶段）"进程中。系统提供了"Top Paster（顶层锡膏防护层）""Bottom Paster（底层锡膏防护层）""Top Solder（顶层阻焊层）"和"Bottom Solder（底层阻焊层）"4 个阻焊层，其中包括以下两种设计规则。

1)"Solder Mask Expansion（阻焊层和焊盘之间的间距规则）"：通常，为了焊接的方便，阻焊剂铺设范围与焊盘之间需要预留一定的空间，图 5-42 所示的是该规则的设置界面。可以根据实际需要对每一个焊盘、每一个网络，甚至整个 PCB 设置该间距，默认距离为 4mil。

图 5-42 "Solder Mask Expansion"规则设置界面

2)"Paste Mask Expansion（锡膏防护层与焊盘之间的间距规则）"：图 5-43 所示的是该规则的设置界面。可以根据实际需要对每一个焊盘、每一个网络，甚至整个 PCB 设置该间距，默认距离为 0mil。

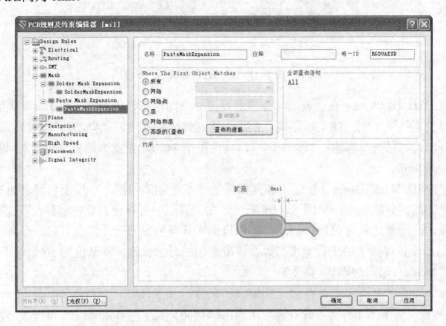

图 5-43 "Paste Mask Expansion"规则设置界面

阻焊规则也可以在焊盘的属性对话框中设置，可以针对不同的焊盘进行单独的设置。在属性对话框中，用户可以选择遵循设计规则中的设置，也可以忽略规则中的设置而采用自定义设置。

5.“Plane（中间层布线规则）”类设置

Plane 类规则主要用于设置与中间电源层布线相关的走线规则，其中包括以下 3 种设计规则。

1）“Power Plane Connect Style（电源层连接类型规则）”：用于设置电源层的连接形式，图 5-44 所示的是该规则的设置界面，在该界面中可以设置中间层的连接形式和各种连接形式的参数。

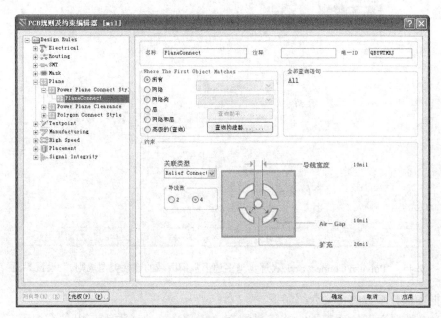

图 5-44 “Power Plane Connect Style（电源层连接类型规则）”设置界面

对话框中部分参数的含义介绍如下。

- “关联类型”下拉列表框：连接类型有“No Connect（电源层与元器件引脚不相连）”“Direct Connect（电源层与元器件引脚通过实心的铜箔相连）”和“Relief Connect（使用散热焊盘的方式与焊盘或钻孔连接）”3 种，默认设置为“Relief Connect”。
- “导线数”选项组：用于设置散热焊盘组成导体的数目，默认值为 4。
- “导线宽度”选项：散热焊盘组成导体的宽度，默认值为 10mil。
- “Air-Gap（空气隙）”选项：散热焊盘钻孔与导体之间的空气间隙宽度，默认值为 10mil。
- “扩充”选项：钻孔的边缘与散热导体之间的距离，默认值为 20mil。

2）“Power Plane Clearance（电源层安全间距规则）”：用于设置通孔通过电源层时的间距，图 5-45 所示的是该规则的设置示意图，在该示意图中可以设置中间层的连接形式和各种连接形式的参数。通常，电源层将占据整个中

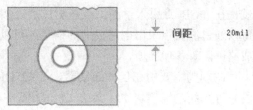

图 5-45 设置电源层安全间距规则

间层，因此在有通孔（通孔焊盘或过孔）通过电源层时需要一定的间距。考虑到电源层的电流比较大，所以这里的间距设置也比较大。

3）"Polygan Connect Style（焊盘与多边形敷铜区域的连接类型规则）"：用于描述元器件引脚焊盘与多边形敷铜之间的连接类型，图 5-46 所示的是该规则的设置界面。

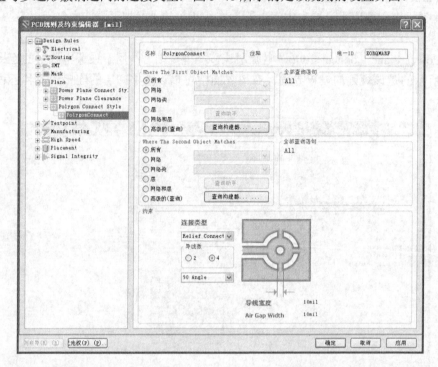

图 5-46　"Polygan Connect Style（焊盘与多边形敷铜区域的连接类型规则）"设置界面

对话框中部分参数的含义介绍如下。

● "连接类型"下拉列表框：连接类型有 "No Connect（敷铜与焊盘不相连）""Direct Connect（敷铜与焊盘通过实心的铜箔相连）" 和 "Relief Connect（使用散热焊盘的方式与焊盘或钻孔连接）" 3 种，默认设置为 Relief Connect。

● "导线数"选项组：用于设置散热焊盘组成导体的数目，默认值为 4。

● "导线宽度"选项：散热焊盘组成导体的宽度，默认值为 10mil。

● "Angle（角度）"下拉列表框：散热焊盘组成导体的角度，默认值为 90°。

6. "Testpoint（测试点规则）" 类设置

Testpoint 类规则主要用于设置测试点布线规则，主要介绍以下两种设计规则。

1）"Fabrication Testpoint（装配测试点规则）"：用于设置测试点的形式，图 5-47 所示的是该规则的设置界面，在该界面中可以设置测试点的形式和各种参数。为了方便电路板的调试，在 PCB 上引入了测试点。测试点连接在某个网络上，形式和过孔类似，在调试过程中可以通过测试点引出电路板上的信号。可以设置测试点的尺寸以及是否允许在元器件底部生成测试点等各项选项。

此规则主要用在自动布线器、在线 DRC 和批处理 DRC、Output Generation（输出阶段）等系统功能模块中，其中在线 DRC 和批处理 DRC 检测该规则中除了首选尺寸和首选钻孔尺寸外的所有属性。自动布线器使用首选尺寸和首选钻孔尺寸属性来定义测试点焊盘的大小。

图 5-47 "FabricationTestpoint（装配测试点规则）"设置界面

2）"FabricationTestPointUsage（装配测试点使用规则）"：用于设置测试点的使用参数，图 5-48 所示的是该规则的设置界面，在界面中可以设置是否允许使用测试点和同一网络上是否允许使用多个测试点。

图 5-48 "FabricationTestPointUsage（装配测试点使用规则）"设置界面

对话框中部分参数的含义介绍如下。

● "必需的"单选按钮：每一个目标网络都使用一个测试点，该项为默认设置。

● "禁止的"单选按钮：所有网络都不使用测试点。

● "无所谓"单选按钮：每一个网络可以使用测试点，也可以不使用测试点。

● "允许更多测试点（手动分配）"复选框：勾选该复选框后，系统将允许在一个网络上使用多个测试点。默认设置为取消勾选该复选框。

7. "Manufacturing（生产制造规则）"类设置

Manufacturing 类规则是根据 PCB 制作工艺来设置有关参数，主要用在在线 DRC 和批处理 DRC 执行过程中，下面介绍部分设计规则。

1）"Minimum Annular Ring（最小环孔限制规则）"：用于设置环状图元内外径间距下限，图 5-49 所示的是该规则的设置界面。在 PCB 设计时引入的环状图元（如过孔）中，如果内径和外径之间的差很小，则在工艺上可能无法制作出来，此时的设计实际上是无效的。通过该项设置可以检查出所有在工艺上无法实现的环状物，默认值为 10mil。

图 5-49 "Minimum Annular Ring（最小环孔限制规则）"设置界面

2）"Acute Angle（锐角限制规则）"：用于设置锐角走线角度限制，图 5-50 所示的是该规则的设置界面。在 PCB 设计时如果没有规定走线角度的最小值，则可能出现拐角很小的走线，在工艺上可能无法做到这样的拐角，这样的设计实际上是无效的。通过该项设置可以检查出所有在工艺上无法实现的锐角走线，默认值为 90°。

3）"Hole Size（钻孔尺寸设计规则）"：用于设置钻孔孔径的上限和下限，图 5-51 所示的是该规则的设置界面。与设置环状图元内外径间距下限类似，过小的钻孔孔径可能在工艺上无法制作，从而导致设计无效。通过设置通孔孔径的范围，可以防止 PCB 设计出现类似错误。

"约束"选项组中各选项的含义如下。

● "测量方法"选项：度量孔径尺寸的方法有 "Absolute（绝对值）" 和 "Percent（百分数）" 两种，默认设置为 Absolute。

图 5-50 "Acute Angle（锐角限制规则）"设置界面

图 5-51 "Hole Size（钻孔尺寸设计规则）"设置界面

- "最小的"选项：设置孔径最小值。"Absolute（绝对值）"方式的默认值为1mil，"Percent（百分数）"方式的默认值为20%。
- "最大的"选项：设置孔径最大值。"Absolute（绝对值）"方式的默认值为100mil，"Percent（百分数）"方式的默认值为80%。

4）"Layer Pairs（工作层对设计规则）"：用于检查使用的"Layer-pairs（工作层对）"是

否与当前的"Drill-pairs（钻孔对）"匹配。使用的"Layer-pairs"是由板上的过孔和焊盘决定的，"Layer-pairs"是指一个网络的起始层和终止层。该项规则除了应用于在线 DRC 和批处理 DRC 外，还可以应用在交互式布线过程中。"Enforce layer pairs settings（强制执行工作层对规则检查设置）"复选框：用于确定是否强制执行此项规则的检查。勾选该复选框后，将始终执行该项规则的检查。

8．"High Speed（高速信号相关规则）"类设置

High Speed 类工作主要用于设置高速信号线布线规则，其中包括以下 6 种设计规则。

1）"Parallel Segment（平行导线段间距限制规则）"：用于设置平行走线间距限制规则，图 5-52 所示的是该规则的设置界面。在 PCB 的高速设计中，为了保证信号传输正确，需要采用差分线对来传输信号，与单根线传输信号相比可以得到更好的效果。在该对话框中可以设置差分线对的各项参数，包括差分线对的层、间距和长度等。

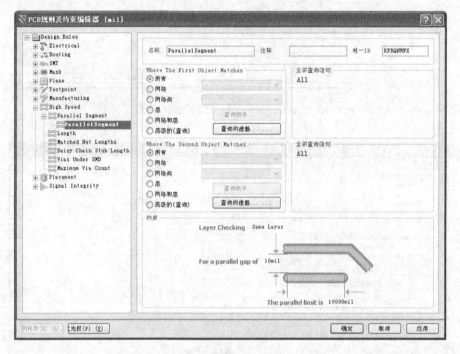

图 5-52 "Parallel Segment（平行导线段间距限制规则）"设置界面

"约束"选项组中各选项的含义如下。

- "Layer Checking（层检查）"选项：用于设置两段平行导线所在的工作层面属性，有"Same Layer（位于同一个工作层）"和"Adjacent Layers（位于相邻的工作层）"两种选择，默认设置为"Same Layer"。
- "For a parallel gap of（平行线间的间隙）"选项：用于设置两段平行导线之间的距离，默认设置为 10mil。
- "The parallel limit is（平行线的限制）"选项：用于设置平行导线的最大允许长度（在使用平行走线间距规则时），默认设置为 10000mil。

2）"Length（网络长度限制规则）"：用于设置传输高速信号导线的长度，图 5-53 所示的是该规则的设置界面。在高速 PCB 设计中，为了保证阻抗匹配和信号的质量，对走线长度也有一定的要求，在该对话框中可以设置走线长度的下限和上限。

图 5-53 "Length（网络长度限制规则）"设置界面

"约束"选项组中各选项的含义如下。

- "最小的"选项：用于设置网络最小允许长度值，默认设置为 0mil。
- "最大的"选项：用于设置网络最大允许长度值，默认设置为 100000mil。

3）"Matched Net Lengths（匹配网络传输导线的长度规则）"：用于设置匹配网络传输导线的长度，图 5-54 所示的是该规则的设置界面。在高速 PCB 设计中，通常需要对部分网络的导线进行匹配布线，在该界面中可以设置匹配走线的各项参数。

图 5-54 "Matched Net Lengths（匹配网络传输导线的长度规则）"设置界面

- "公差"选项：在高频电路设计中要考虑传输线的长度问题，传输线太短将产生串扰等传输线效应。该项规则定义了一个传输线长度值，将设计中的走线长度与此长度进行比较，当发现小于此长度的走线时，选择"工具"→"网络等长"命令，系统将自动延长走线的长度以满足此处的设置需求。默认设置为1000mil。

4）"Daisy Chain Stub Length（菊花状布线主干导线长度限制规则）"：用于设置 90°拐角和焊盘的距离，图 5-55 所示的是该规则的设置示意图。在高速 PCB 设计中，通常情况下为了减少信号的反射是不允许出现 90°拐角的，在必须有 90°拐角的场合中将引入焊盘和拐角之间距离的限制。

5）"Vias Under SMD（SMD 焊盘下过孔限制规则）"：用于设置表面安装元器件焊盘下是否允许出现过孔，图 5-56 所示的是该规则的设置示意图。在 PCB 中要尽量减少在表面安装元器件焊盘中引入过孔，但是在特殊情况下（如中间电源层通过过孔向电源引脚供电）可以引入过孔。

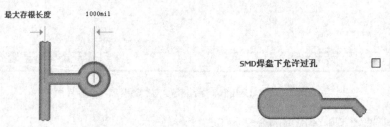

图 5-55　设置菊花状布线主干导线长度限制规则示意图　图 5-56　设置 SMD 焊盘下过孔限制规则示意图

6）"Maximun Via Count（最大过孔数量限制规则）"：用于设置布线时过孔数量的上限，默认设置为 1000。

9. "Placement（元器件放置规则）"类设置

Placement 类规则用于设置元器件布局的规则。在布线时可以引入元器件的布局规则，这些规则一般只在对元器件布局有严格要求的场合中使用。前面章节已经有详细介绍，这里不再赘述。

10. "Signal Integrity（信号完整性规则）"类设置

Signal Integrity 类规则用于设置信号完整性所涉及的各项要求，如对信号上升沿、下降沿等的要求。这里的设置会影响电路的信号完整性仿真，这里只简单介绍。

- "Signal Stimulus（激励信号规则）"：图 5-57 所示的是该规则的设置示意图。激励信号的类型有"Constant Level（直流）""Single Pulse（单脉冲信号）"和"Periodic Pulse（周期性脉冲信号）"3 种。还可以设置激励信号的初始电平（低电平或高电平）、开始时间、终止时间和周期等。
- "Overshoot-Falling Edge（信号下降沿的过冲约束规则）"：图 5-58 所示的是该规则的设置示意图。
- "Overshoot- Rising Edge（信号上升沿的过冲约束规则）"：图 5-59 所示的是该规则的设置示意图。
- "Undershoot-Falling Edge（信号下降沿的反冲约束规则）"：图 5-60 所示的是该规则的设置示意图。
- "Undershoot-Rising Edge（信号上升沿的反冲约束规则）"：图 5-61 所示的是该规则的设置示意图。

激励类型(K) (K) Single Pulse

开始级别(L) (L) Low Level

开始时间(A) (A) 10.00n

停止时间(O) (O) 60.00n

时间周期(P) (P) 100.00n

图 5-57 设置激励信号规则示意图

最大(Volts)(M) (M) 1.000

图 5-58 设置信号下降沿的过冲约束规则示意图

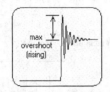

最大(Volts)(M) (M) 1.000

图 5-59 设置信号上升沿的过冲约束规则示意图

最大(Volts)(M) (M) 1.000

图 5-60 设置信号下降沿的反冲约束规则示意图

- "Impedance（阻抗约束规则）"：图 5-62 所示的是该规则的设置示意图。

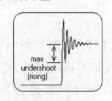

最大(Volts)(M) (M) 1.000

图 5-61 设置信号上升沿的反冲约束规则示意图

最小(Ohms)(N) (N) 1.000

最大(Ohms)(X) (X) 10.00

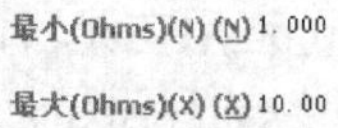

图 5-62 设置阻抗约束规则示意图

- "Signal Top Value（信号高电平约束规则）"：用于设置高电平的最小值，图 5-63 所示的是该规则的设置示意图。
- "Signal Base Value（信号基准约束规则）"：用于设置低电平的最大值，图 5-64 所示的是该规则的设置示意图。

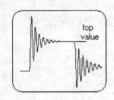

最小(Volts)(M) (M) 5.000

图 5-63 设置信号高电平约束规则示意图

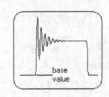

最大(Volts)(M) (M) 0.000

图 5-64 设置信号基准约束规则示意图

- "Flight Time-Rising Edge（上升沿的上升时间约束规则）"：图 5-65 所示的是该规则的设置示意图。
- "Flight Time-Falling Edge（下降沿的下降时间约束规则）"：图 5-66 所示的是该规则的设置示意图。
- "Slope-Rising Edge（上升沿斜率约束规则）"：图 5-67 所示的是该规则的设置示意图。

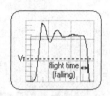

图 5-65　设置上升沿的上升时间约束规则示意图　　图 5-66　设置下降沿的下降时间约束规则示意图

● "Slope-Falling Edge（下降沿斜率约束规则）"：图 5-68 所示的是该规则的设置示意图。

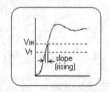

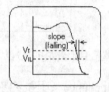

图 5-67　设置上升沿斜率约束规则示意图　　图 5-68　设置下降沿斜率约束规则示意图

● "Supply Nets"：用于提供网络约束规则。

从以上对 PCB 布线规则的说明可知，Altium Designer 14 对 PCB 布线做了全面的规定。这些规定只有一部分运用在元器件的自动布线中，而所有规则都将运用在 PCB 的 DRC 检测中。对 PCB 进行手动布线时可能会违反设定的 DRC 规则，在对 PCB 进行 DRC 检测时将检测出所有违反这些规则的地方。

5.8.2　启动自动布线服务器进行自动布线

布线参数设置好后，即可利用 Altium Designer 14 提供的具有世界一流技术的无网格布线器，进行自动布线。执行自动布线的方法非常多，具体如图 5-69 所示。

1．全部

选择"自动布线"→"全部"命令，可以让程序对整个电路板进行布局。

2．网络

对选定网络进行布线。用户首先定义需要自动布线的网络，然后选择"自动布线"→"网络"命令，由程序对选定的网络进行布线。

图 5-69　自动布线的方法

3．网络类

指定元器件布线。用户定义某元器件，然后选择"自动布线"→"网络类"命令，使程序仅对与该元器件相连的网络进行布线。

4．连接

指定两连接点之间布线。用户可以定义某条连线，选择"自动布线"→"连接"命令，使程序仅对该条连线进行自动布线。

5. 区域

指定布线区域进行布线。用户自己定义布线区域，然后选择"自动布线"→"区域"命令，使程序的自动布线范围仅限于该定义区域内。

在图 5-69 所示的菜单中，还有其他与自动布线相关的命令，具体说明如下。

- "设置"：自动布线设置。
- "停止"：终止自动布线过程。
- "复位"：恢复原始设置。
- "Pause"：暂停自动布线过程。

选择"自动布线"→"设置"命令，即可打开如图 5-70 所示的"Situs 布线策略（布线位置策略）"对话框，该对话框用来定义布线过程中的某些规则。

通常，用户采用对话框中的默认设置即可自动实现 PCB 的自动布线，但是如果用户需要设置某些项，则可以通过对话框中的各操作项实现。用户可以分别设置"布线设置报告"和"布线策略"选项组，如果用户需要设置测试点，则可以单击"添加"按钮。如果用户已经手动实现了一部分布线，且不想让自动布线处理这部分布线，则可以勾选"锁定已有布线"复选框。在编辑框中可以设置布线间距，如果设置不合理，系统会分析是否合理，并通知设计者。

选择"自动布线"→"全部"命令，即可打开如图 5-71 所示的"Situs 布线策略"对话框，选择系统默认的"Default 2 Layer Board（默认双面板）"策略。单击"Route All"按钮，开始布线。

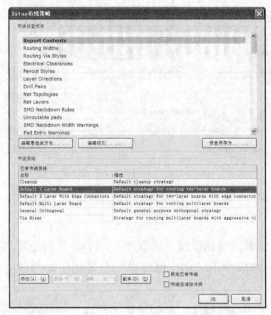

图 5-70 "Situs 布线策略（布线位置策略）"对话框

图 5-71 "Situs 布线策略"对话框 2

布线过程中将自动弹出"Messages（信息）"面板，提供自动布线的状态信息，如图 5-72 所示。由最后一条提示信息可知，此次自动布线全部布通，布线结果如图 5-73 所示。

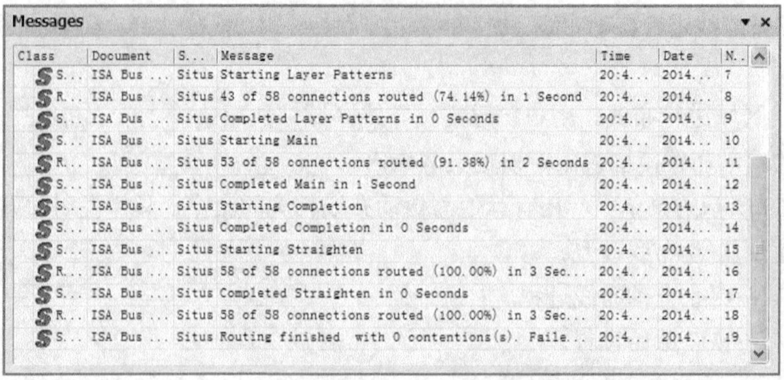

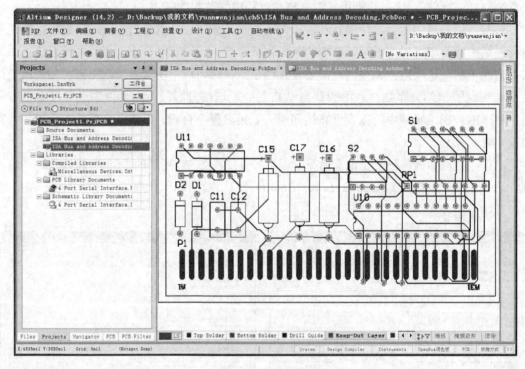

图 5-72 "Messages" 面板

图 5-73 布线结果

5.9 电路板的手动布线

自动布线会出现一些不合理的布线情况，如有较多的绕线、走线不美观等。此时，可以通过手工布线进行一定的修正，对于元器件网络较少的 PCB 也可以完全采用手动布线方式。下面将介绍手动布线的一些技巧。

手动布线，要靠用户自己规划元器件的布局和走线路径，而网格是用户在空间和尺寸上的重要依据。因此，合理地设置网格会更加方便设计者规划布局和放置导线。用户在设计的不同阶段可根据需要随时调整网格的大小。例如，在元器件布局阶段，可将捕捉网格设置得大一点，如 20mil；在布线阶段，捕捉网格要设置得小一点，如 5mil 甚至更小，尤其是在走线密集的区域，视图网格和捕捉网格都应设置得小一些，以方便观察和走线。

手动布线的规则设置与自动布线前的规则设置基本相同，用户参考前面章节中的介绍即可，这里不再赘述。

5.9.1 拆除布线

在工作窗口中选择导线后，按〈Delete〉键即可删除导线，完成拆除布线的操作。但是这样的操作只能逐段地拆除布线，工作量比较大，在"工具"菜单中有"取消布线"子菜单，如图 5-74 所示，通过该子菜单可以更加快速地拆除布线。

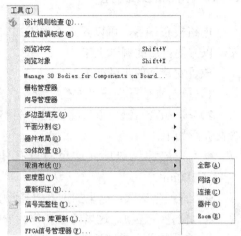

图 5-74　"取消布线"子菜单

● "全部"命令：拆除 PCB 上的所有导线。

选择"工具"→"取消布线"→"全部"命令，即可拆除 PCB 上的所有导线。

● "网络"命令：拆除某一个网络上的所有导线。

选择"工具"→"取消布线"→"网络"命令，光标将变成十字形状。移动光标到某根导线上，单击，则该导线所在网络的所有导线将被删除。此时，光标仍处于拆除布线状态，可以继续拆除其他网络上的布线。单击鼠标右键或按〈Esc〉键即可退出拆除布线操作。

● "连接"命令：拆除某个连接上的导线。

选择"工具"→"取消布线"→"连接"命令，光标将变成十字形状。移动光标到某根导线上，单击，则该导线建立的连接将被删除。此时，光标仍处于拆除布线状态，可以继续拆除其他连接上的布线。右击或按〈Esc〉键即可退出拆除布线操作。

● "器件"命令：拆除某个元器件上的导线。

选择"工具"→"取消布线"→"器件"命令，光标将变成十字形状。移动光标到某个元器件上，单击，则该元器件所有引脚所在网络的所有导线将被删除。此时，光标仍处于拆除布线状态，可以继续拆除其他元器件上的布线。右击或按〈Esc〉键即可退出拆除布线操作。

5.9.2 手动布线

1. 手动布线的步骤

手动布线也将遵循自动布线时设置的规则。具体的手动布线步骤如下。

1）选择"放置"→"交互式布线"命令，光标将变成十字形状。

2）移动光标到元器件的一个焊盘上，然后单击放置布线的起点。

手工布线模式主要有 5 种：任意角度、90°拐角、90°弧形拐角、45°拐角和 45°弧形拐角。按快捷键〈Shift+Space〉即可在 5 种模式间切换，按〈Space〉键可以在手动布线的开始和结束两种模式间切换。

3）多次单击，确定多个不同的控制点，完成两个焊盘之间的布线。

2. 手动布线中层的切换

在进行交互式布线时，按〈*〉键可以在不同的信号层之间切换，这样可以完成不同层之间的走线。在不同的层间进行走线时，系统将自动为其添加一个过孔。

5.10 添加安装孔

电路板布线后，可以开始着手添加安装孔。安装孔通常采用过孔形式，并和接地网络连接，以方便日后的调试工作。

放置安装孔的步骤如下。

1）单击"放置"→"过孔"命令，光标将变成十字形状，并带有一个过孔图形。

2）按〈Tab〉键，系统将弹出如图 5-75 所示的"过孔"对话框。对话框中部分选项的含义介绍如下。

- "孔尺寸"选项：这里将过孔作为安装孔使用，因此过孔内径比较大，设置为100mil。
- "直径"选项：这里的过孔直径设置为150mil。
- "位置"选项：这里的过孔作为安装孔使用，过孔的位置将根据需要确定。通常，安装孔放置在电路板的 4 个角上。
- "属性"选项组：包括设置过孔的起始层、网络标号、测试点等。

3）单击"确定"按钮，此时放置了一个过孔。此时光标仍处于放置过孔的状态，可以继续添加过孔。右击或按〈Esc〉键即可退出放置过孔的操作。

图 5-76 所示的是放置完安装孔的电路板。

图 5-75 "过孔"对话框

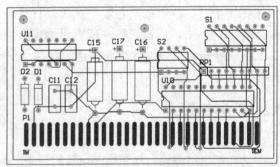

图 5-76 放置完安装孔的电路板

5.11 敷铜和补泪滴

敷铜是由一系列的导线组成的，可以完成板的不规则区域内的填充。在绘制 PCB 图时，敷铜主要是指把空余没有走线的部分用线全部铺满。铺满部分的铜箔和电路的一个网络相连，多数情况是和接地网络相连。单面电路板敷铜可以提高电路的抗干扰能力，经过敷铜处理后制作的印制板会显得十分美观。同时，过大电流的地方也可以采用敷铜的方法来加大过电流的能力。敷铜通常的安全间距应该在一般导线安全间距的两倍以上。

5.11.1　执行敷铜命令

选择"放置"→"多边形敷铜"命令，或单击"布线"工具栏中的"放置多边形敷铜"按钮 ▦，或按快捷键〈P+G〉，即可执行放置敷铜命令，系统将弹出敷铜属性设置对话框，如图 5-77 所示。

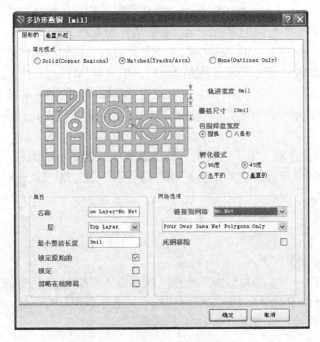

图 5-77　敷铜属性设置对话框

5.11.2　设置敷铜属性

执行敷铜命令后，或双击已放置的敷铜，系统会弹出敷铜属性设置对话框。在敷铜属性设置对话框中，各项参数含义如下。

（1）"填充模式"选项组

"填充模式"选项组用于选择敷铜的填充模式，包括 3 个单选按钮："Solid（Copper Regions）"即敷铜区域内为全铜敷设；"Hatched（Tracks/Arcs）"，即向敷铜区域内填入网络状的敷铜；"None（Outlines Only）"即只保留敷铜边界，内部无填充。

在对话框的中间区域内可以设置敷铜的具体参数，针对不同的填充模式，有不同的设置参数选项。

- "Solid（Copper Regions）（实体）"单选按钮：用于设置删除孤立区域敷铜的面积限制值以及删除凹槽的宽度限制值。需要注意的是，使用该方式敷铜后，在 Protel 99SE 软件中不能显示，但可以用 Hatched（Tracks/Arcs）（网络状）方式敷铜。
- "Hatched（Tracks/Arcs）（网络状）"单选按钮：用于设置网格线的宽度、网络的大小、围绕焊盘的形状及网格的类型。
- "None（Outlines Only）（无）"单选按钮：用于设置敷铜边界导线宽度及围绕焊盘的形状等。

（2）"属性"选项组

● "层"下拉列表框：用于设定敷铜所属的工作层。

● "最小整洁长度"文本框：用于设置最小图元的长度。

● "锁定原始的"复选框：用于选择是否锁定敷铜。

（3）"网络选项"选项组

● "链接到网络"下拉列表框：用于选择敷铜连接到的网络，通常连接到接地网络。

● "Don't Pour Over Same Net Objects（填充不超过相同的网络对象）"选项：用于设置敷铜的内部填充不与同网络的图元及敷铜边界相连。

● "Pour Over Same Net Polygons Only（填充只超过相同的网络多边形）"选项：用于设置敷铜的内部填充只与敷铜边界线及同网络的焊盘相连。

● "Pour Over All Same Net Objects（填充超过所有相同的网络对象）"选项：用于设置敷铜的内部填充与敷铜边界线相连，并与同网络的任何图元相连，如焊盘、过孔、导线等。

● "死铜移除"复选框：用于设置是否删除孤立区域的敷铜。孤立区域的敷铜是指没有连接到指定网络元器件上的封闭区域内的敷铜，若勾选该复选框，则可以将这些区域的敷铜去除。

5.11.3 放置敷铜

放置敷铜的具体步骤如下。

1）选择"放置"→"多边形敷铜"命令，或单击"布线"工具栏中的 ▦（放置多边形平面）按钮，即可执行放置敷铜命令，系统将弹出"多边形敷铜"对话框。

2）在此对话框内进行设置，具体如图 5-78 所示。

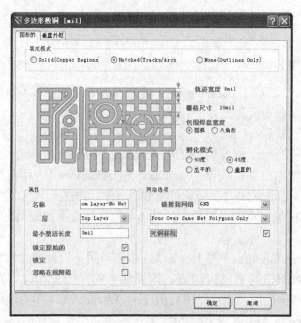

图 5-78　敷铜设置

3）单击"确定"按钮，退出对话框，此时光标变成十字形状，准备开始敷铜操作。

4）用光标沿着 PCB 的"Keep-Out"边界线，画出一个闭合的矩形框。单击确定起点，移动光标至拐点处再次单击，直至取完矩形框的第 4 个顶点，右击退出。用户不必费力将矩形框线闭合，系统会自动将起点和终点连接起来构成闭合框线。

5）系统在框线内部自动生成了"Top Layer（顶层）"的敷铜。

6）再次执行敷铜命令，选择层面为"Bottom Layer（底层）"，其他设置相同，为底层敷铜。敷铜后，PCB 效果如图 5-79 所示。

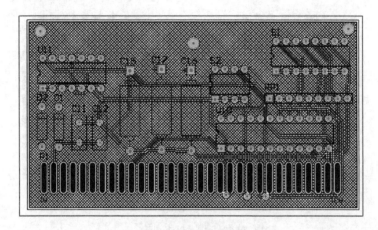

图 5-79　敷铜后的 PCB 效果

5.11.4　补泪滴

在导线和焊盘或孔的连接处，通常需要补泪滴，以去除连接处的直角，加大连接面。这样做有两个好处，一是在 PCB 制作过程中，避免因钻孔定位偏差而导致焊盘与导线断裂；二是在安装和使用过程中，可以避免因用力集中而导致连接处断裂。

补泪滴的具体操作步骤如下。

1）选择"工具"→"滴泪"命令，即可执行补泪滴命令，系统将弹出"泪滴选项"对话框，如图 5-80 所示。

对话框中各选项的含义具体如下。

① "通用"选项组。

● "焊盘"复选框：勾选该复选框，将对所有的焊盘添加泪滴。

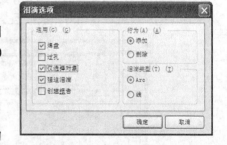

图 5-80　"泪滴选项"对话框

● "过孔"复选框：勾选该复选框，将对所有的过孔添加泪滴。

● "仅选择对象"复选框：勾选该复选框，将对选中的对象添加泪滴。

● "强迫泪滴"复选框：勾选该复选框，将强制对所有焊盘或过孔添加泪滴，这样可能导致在 DRC 检测时出现错误信息。取消勾选此复选框，则对安全间距太小的焊盘不添加泪滴。

● "创建报告"复选框：勾选该复选框，进行添加泪滴的操作后将自动生成一个有关添加泪滴操作的报表文件，同时该报表也将在工作窗口中显示出来。

② "行为"选项组。

● "添加"单选按钮：用于添加泪滴。

● "删除"单选按钮：用于删除泪滴。

③ "泪滴类型"选项组。

● "Arc（弧形）"单选按钮：用弧线添加泪滴。

● "线"单选按钮：用导线添加泪滴。

2）设置完成后，单击"确定"按钮即可完成添加泪滴的操作。

补泪滴前后焊盘与导线连接的变化，如图5-81所示。

图 5-81　补泪滴前后的焊盘导线

a) 补泪滴前　b) 补泪滴后

按照此种方法，用户还可以对某一个元器件的所有焊盘和过孔，或某一特定网络的焊盘和过孔进行添加泪滴的操作。

5.12　操作实例

本节将通过一些简单的实例来介绍 Altium Designer 14 自动布线器的使用方法。图5-82所示的是一个还没有进行任何布线、但是已经完成了布局的电路板。下面的工作就是为其布线。

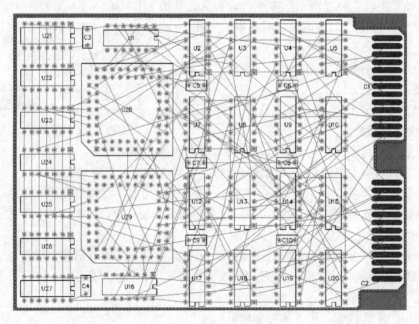

图 5-82　未布线的电路板

一般来讲，对电路板进行布线有3种方法：自动布线、半自动布线和手动布线。

5.12.1 自动布线

自动布线相对比较简单，具体的操作步骤如下。

1）打开保存的项目文件"PCB_Project1.PrjPCB"，打开其中的未布线电路图"BOARD 1.pcbdoc"。

2）在当前的 PCB 文件下单击"自动布线"→"全部"命令，打开如图 5-83 所示的"Situs 布线策略"对话框。

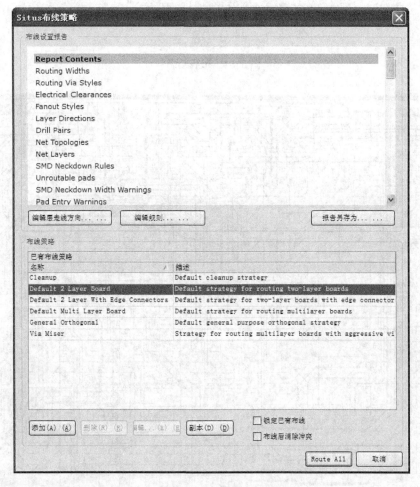

图 5-83 "Situs 布线策略"对话框

3）一般情况下，可以不更改对话框中的任何参数，即直接单击"Route All"按钮，启动自动布线。这时，窗口下方的状态栏内将弹出"Messages"面板，以显示当前的布线状态。其中，Routed 表示已经完成布线的线路在线路总数中所占的百分比，Vias 表示过孔数量，Contentions 表示争用线路数量，Time 表示当前时间。

自动布线完成后，系统会显示如图 5-84 所示的布线结果。

一般来说，自动布线可以完成线路的所有布线工作，但也会出现自动布线不能完全布通整个电路板的情况，此时，布线结果就不是 100%。

关闭"Messages"面板即可观看电路图布线结果，如图 5-85 所示。

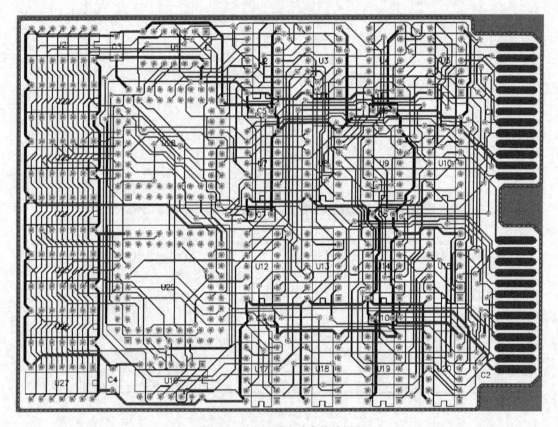

Class	Document	S...	Message	Time	Date	N...
R...	BOARD 1....	Situs	178 of 286 connections routed (62.24%) in 5 Se...	8:36:28	2014...	8
S...	BOARD 1....	Situs	Completed Layer Patterns in 4 Seconds	8:36:28	2014...	9
S...	BOARD 1....	Situs	Starting Main	8:36:28	2014...	10
R...	BOARD 1....	Situs	285 of 286 connections routed (99.65%) in 4 Mi...	8:40:53	2014...	11
S...	BOARD 1....	Situs	Completed Main in 4 Minutes 25 Seconds	8:40:54	2014...	12
S...	BOARD 1....	Situs	Starting Completion	8:40:54	2014...	13
R...	BOARD 1....	Situs	285 of 286 connections routed (99.65%) in 5 Mi...	8:41:29	2014...	14
S...	BOARD 1....	Situs	Completed Completion in 35 Seconds	8:41:30	2014...	15
S...	BOARD 1....	Situs	Starting Straighten	8:41:30	2014...	16
R...	BOARD 1....	Situs	286 of 286 connections routed (100.00%) in 5 M...	8:41:35	2014...	17
S...	BOARD 1....	Situs	Completed Straighten in 5 Seconds	8:41:35	2014...	18
R...	BOARD 1....	Situs	286 of 286 connections routed (100.00%) in 5 M...	8:41:35	2014...	19
S...	BOARD 1....	Situs	Routing finished with 0 contentions(s). Faile...	8:41:35	2014...	20

图 5-84 布线结果

图 5-85 电路图自动布线结果

5.12.2 半自动布线

半自动布线是指由用户参与一部分线路的布线，或对指定网络标签的线路进行布线。在很多场合下，完全不加限制的自动布线所产生的结果并不能满足用户的要求，此时，用户可以选择使用半自动布线。例如，假设图 5-85 所示的电路板内的线路布线次序是：所有网络标识为 VCC 的引脚→对 U29 的所有引脚进行布线→对 C1、U5、U10 的区域进行布线→对 U20 的引脚 6 和引脚 5 进行布线→其他线路的布线，则需要按照下面的步骤进行半自动布线。

1）在当前的 PCB 文件下选择"自动布线"→"网络"命令，光标变成十字形状，单击 U20 的引脚 7，打开如图 5-86 所示的菜单。选择 Connection（VCC）项，开始对 VCC 网络进行自动布线，布线结果如图 5-87 所示。

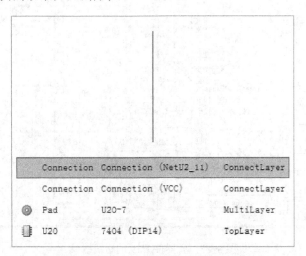

图 5-86 选择布线网络

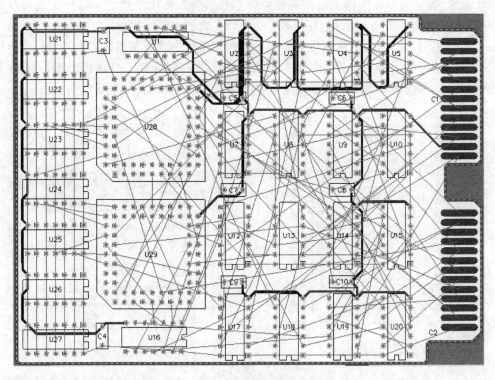

图 5-87 VCC 网络布线结果

2）VCC 网络布线结束后，应用程序仍然停留在由用户指定网络布线命令的状态，可以选择继续对其他网络进行布线，也可以右击终止当前命令状态。

3）对 U29 的所有引脚进行布线。选择"自动布线"→"元件"命令，光标将变成十字形状，单击 U29，对其所有引脚进行自动布线，布线结果如图 5-88 所示。

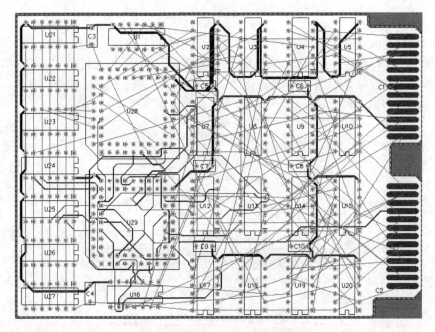

图 5-88　元器件 U29 的布线结果

4）U29 的元器件布线结束后，应用程序仍然停留在由用户指定元器件布线命令的状态，可以选择继续对其他元器件进行布线，也可以右击终止当前状态。

5）对 C1、U5、U10 的区域进行布线，此时就要用到区域布线的命令，选择"自动布线"→"区域"命令。执行该命令，光标变为十字形状，在 PCB 工作区内的 U1、C3、U28 的部分拉出一个矩形框，选定布线区域，如图 5-89 所示，布线结果如图 5-90 所示。

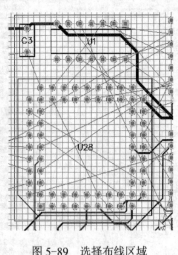

图 5-89　选择布线区域

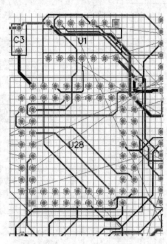

图 5-90　区域布线结果

6）右击退出区域布线状态后，需要对 U20 的引脚 5 和引脚 6 进行布线。选择"自动布线"→"连接"命令，当光标变成十字形状后，用鼠标单击引脚 5 和引脚 6 上引出的预拉线即可启动引脚布线。

7）右击退出引脚布线状态，然后选择"自动布线"→"全部"命令，完成电路板的布线工作。

第6章 电路板的后期处理

在 PCB 设计的最后阶段，需要通过设计规则检查来进一步确认 PCB 设计的正确性。完成了 PCB 项目的设计后，即可进行各种文件的整理和汇总。本章将介绍不同类型文件的生成和输出方法，包括报表文件、PCB 文件和 PCB 制造文件等。用户通过对本章内容的学习，可以对 Altium Designer 14 有更加系统的认识。

本章知识重点
- 电路板的测量
- DRC
- 电路板的报表输出
- PCB 文件输出

6.1 电路板的测量

Altium Designer 14 提供了电路板上的测量工具，以方便在设计电路时进行检查。测量功能在"报告"菜单中，该菜单如图 6-1 所示。

6.1.1 测量电路板上两点间的距离

电路板上两点之间的距离测量是通过"报告"→"测量距离"命令执行的，它测量的是 PCB 上任意两点间的距离，具体操作步骤如下。

1）选择"报告"→"测量距离"命令，此时光标变成十字形状出现在工作窗口中。

图 6-1 "报告"菜单

2）移动光标到某个坐标点上，单击确定测量起点。如果光标移动到了某个对象上，则系统将自动捕捉该对象的中心点。

3）此时光标仍为十字形状，重复步骤 2）确定测量终点。此时将弹出如图 6-2 所示的对话框，在此对话框中给出了测量结果。测量结果包含总距离、X 方向上的距离和 Y 方向上的距离 3 项。

4）此时光标仍为十字状态，重复步骤 2）和步骤 3）可以继续进行其他测量。

5）完成测量后，右击或按〈Esc〉键即可退出该操作。

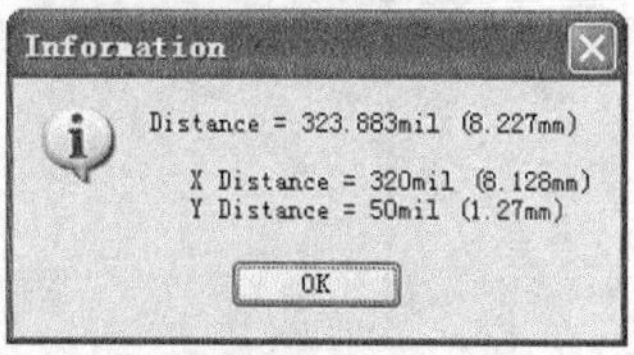

6.1.2 测量电路板上对象间的距离

图 6-2 两点间距离的测量结果

这里的测量是专门针对电路板上的对象进行的，在测量过程中，光标将自动捕捉对象的中心位置，具体操作步骤如下。

1）选择"报告"→"测量"命令，此时光标变成十字形状出现在工作窗口中。

2）移动光标到某个对象（如焊盘、元器件、导线、过孔等）上，单击确定测量的起点。

3）此时光标仍为十字形状，重复步骤 2）确定测量终点。此时将弹出如图 6-3 所示的对话框，在此对话框中给出了对象的层属性、坐标和整个测量结果。

4）此时光标仍为十字状态，重复步骤 2）和步骤 3）可以继续进行其他测量。

5）完成测量后，右击或按〈Esc〉键即可退出该操作。

图 6-3　对象间距离的测量结果

6.2　DRC

电路板布线完毕，在文件输出前，还要进行一次完整的设计规则检查。设计规则检查（Design Rule Check，DRC）是 Altium 进行 PCB 设计时的重要检查工具，系统会根据用户设计规则的设置，对 PCB 设计的各个方面进行检查校验，如导线宽度、安全距离、元器件间距、过孔类型等。DRC 是 PCB 设计正确性和完整性的重要保证，设计者应灵活运用 DRC，可以保障 PCB 设计的顺利进行和最终生成正确的输出文件。

DRC 的设置和执行是通过"设计规则检测"命令完成的。在主菜单中选择"工具"→"设计规则检测"命令，弹出如图 6-4 所示的"设计规则检测"对话框。对话框的左侧是该检查器的内容列表，右侧是项目具体内容。对话框由 DRC 报告选项和 DRC 规则列表两部分组成。

图 6-4　"设计规则检测"对话框

设计规则的检测有两种方式，一是报表（Report），可以产生检测后的结果；二是在线检测（On-Line），也就是在布线的工作过程中对设置的布线规则进行在线检测。

1. DRC 报表选项

在"设计规则检测"对话框左侧的列表中单击"Report Options（报表选项）"标签页，即显示 DRC 报表选项的具体内容。这里的选项主要用于对 DRC 报表的内容和方式进行设置，通常保持默认设置即可，其中各选项的功能介绍如下。

- "创建报告文件"复选框：运行批处理 DRC 后会自动生成报表文件（设计名.drc），包含本次 DRC 运行中使用的规则、违例数量和细节描述。
- "创建违反事件"复选框：能在违例对象和违例消息之间直接建立链接，使用户可以直接通过"Messages（信息）"面板中的违例消息进行错误定位，找到违例对象。
- "Sub-Net 默认（子网络详细描述）"复选框：对网络连接关系进行检查并生成报告。
- "校验短敷铜"复选框：对敷铜或非网络连接造成的短路进行检查。

2. DRC 规则列表

在"设计规则检测"对话框左侧的列表中单击"Rules To Check（检测规则）"标签页，即可显示所有可进行检测的设计规则，其中包括 PCB 制作中常见的规则，也包括高速电路板设计规则，如图 6-5 所示。例如，线宽设定、引线间距、过孔大小、网络拓扑结构、元器件安全距离、高速电路设计的引线长度、等距引线等，可以根据规则的名称进行具体设置。在规则栏中，通过"在线"和"批量"两个选项，用户可以选择在线 DRC 或批处理 DRC。

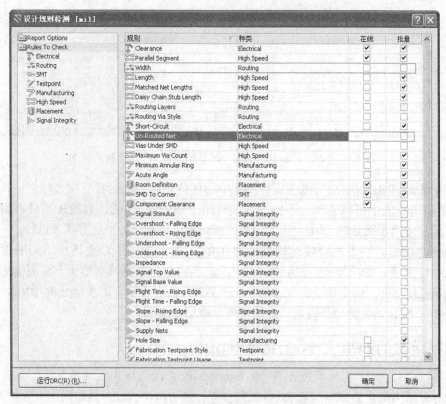

图 6-5 "Rules To Check"标签页

设置完成后，单击"运行 DRC（运行设计规则检查）"按钮，即可运行批处理 DRC。

6.2.1 在线 DRC 和批处理 DRC

DRC 分为两种类型，即在线 DRC 和批处理 DRC。

在线 DRC 在后台运行，在设计过程中，系统随时进行规则检查，对违反规则的对象提出警示或自动限制违例操作的执行。在"参数选择"对话框的"PCB Editor（PCB 编辑器）"→"General（常规）"标签页中，可以设置是否勾选"在线 DRC"复选框，如图 6-6 所示。

图 6-6 "PCB Editor-General（PCB 编辑器-常规）"标签页

通过批处理 DRC，用户可以在设计过程中的任何时候手动运行一次多项规则检测。在图 6-5 所示的列表中可以看到，不同的规则适用于不同的 DRC，有的规则只适用于在线 DRC，有的只适用于批处理 DRC，但大部分的规则都可以在两种检查方式下运行。

需要注意的是，在不同阶段运行批处理 DRC，对其规则选项要进行不同的设置。例如，在未布线阶段，如果要运行批处理 DRC，就要将部分布线规则禁止，否则会出现过多的错误提示而使 DRC 失去意义；在 PCB 设计结束时，也要运行一次批处理 DRC，这时就要选中所有与 PCB 相关的设计规则，以使规则检查尽量全面。

6.2.2 对未布线的 PCB 文件执行批处理 DRC

要求在 PCB 文件"UN-4 Port Serial Interface.PcbDoc"未布线的情况下，运行批处理 DRC。此时要适当配置 DRC 选项，以得到有参考价值的错误列表，具体操作步骤如下。

1）选择"工具"→"设计规则检测"命令。

2）系统弹将出"设计规则检测"对话框，暂不进行规则启用和禁止的设置，直接使用系统的默认设置。单击"运行 DRC"按钮，运行批处理 DRC。

3）系统执行批处理 DRC，运行结果显示在"Messages（信息）"面板中，如图 6-7 所示。系统生成了 100 余项 DRC 警告，其中大部分是未布线警告，这是因为未在 DRC 运行之前禁止该规则的检查。这种 DRC 警告信息并没有帮助，反而使"Messages（信息）"面板变得杂乱。

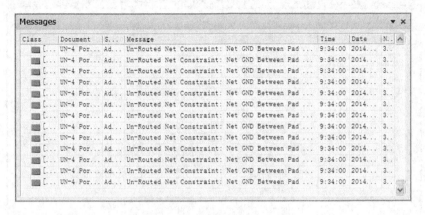

图 6-7 "Messages（信息）"面板

4）选择"工具"→"设计规则检测"命令，重新配置 DRC 规则。在"设计规则检测"对话框中，单击左侧列表中的"Rules To Check（检测规则）"标签页。

5）在规则列表中，禁止其中部分规则的"批量"选项。禁止项包括"Un-Routed Net（未布线网络）"和"Width（宽度）"。

6）单击"运行 DRC"按钮，运行批处理 DRC。

7）执行批处理 DRC，运行结果显示在"Messages（信息）"面板中，如图 6-8 所示。可见重新配置检查规则后，批处理 DRC 检查得到了 0 项违例信息。

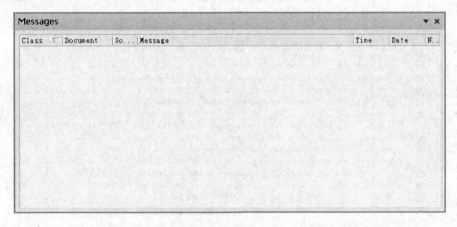

图 6-8 运行 DRC 后的"Messages（信息）"面板

6.2.3 对布线完毕的 PCB 文件执行批处理 DRC

对布线完毕的 PCB 文件"UN-4 Port Serial Interface.PcbDoc"再次运行 DRC。尽量检查所有涉及的设计规则，具体操作步骤如下。

1）选择"工具"→"设计规则检测"命令，系统将弹出"设计规则检测"对话框，如图 6-9 所示。

2）单击"运行 DRC"按钮，运行批处理 DRC。

3）系统执行批处理 DRC，运行结果显示在"Messages（信息）"面板中，如图 6-10 所示。对于批处理 DRC 中检查到的违例信息项，可通过错误定位进行修改，这里不再赘述。

图 6-9 "设计规则检测"对话框

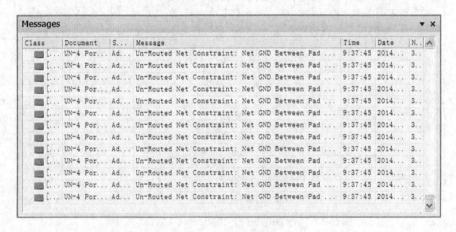

图 6-10 运行结果

6.3 电路板的报表输出

PCB 绘制完毕后，可以利用 Altium Designer 14 提供的丰富的报表功能生成一系列的报表文件。这些报表文件有不同的功能和用途，为 PCB 设计的后期制作、元器件采购、文件交流等提供了方便。在生成各种报表之前，首先要确保要生成报表的文件已经被打开并置为当前文件。

6.3.1 引脚信息报表

引脚信息报表能够提供电路板上选取的引脚信息，用户可以选取若干个引脚，通过报表功能生成这些引脚的相关信息，这些信息会生成一个"*.rep"的报表文件，让用户比较方便地检验网络上的连线。

下面通过从 PCB 文件"UN-4 Port Serial Interface.PcbDoc"中生成网络表来详细介绍PCB 图引脚信息生成的具体步骤。

1）选择"设计"→"网络表"→"从 PCB 输出网络表"命令。

2）执行此命令后，系统弹出 "Confirm（确认）"对话框，如图 6-11 所示，单击"Yes（是）"按钮，系统生成 PCB 网络表文件"Exported UN-4 Port Serial Interface.Net"并自动打开，如图 6-12 所示。

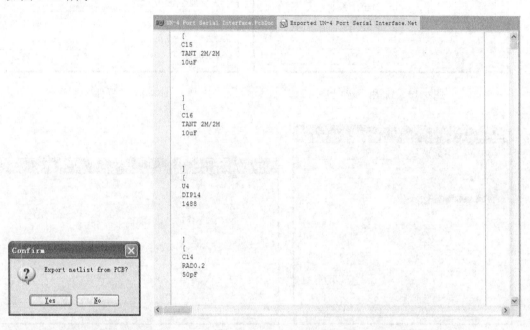

图 6-11 "Confirm（确认）"对话框   图 6-12 引脚报表文件

6.3.2 PCB 信息报表

PCB 信息报表是对 PCB 的元器件网络和一般细节信息进行的汇总报告。在主菜单中选择"报告"→"板子信息"命令，弹出"PCB 信息"对话框，该对话框中包含 3 个选项卡，具体介绍如下。

1."通用"选项卡

如图 6-13 所示，此信息报告页中汇总了 PCB 上的各类图元（如导线、过孔、焊盘等）的数量，报告电路板的尺寸信息和 DRC 违规数量。

2."器件"选项卡

如图 6-14 所示，此信息报告页中报告 PCB 上元器件的统计信息，包括元器件总数、各层放置数目和元器件标号列表。

3."网络"选项卡

如图 6-15 所示，此信息报告页内列出了电路板的网络统计，包括导入网络总数和网络名称列表。单击 按钮，弹出"内部平面信息"对话框，如图 6-16 所示。对于双面板，该对话框是空白的。

图 6-13 "通用"选项卡

图 6-14 "器件"选项卡

图 6-15 "网络"选项卡

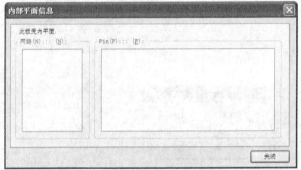

图 6-16 "内部平面信息"对话框

在各个报告页中单击"报告"按钮，弹出如图 6-17 所示的"板报告"对话框，通过该对话框可以生成 PCB 信息的报告文件。在对话框的列表栏内选择要包含在报告文件中的内容。若勾选"仅选择对象"复选框，则报告中只列出当前电路板中已经处于选择状态下的图元信息。设置好报告列表选项后，这里全部选择，在"板报告"对话框中单击"报告"按钮，系统生成"Board Information - UN-4 Port Serial Interface.txt"的报告文件，作为自由文档加入到"Projects（项目）"面板中，并自动在工作区内打开，如图 6-18 所示。

6.3.3 元器件报表

元器件报表功能可以用来整理一个电路或一个项目中的零件，形成一个零件列表，供用户查询。生成元器件报表的具体操作步骤如下。

1）选择"报告"→"Bill of Materials（元器件清单）"命令。

2）执行命令后，系统将弹出相应的元器件报表对话框，如图 6-19 所示。对于此对话框的设置，与第 4 章中介绍的生成电路原理图的元器件清单报表设置基本相同，请参考前面所讲，这里不再介绍。

图 6-17 "板报告"对话框

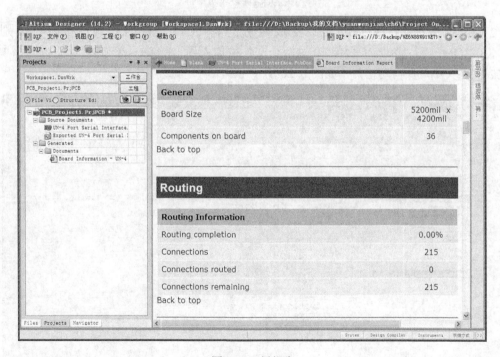

图 6-18 板报告

6.3.4 生成简略元器件清单

Altium Designer 14 为用户提供了生成简略元器件清单的命令。简略元器件清单用于提供一些有关元器件的电特性资料。生成简略元器件清单的操作方法如下。

1）选择"报告"→"Simple BOM（简略元器件报表）"命令。

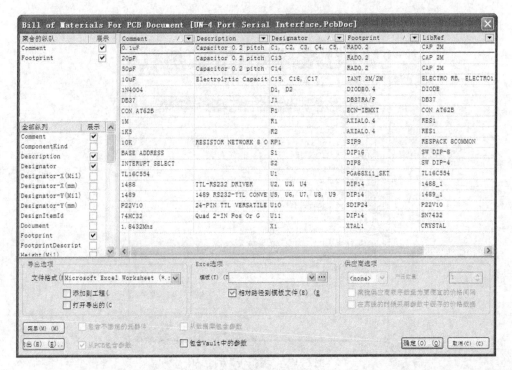

图 6-19　元器件报表对话框

2）执行命令后，系统将自动生成两份当前 PCB 文件的元器件报表，分别为"×××.BOM"和"×××.CSV"。这两个文件被加入到"Projects（选项）"面板内该项目的生成文件夹中，并自动打开，如图 6-20 所示。

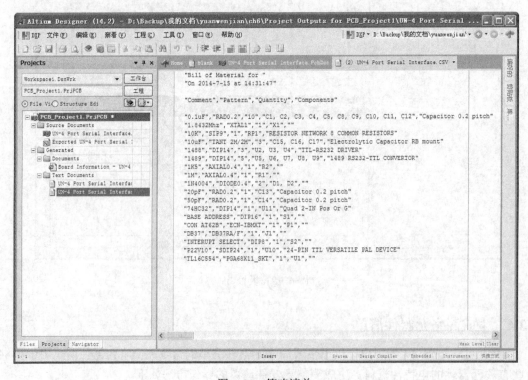

图 6-20　简略清单

6.3.5 网络表状态报表

网络表状态报表列出了当前 PCB 文件中所有的网络，并说明了它们所在的层面和网络中导线的总长度。在主菜单中选择"报告"→"网络表状态"命令，即可生成名为"Net Status - UN-4 Port Serial Interface.html"和"Net Status - UN-4 Port Serial Interface.txt"的网络表状态报表。"Net Status - UN-4 Port Serial Interface.html"被自动添加到左侧的"Project（项目）"面板中，如图 6-21 所示。

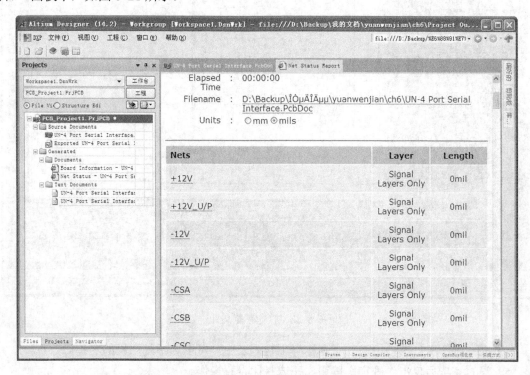

图 6-21　生成网络表状态表

6.4　电路板的打印输出

PCB 设计完毕后，可将其源文件、制作文件和各种报表文件按需要进行存档、打印、输出等。例如，将 PCB 文件打印作为焊接装配指导，将元器件报表打印作为采购清单，生成胶片文件送交加工单位进行 PCB 加工，也可直接将 PCB 文件交给制板公司用以加工 PCB。

6.4.1　打印 PCB 文件

利用 PCB 编辑器的文件打印功能，可以将 PCB 文件中不同层面上的图元按一定的比例进行打印输出，用以校验和存档。

1. 打印机输出属性

打印输出前，应先设置打印机，具体步骤如下。

1）选择"文件"→"打印预览"命令。

2）执行此命令后，系统将生成如图 6-22 所示的打印预览文件。

3）在预览文件中，单击"打印"按钮，系统将弹出如图 6-23 所示的对话框，此时可以设置打印机的类型。

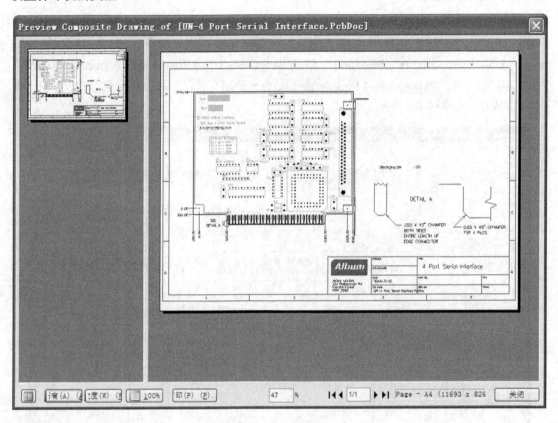

图 6-22　打印预览文件

4）在"打印机"选项组下的"名称"下拉列表中，可以选择打印机的名称。

5）设置完毕后单击"确定"按钮，完成打印设置操作。

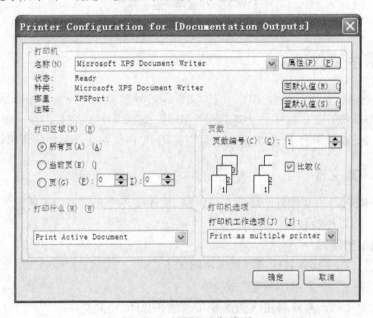

图 6-23　设置打印机类型

2．打印输出

1）设置好打印机后，选择"文件"→"页面设置"命令，系统将弹出如图 6-24 所示的"Composite Properties（复合页面属性）"对话框，可以设置相关属性。

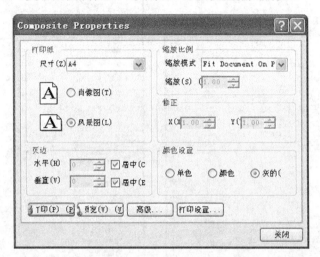

图 6-24　"Composite Properties（复合页面属性）"对话框

在如图 6-25 所示的"PCB Printout Properties（PCB 打印输出属性）"对话框中，双击"Multilayer Composite Print（多层复合打印）"左侧的页面图标，弹出如图 6-26 所示的"打印输出特性"对话框。在该对话框的"层"列表框中列出了将要打印的工作层，系统默认列出所有图元的工作层。通过底部的编辑按钮对打印层面进行添加和删除操作。

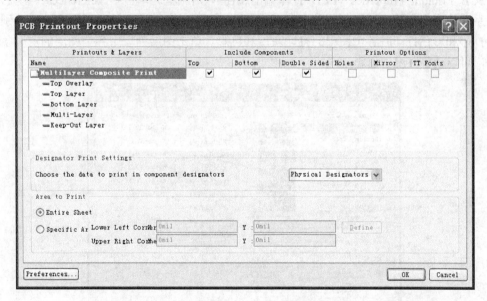

图 6-25　"PCB Printout Properties（PCB 打印输出属性）"对话框

2）单击"打印输出特性"对话框中的"添加"按钮或"编辑"按钮，弹出如图 6-27 所示的"板层属性"对话框。在该对话框中进行图层打印属性的设置。在各个图元的选项组中，提供了 3 种类型的打印方案，即"Full（全部）""Draft（草图）"和"Hide（隐藏）"。"Full"即打印该类图元的全部图形画面；"Draft"即只打印该类图元的外形轮廓；"Hide"则隐藏该类图元，不打印。

图6-26 "打印输出特性"对话框

图6-27 "板层属性"对话框

3）设置好"打印输出特性"对话框和"板层属性"对话框后，单击"确定"按钮，返回"PCB Printout Properties（PCB 打印输出属性）"对话框。单击"Preferences（参数）"按钮，系统将弹出如图 6-28 所示的"PCB 打印设置"对话框。在该对话框中可以分别设定黑白打印和彩色打印时各个图层的打印灰度和色彩。单击图层列表中各个图层的灰度条或彩色条，可以调整灰度和色彩。

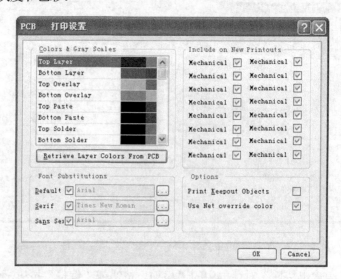

图6-28 "PCB 打印设置"对话框

4）设置好"PCB 打印设置"对话框后，单击"OK（确定）"按钮，返回 PCB 工作区界面。

3. 打印

单击工具栏上的按钮 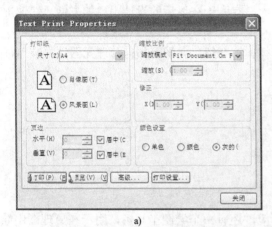 或在主菜单中选择"文件"→"打印"命令，即可打印设置好的 PCB 文件。

6.4.2 打印报表文件

打印报表文件的操作更加简单一些。进入各个报表文件后，同样先进行页面设定，报表文件的属性设置也相对简单。报表文件的"Text Print Properties（文本打印属性）"对话框和"高级文本打印工具"对话框如图 6-29 所示。

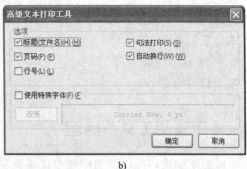

a)   b)

图 6-29　属性设置对话框

a) "Text Print Properties（文本打印属性）"对话框　b) "高级文本打印工具"对话框

设置好页面后，即可进行预览和打印，其操作与 PCB 文件打印相同，这里不再赘述。

第7章 创建元器件库及元器件封装

虽然 Altium Designer 14 提供了丰富的元器件封装库资源，但是在实际的电路设计中，由于电子元器件技术的不断更新，有些特定的元器件封装仍需用户自行制作。另外，根据工程项目的需要，建立基于该项目的元器件封装库，有利于在以后的设计中更加方便、快速地调入元器件封装，管理工程文件。

本章将对元器件库的创建及元器件封装进行详细介绍，并学习如何管理元器件封装库，从而更好地为设计服务。

本章知识重点

● 创建 PCB 元器件库

● 元器件封装

7.1 使用绘图工具条绘图

在原理图编辑环境中，与配线工具条相对应，还有一个绘图工具条，用于在原理图中绘制各种标注信息，以使电路原理图更清晰，数据更完整，可读性更强。该绘图工具条中的各种图元均不具有电气连接特性，所以系统在做 ERC 检查及转换成网络表时，它们不会产生任何影响，也不会附加在网络表数据中。

7.1.1 绘图工具条

绘图工具条如图 7-1 所示，与"放置"→"绘图工具"子菜单中的各项命令具有对应的关系，具体如下。

/：绘制直线。

⌒：绘制贝塞儿曲线。

⌒：绘制椭圆弧线。

⬠：绘制多边形。

A：添加说明文字。

✎：放置超链接。

▤：放置文本框。

▢：绘制矩形。

▥：在当前库文件中添加一个元器件。

▻：在当前元器件中添加一个元器件子功能单元。

▢：绘制圆角矩形。

◯：绘制椭圆。

◠：绘制扇形。

▨：插入图片。

⌐⌐：放置引脚。

图 7-1 绘图工具条

7.1.2 绘制直线

在原理图中，直线可以用来绘制一些注释性的图形，如表格、箭头、虚线等，或在编辑元器件时绘制元器件的外形。直线在功能上完全不同于前面所说的导线，它不具有电气连接特性，不会影响电路的电气结构。

直线的绘制步骤如下。

1）选择"放置"→"绘图工具"→"线"命令，或单击工具条中的按钮 ，这时光标变成十字形状。

2）移动光标到需要放置"线"的位置，单击确定直线的起点，多次单击确定多个固定点，一条直线绘制完毕后右击退出当前直线的绘制。

3）此时光标仍处于绘制直线的状态，重复步骤2）可以绘制其他直线。

在直线绘制过程中，需要拐弯时，可以单击确定拐弯的位置，同时按快捷键〈Shift+空格〉键来切换拐弯的模式。在 T 型交叉点处，系统不会自动添加节点。右击或按〈Esc〉键即可退出操作。

4）设置直线属性。双击需要设置属性的直线（或在绘制状态下按〈Tab〉键），系统将弹出相应的"PolyLine 直线属性"对话框，即"PolyLine"对话框，如图 7-2 所示。

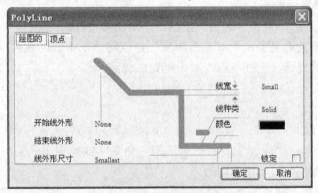

图 7-2 "PolyLine（直线属性）"对话框

在该对话框中可以对线宽、类型和直线的颜色等属性进行设置。

- "线宽"：用来设置直线的宽度，有 4 个选项供用户选择："Smallest""Small""Medium"和"Large"。系统默认是"Small"。
- "线种类"：用来设置直线类型，有 3 个选项供用户选择："Solid（实线）""Dashed（虚线）"和"Dotted（点线）"。系统默认是 Solid。
- "颜色"：用来设置直线的颜色。单击右侧的色块，即可设置直线的颜色。

5）属性设置完毕后单击"确定"按钮关闭此对话框。

7.1.3 绘制椭圆弧

圆弧与椭圆弧的绘制是同一个过程，圆弧实际上是椭圆弧的一种特殊形式。

椭圆弧的绘制步骤如下。

1）选择"放置"→"绘图工具"→"椭圆弧"命令，或单击工具条中的按钮 ，这时光标变成十字形状。

2）移动光标到需要放置椭圆弧的位置，单击 5 次，第 1 次确定椭圆弧的中心，第 2 次确定椭圆弧长轴的长度，第 3 次确定椭圆弧短轴的长度，第 4 次确定椭圆弧的起点，第 5 次确定椭圆弧的终点，从而完成椭圆弧的绘制。

3）此时光标仍处于绘制椭圆弧的状态，重复步骤 2）可以绘制其他的椭圆弧。右击或按〈Esc〉键即可退出操作。

4）设置椭圆弧属性。双击需要设置属性的椭圆弧（或在绘制状态下按〈Tab〉键），系统将弹出"椭圆弧"对话框，如图 7-3 所示。

- "位置"：设置椭圆弧的位置。
- "X 半径"：设置椭圆弧 X 方向的半径长度。
- "Y 半径"：设置椭圆弧 Y 方向的半径长度。
- "线宽"下拉列表框：设置弧线的线宽，有"Smallest""Small""Medium"和"Large"4 种线宽供用户选择。

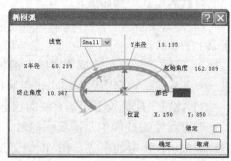

图 7-3 "椭圆弧"对话框

- "起始角度"：设置椭圆弧的起始角度。
- "终止角度"：设置椭圆弧的结束角度。
- "颜色"：设置椭圆弧的颜色。

5）属性设置完毕后，单击"确定"按钮，关闭此对话框。

对于有严格要求的椭圆弧的绘制，一般应先在该对话框中进行设置，然后再放置。这样在原理图中不用移动光标，连续单击 5 次即可完成放置操作。

7.1.4 绘制矩形

矩形的绘制步骤如下。

1）选择"放置"→"绘图工具"→"矩形"命令，或单击工具条中的按钮□，这时光标变成十字形状，并带有一个矩形图形。

2）移动光标到需要放置矩形的位置，单击确定矩形的一个顶点，移动光标到合适的位置再一次单击确定其对角顶点，从而完成矩形的绘制。

3）此时光标仍处于绘制矩形的状态，重复步骤 2）可以绘制其他矩形。右击或按〈Esc〉键即可退出操作。

4）设置矩形属性。双击需要设置属性的矩形（或在绘制状态下按〈Tab〉键），系统弹出"长方形"对话框，如图 7-4 所示。

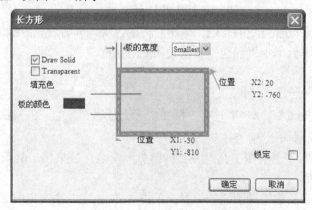

图 7-4 "长方形"对话框

- "位置"：设置矩形起始与终止顶点的位置。
- "板的宽度"下拉列表：设置矩形边框的线宽，有"Smallest""Small""Medium"和"Large"4种线宽供用户选择。
- "板的颜色：设置矩形边框的颜色。
- "填充色"：设置矩形的填充颜色。
- "Draw Solid"复选框：若勾选此复选框，则多边形将以"填充色"中的颜色填充多边形，此时单击多边形边框或填充部分都可以选中该多边形。

5）属性设置完毕后，单击"确定"按钮，关闭此对话框。

7.1.5 绘制椭圆

椭圆的绘制步骤如下。

1）选择"放置"→"绘图工具"→"椭圆"命令，或单击工具条中的按钮 ◯，这时光标变成十字形状，并带有一个椭圆图形。

2）移动光标到需要放置椭圆的位置单击3次，第1次确定椭圆的中心，第2次确定椭圆长轴的长度，第3次确定椭圆短轴的长度，从而完成椭圆的绘制。

3）此时光标仍处于绘制椭圆的状态，重复步骤2）可以绘制其他椭圆。单击鼠标右键或按〈Esc〉键即可退出操作。

4）设置椭圆属性。双击需要设置属性的椭圆（或在绘制状态下按〈Tab〉键），系统弹出"椭圆形"对话框，如图7-5所示。

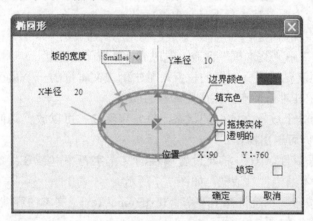

图7-5 "椭圆形"对话框

5）属性设置完毕后，单击"确定"按钮，关闭此对话框。

对于有严格要求的椭圆的绘制，一般应先在该对话框中进行设置，然后再放置。这样在原理图中不用移动光标，连续单击3次即可完成放置操作。

7.1.6 添加文本字符串

为了增加原理图的可读性，在某些关键的位置处应添加一些文字说明，即放置文本字符串，以便于用户之间的交流。

放置文本字符串的步骤如下。

1）选择"放置"→"文本字符串"命令，或单击工具条中的按钮 A，这时光标变成十字形状，并带有一个文本字符串"Text"标志。

2）移动光标到需要放置文本字符串的位置，单击即可放置该字符串。

3）此时光标仍处于放置字符串的状态，重复步骤 2）可以放置其他字符串。右击或按〈Esc〉键即可退出操作。

4）设置文本字符串属性。双击需要设置属性的文本字符串（或在绘制状态下按〈Tab〉键），系统弹出"标注"对话框，如图 7-6 所示。

- "文本"：用来输入文本字符串的具体内容，也可以在放置完毕后选中该对象，然后直接单击即可在窗口中输入文本内容。
- "位置"：设置字符串的位置。
- "定位"：设置文本字符串在原理图中的放置方向，有 " 0 Degrees "" 90 Degrees "" 180 Degrees " 和 "270 Degrees" 4 个选项。
- "颜色"：设置文本字符串的颜色。
- "字体"：设置文本的字体。

图 7-6　"标注"对话框

7.1.7　添加文本框

放置的文本字符串只能是简单的单行文本，如果原理图中需要放置大段的文字说明，那么就需要用到文本框了。使用文本框可以放置多行文本，且字数没有限制，文本框仅是对用户所设计的电路进行说明，其本身不具有电气意义。

放置文本框的步骤如下。

1）选择"放置"→"文本框"命令，这时光标变成十字形状。

2）移动光标到需要放置文本框的位置，单击确定文本框的一个顶点，移动光标到合适位置再单击一次确定其对角顶点，完成文本框的放置。

3）此时光标仍处于放置文本框的状态，重复步骤 2）可以放置其他文本框。单击鼠标右键或按〈Esc〉键即可退出操作。

4）设置文本框属性。双击需要设置属性的文本字符串（或在绘制状态下按〈Tab〉键），系统弹出"文本结构"对话框，如图 7-7 所示。

单击"改变"按钮，系统将弹出一个"TextFrame Text（文本内容编辑）"对话框，用户可以在里面输入文字，如图 7-8 所示。

图 7-7　"文本结构"对话框

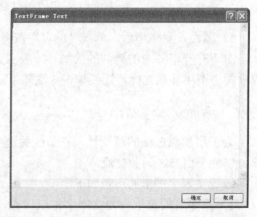

图 7-8　"TextFrame Text（文本内容编辑）"对话框

- "自动换行"复选框：用于设置文字的自动换行。若勾选，则当文本框中的文字长度超过文本框的宽度时，会自动换行。
- "字体"：用于设置文本框中文字的字体。
- "修剪范围"复选框：若勾选该复选框，则当文本框中的文字超出文本框区域时，系统会自动截去超出的部分。若不勾选，则当出现这种情况时，将在文本框的外部显示超出的部分。

其余设置和文本字符串大致相同，这里不再赘述。

5）属性设置完毕后，单击"确定"按钮，关闭此对话框。

7.2 创建原理图元器件库

尽管 Altium Designer 14 原理图库中的元器件已经相当丰富，但是在实际使用中可能仍然不能满足设计者的需求，所以，需要自行设计元器件符号，尤其是一些非标准元器件，设计后的元器件符号保存在项目库文件中。Altium Designer 14 提供了原理图库元器件设计环境。

7.2.1 启动原理图库文件编辑器

Altium Designer 14 有 4 种类型的库文件，分别为：Sch 原理图符号库、PCB 电路板图封装库、Sim 原理图仿真库和 PLD 设计库。

所有类型的元器件库都保存在库目录下（\Library），每一种类型的库文件分别保存在相应的子目录下。由于不同类型的库文件的结构和格式不同，因此在不同的编辑环境下，只能打开和使用相应类型的库文件。

Altium Designer 14 本身自带的元器件库包含了非常丰富的元器件信息，但不可能应有尽有，主要原因有以下几点。

- 微电子技术发展日新月异，不同国家和地区有其不同的专用芯片，Altium Designer 14 无法囊括完整。
- 在不同情况下，为了方便绘图，同一芯片的原理图符号的引脚排列顺序可能不相同。

由此，在使用 Altium Designer 14 的过程中，必须利用元器件库编辑工具不断地添加和修改元器件库信息，以满足绘制时的各种需要。

启动原理图库文件编辑器的步骤如下。

1）启动 Altium Designer 14，新建一个原理图项目文件。

2）选择"文件"→"新建"→"库"→"原理图库"命令，如图 7-9 所示。

执行该命令后，系统会在"Projects（工程）"面板中创建一个默认名为 SchLib1.SchLib 的原理图库文件，同时启动原理图库文件编辑器，如图 7-10 所示。

图 7-9　启动原理图库文件编辑器

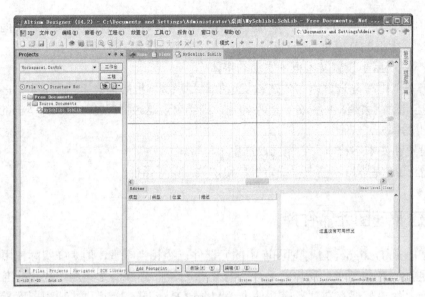

图 7-10　添加新库文件

7.2.2　设置库编辑器工作区参数

在原理图库文件的编辑环境中，选择"工具"→"文档选项"命令，弹出如图 7-11 所示的"库编辑器工作台"对话框，可以根据需要设置相应的参数。

该对话框与原理图编辑环境中的"文档选项"对话框的内容相似，所以这里只介绍其中个别选项的含义，其他选项用户可以参考原理图编辑环境中的"文档选项"对话框进行设置。

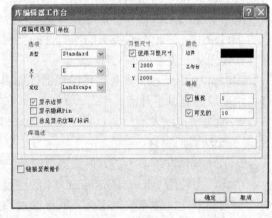

- "显示隐藏 Pin（显示隐藏引脚）"复选框：用于设置是否显示库元器件的隐藏引脚。隐藏引脚被显示出来，但并没有改变引脚的隐藏属性。要改变其隐藏属性，只能通过引脚属性对话框来完成。

图 7-11　"库编辑器工作台"对话框

- "习惯尺寸"选项组：用于自定义图纸的大小。
- "库描述"文本框：用于输入原理图元器件库文件的说明。在该文本框中输入必要的说明，可以为系统进行元器件库的查找提供相应的帮助。

7.2.3　项目管理器

元器件库编辑器的项目管理器"SCH Library（SCH 库）"有 5 个区域，即"器件"区域、"别名"区域、"Pins（引脚）"区域、"模型"区域和"供应商"区域，如图 7-12 所示。

1．"器件"区域

"器件"区域的主要功能是查找、选择和取用元器件。在打开一个原理图元器件库时，在元器件区域的显示框中列出元器件库中所有元器件符号的名称。当光标指在某个元器件名称上时，编辑区域显示该元器件的符号图形。单击"放置"按钮，可将所选元器件放置到本项目中处于激活状态的电路原理图上；单击"查找"按钮，可在库文件中查找某一个指定的元器件。

2. "别名"区域

在"别名"区域中可以为同一个库元器件的原理图符号设定另外的名称。例如，有些库元器件的功能、封装和引脚形式完全相同，但由于产自不同的厂家，因此其元器件型号并不完全一致。对于这样的库元器件，没有必要再单独创建一个原理图符号，只需为已创建的其中一个库元器件的原理图符号添加一个或多个别名即可。此区域中 3 个按钮的功能具体如下。

- "添加"：为选定元器件添加一个别称。
- "删除"：删除选定的别称。
- "编辑"：编辑选定的别称，单击后将弹出"Change Component Alias（改复制元器件别名）"对话框，如图 7-13 所示。

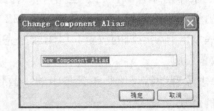

图 7-12　项目管理器　　图 7-13　"Change Component Alias（改复制元器件别名）"对话框

3. "Pins（引脚）"区域

在"器件"区域中选定一个元器件，将在"Pins"区域中列出该元器件的所有引脚信息，包括引脚的编号、名称、类型。

4. "模型"区域

在"器件"区域中选定一个元器件，将在"模型"区域中列出该元器件的其他模型信息，如 PCB 封装、信号完整性分析模型、VHDL 模型等。在这里，由于只需要库元器件的原理图符号，相应的库文件是原理图文件，因此该区域一般不需要。

7.2.4　绘制库元器件

下面以绘制一款 USB 微控制器芯片 C8051F320 为例，详细介绍原理图符号的绘制过程。

1. 绘制库元器件的原理图符号

1）选择"工具"→"新器件"命令，或单击原理图符号绘制工具条中的"产生器件"按钮，弹出原理图符号名称对话框，可以在此对话框中输入要绘制的库文件名称，如图 7-14 所示。

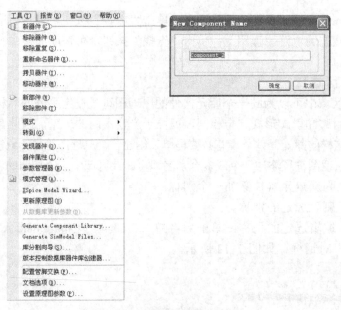

图 7-14　创建原理图库元器件

2）此处输入"C8051F320"，单击"确定"按钮关闭该对话框。

3）单击原理图符号绘制工具条中的"放置矩形"按钮▢，则光标变成十字形状，并附有一个矩形符号。

4）两次单击，在编辑窗口的第四象限内绘制一个矩形。

矩形用来作为库元器件的原理图符号外形，其大小应根据要绘制的库元器件引脚数的多少决定。由于本例使用的 C8051F320 采用 32 引脚 LQFP 封装形式，所以应画成正方形，并画得大一些，以方便引脚的放置。引脚放置完毕后，将矩形调整为合适的尺寸。

2. 放置引脚

1）单击原理图符号绘制工具条中的"放置引脚"按钮 ¹⁰，则光标变成十字形状，并附有一个引脚符号。

2）移动该引脚到矩形边框处，单击完成放置操作，如图 7-15 所示。

放置引脚时，一定要保证具有电气特性的一端（即带有点号的一端）朝里，这可以通过在放置引脚时按〈Space〉键旋转来实现。

3）在放置引脚时按下〈Tab〉键，或双击已放置的引脚，系统将弹出如图 7-16 所示的元器件引脚属性对话框，即"管脚"属性对话框，在该对话框中可以完成引脚的各项属性设置。

放置引脚时，一定要保证具有电气特性的一端（即带有点的一端）朝里，这可以通过在放置引脚时按〈Space〉键旋转来实现。

"管脚属性"对话框中各属性的含义具体如下。

● "显示名字"文本框：用于设置库元器件引脚的名称。例如，把该引脚设定为第 9 引脚。C8051F320 的第 9 引脚是元器件的复位引脚，低电平有效，同时也是 C2 调试接口的时钟信号输入引脚。另外，在原理图优先设定"逻辑的"选项卡中，已经勾选了"Single '\' Negation（简单\否定）"复选框，因此在这里输入的名称为"\RST/ C2CK"，并勾选右侧的"可见的"复选框。

● "标识"文本框：用于设置库元器件引脚的编号，应与实际的引脚编号相对应，这里输入 9。

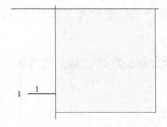

图 7-15　放置元器件的引脚　　　　　　　　　图 7-16　"管脚属性"对话框

- "电气类型"下拉列表框：用于设置库元器件引脚的电气特性。有"Input（输入）""IO（输入输出）""Output（输出）""OpenCollector（打开集流器）""Passive（中性的）""Hiz（脚）""Emitter（发射器）"和"Power（激励）"8 个选项。这里选择"Passive"选项，表示不设置电气特性。
- "描述"文本框：用于填写库元器件引脚的特性描述。
- "隐藏"复选框：用于设置引脚是否为隐藏引脚。若勾选该复选框，则引脚将不会显示出来。此时，应在右侧的"连接到"文本框中输入与该引脚连接的网络名称。
- "符号"选项组：根据引脚的功能及电气特性为该引脚设置不同的 IEEE 符号，作为读图时的参考。可放置在原理图符号的内部、内部边沿、外部边沿或外部等不同位置，没有任何电气意义。
- "VHDL 参数"选项组：用于设置库元器件的 VHDL 参数。
- "绘图的"选项组：用于设置引脚的位置、长度、方向、颜色等基本属性。

4）设置完毕后，单击"确定"按钮，关闭对话框，设置好属性的引脚如图 7-17 所示。

5）按照同样的操作，或使用队列粘贴功能，完成其余 31 个引脚的放置，并设置好相应的属性，如图 7-18 所示。

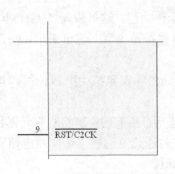

图 7-17　设置好属性的引脚

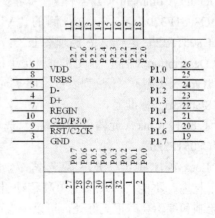

图 7-18　放置全部引脚

3. 调整元器件符号大小和引脚位置

开始确定的元器件体的大小。在放置引脚后，元器件符号的大小可能不合适，这时可双击元器件体的右下角边框，然后拖动元器件体边框的右下角改变元器件体大小。对于放置位置不合适的引脚，可拖动引脚到合适的位置。

完成上述绘制操作后，即可在元器件库中添加一个集成电路元器件符号（Component）。

4. 编辑元器件属性

1）选择"工具"→"器件属性"命令，弹出如图 7-19 所示的"Library Component Properties（库元器件属性）"对话框。在该对话框中可以对自己创建的库元器件进行特性描述，以及其他的属性参数设置，主要设置以下几项。

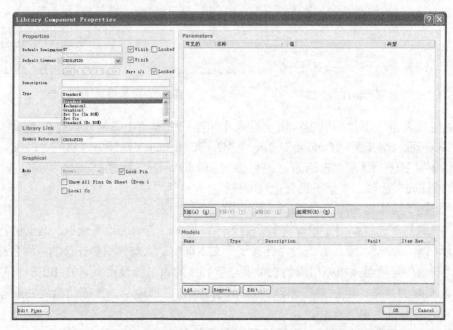

图 7-19 "Library Component Properties（库元器件属性）"对话框

- "Default Designator（默认符号）"文本框：默认库元器件序号，即把该元器件放置到原理图文件中时，系统最初默认显示的元器件序号。这里设置为"U？"，并勾选后面的"Visib（可见）"复选框，则放置该元器件时，序号"U？"会显示在原理图上。
- Default Comment（元器件）"下拉列表框：用于说明库元器件型号，这里设置为"C8051F320"，并勾选右侧的"Visib（可见）"复选框，则放置该元器件时，"C8051F320"会显示在原理图上。
- "Description（描述）"文本框：用于描述库元器件功能，这里输入"USB MCU"。
- "Type（类型）"下拉列表框：用于选择库元器件符号类型，这里采用系统默认设置"Standard（标准）"。
- "Library Link（元器件库线路）"选项组：库元器件在系统中的标识符，这里输入"C8051F320"。
- "Lock Pin（锁定引脚）"复选框：勾选该复选框后，所有的引脚将和库元器件成为一个整体，不能在原理图上单独移动引脚。建议勾选此复选框，这样对电路原理图的绘制和编辑会有很大好处，可以减少不必要的麻烦。
- "Show All Pins On Sheet（Even if Hidden）（在原理图中显示全部引脚）"复选框：勾

选该复选框后，在原理图上会显示该元器件的全部引脚。

- 在"Parameters（参数）"列表框中，单击"添加"按钮，可以为库元器件添加其他的参数，如版本、作者等。
- 在"Models（模式）"列表框中，单击"Add（添加）"按钮，可以为该库元器件添加其他的模型，如 PCB 封装模型、信号完整性模型、仿真模型、PCB 3D 模型等。
- 单击对话框左下角的"Edit Pins（编辑引脚）"按钮，系统将弹出如图 7-20 所示的"元件管脚编辑器"对话框，在该对话框中可以对该元器件所有引脚进行一次性的编辑设置。

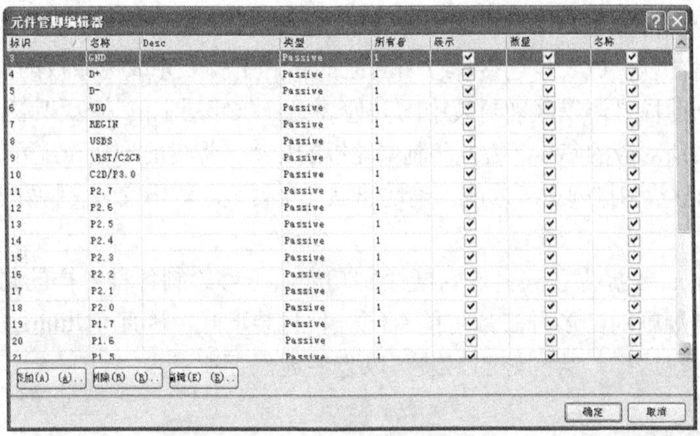

图 7-20 "元件管脚编辑器"对话框

2）设置完毕后，单击"OK"按钮，关闭此对话框。

3）选择"放置"→"文本字符串"命令，或单击原理图符号绘制工具条中的放置文本字符串按钮 T，光标变成十字形状，并带有一个文本字符串。

4）移动光标到原理图符号的中心位置，此时按下〈Tab〉键或双击字符串，系统会弹出文本字符串注释对话框，即"标注"对话框。在"文本"文本框中输入"SILICON"，如图 7-21 所示。

5）单击"确定"按钮，关闭对话框。

绘制完成的库元器件 C8051F320 的原理图符号，如图 7-22 所示。这样，在绘制电路原理图时，只需将该元器件所在的库文件打开，即可随时取用该元器件。

图 7-21 添加文本标注

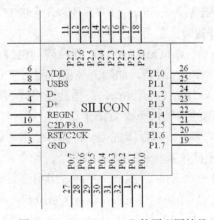

图 7-22 "C8051F320"的原理图符号

7.3 创建 PCB 元器件库及封装

由于电子元器件种类繁多，因此相应地，其封装形式也是五花八门。所谓封装是指安装半导体集成电路芯片用的外壳，它不仅起着安放、固定、密封、保护芯片和增强电热性能的作用，而且还是沟通芯片内部世界与外部电路的桥梁。

7.3.1 封装概述

芯片的封装在 PCB 上通常表现为一组焊盘、丝印层上的边框及芯片的说明文字。焊盘是封装中最重要的组成部分之一，用于连接芯片的引脚，并通过印制电路板上的导线连接印制电路板上的其他焊盘，以及进一步连接焊盘所对应的芯片引脚，完成电路板的功能。在封装中，每个焊盘都有唯一的标号，以区别封装中的其他焊盘。丝印层上的边框和说明文字主要起指示作用，指明焊盘组所对应的芯片，方便印制电路板的焊接。焊盘的形状和排列是封装的关键组成部分，确保焊盘的形状和排列正确才能正确地建立一个封装。对于安装有特殊要求的封装，边框也需要绝对正确。

Altium Designer 14 提供了强大的封装绘制功能，能够绘制各种各样的封装。考虑到芯片的引脚排列通常是规则的，多种芯片可能有同一种封装形式，因此 Altium Designer 14 提供了封装库管理功能，这样，绘制好的封装可以方便地保存和引用。

7.3.2 常用封装介绍

总体上讲，根据元器件采用安装技术的不同，封装可以分为插入式封装技术（Through Hole Technology，THT）和表贴式封装技术（Surface Mounted Technology，SMT）。

插入式封装元器件安装时，元器件安置在板子的一面，将引脚穿过 PCB，焊接在另一面上。插入式元器件需要占用较大的空间，并且要为每个引脚钻一个孔，所以它们的引脚会占据两面的空间，而且焊点也比较大。但从另一方面来说，插入式元器件与 PCB 连接较好，机械性能也比较好。例如，排线的插座、接口板插槽等类似的界面都需要一定的耐压能力，因此通常采用 THT 封装技术。

表贴式封装的器件，引脚焊盘与元器件在同一面。表贴元器件一般比插入式元器件体积要小，而且不必为焊盘钻孔，甚至还能在 PCB 的两面都焊上元器件。因此，与使用插入式元器件的 PCB 相比，使用表贴元器件的 PCB 上元器件布局要密集得多，体积也较小。此外，表贴式封装元器件比插入式元器件便宜，所以现今的 PCB 上广泛采用表贴式元器件。

元器件封装大致可以分为以下几类。

- BGA（Ball Grid Array）：球栅阵列封装。因其封装材料和尺寸的不同，还可细分为不同的 BGA 封装，如陶瓷球栅阵列封装 CBGA、小型球栅阵列封装 μBGA 等。
- PGA（Pin Grid Array）：插针栅格阵列封装技术。这种技术封装的芯片内外有多个方阵形的插针，每个方阵形插针沿芯片的四周间隔一定的距离进行排列，根据引脚数目的多少，可以围成 2~5 圈。安装时，将芯片插入专门的 PGA 插座。该技术一般用于插拔操作比较频繁的场合，如个人计算机的 CPU。
- QFP（Quad Flat Package）：方形扁平封装，为当前芯片使用较多的一种封装形式。
- PLCC（Plastic Leaded Chip Carrier）：有引线塑料芯片载体。
- DIP（Dual In-line Package）：双列直插封装。

- SIP（Single In-line Package）：单列直插封装。
- SOP（Small Out-line Package）：小外形封装。
- SOJ（Small Out-line J-Leaded Package）：J 形引脚小外形封装。
- CSP（Chip Scale Package）：芯片级封装，较新的封装形式，常用于内存条中。在 CSP 的封装方式中，芯片是通过一个个锡球焊接在 PCB 上，由于焊点和 PCB 的接触面积较大，所以内存芯片在运行中所产生的热量可以很容易地传导到 PCB 上并散发出去。另外，CSP 封装芯片采用中心引脚形式，有效地缩短了信号的传导距离，其衰减随之减少，芯片的抗干扰、抗噪性能也能得到大幅提升。
- Flip-Chip：倒装焊芯片，也称为覆晶式组装技术，是一种将 IC 与基板相互连接的先进封装技术。在封装过程中，IC 会被翻覆过来，让 IC 上面的焊点与基板的接合点相互连接。由于成本与制造因素，使用 Flip-Chip 接合的产品通常根据 I/O 数多少分为两种形式，即低 I/O 数的 FCOB（Flip Chip on Board）封装和高 I/O 数的 FCIP（Flip Chip in Package）封装。Flip-Chip 技术应用的基板包括陶瓷、硅芯片、高分子基层板及玻璃等，其应用范围包括计算机、PCMCIA 卡、军事设备、个人通信产品、钟表及液晶显示器等。
- COB（Chip on Board）：板上芯片封装，即芯片被绑定在 PCB 上，这是一种现在比较流行的生产方式。COB 模块的生产成本比 SMT 低，而且还可以减小模块体积。

7.3.3　元器件封装编辑器

进入 PCB 库文件编辑环境的步骤如下。

1）启动 Altium Designer 14，新建一个原理图项目文件。

2）选择"文件"→"新建"→"库"→"PCB 元件库"命令，如图 7-23 所示，即可打开 PCB 库编辑环境并新建一个空白的 PCB 库文件"PcbLib1.PcbLib"。

3）保存并更改该 PCB 库文件名称，这里改名为"NewPcbLib.PcbLib"。可以看到，在"Project（工程）"面板的 PCB 库文件管理夹中出现了所需的 PCB 库文件，然后双击该库文件即可进入库文件编辑器，如图 7-24 所示。

PCB 库编辑器的设置和 PCB 编辑器基本相同，只是主菜单中少了"Design"和"Auto Route"菜单，工具栏中也减少了相应的工具按钮。另外，在这两个编辑器中，可用的控制面板也有所不同。在 PCB 库编辑器中独有的"PCB Library"面板，提供了对元器件进行封装的统一编辑和管理的接口。

图 7-23　新建 PCB 库文件

"PCB Library（PCB 元器件库）"面板如图 7-25 所示，面板分为"面具""元件""元件的图元"和"缩略图显示框"4 个区域。

"面具"区域用于对该库文件内的所有元器件封装进行查询，并根据屏蔽栏内容将符合条件的元器件封装列出。

"元器件"区域用于列出该库文件中所有符合屏蔽栏条件的元器件封装名称，并注明其焊盘数、图元数等基本属性。单击元器件列表内的元器件封装名，工作区内显示该封装，然后即可进行编辑操作。双击元器件列表内的元器件封装名，工作区内显示该封装，并弹出如图 7-26 所示的"PCB 库元件"对话框，在此对话框中可以修改元件封装的名称和高度。高度是供 PCB 3D 仿真时用的。

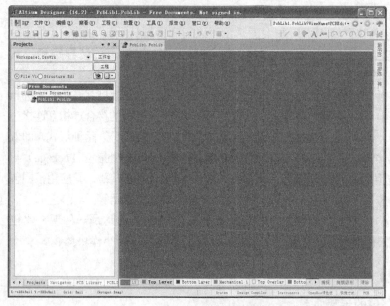

图 7-24　库文件编辑器　　　　　　　　　　图 7-25　"PCB Library"面板

　　在元器件列表中右击，弹出如图 7-27 所示的快捷菜单，通过该菜单中的命令可以进行元器件库的各种编辑操作。

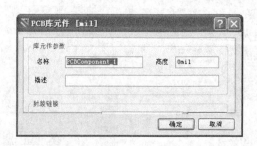

图 7-26　"PCB 库元件"对话框

图 7-27　右键快捷菜单

7.3.4　PCB 库编辑器环境设置

　　进入 PCB 库编辑器后，需要根据要绘制的元器件封装类型对编辑器环境进行相应的设置。PCB 库编辑环境设置包括 "器件库选项""板层和颜色""层叠管理"和"优先选项"。

1. "器件库选项"设置

　　在主菜单中选择"工具"→"器件库选项"命令，或在工作区右击，在弹出的快捷菜单中选择"器件库选项"命令，打开"板选项"对话框，如图 7-28 所示，主要设置以下几项内容。

图 7-28 "板选项" 对话框

- "度量单位" 选项组: PCB 中单位的设置。
- "标识显示" 选项组: 用于进行显示设置。
- "布线工具路径" 选项组: 用于设置布线所在层。
- "捕获选项" 选项组: 用于进行捕捉设置。
- "图纸位置" 选项组: 用于设置 PCB 图纸的 X 坐标、Y 坐标、宽度和高度。

其他选项保持默认设置即可,单击 "确定" 按钮,退出此对话框,完成 "板选项" 对话框的属性设置。

2. "板层和颜色" 设置

在主菜单中选择 "工具" → "板层和颜色" 命令,或在工作区右击,在弹出的快捷菜单中选择 "板层和颜色" 命令,打开 "视图配置" 对话框,如图 7-29 所示。

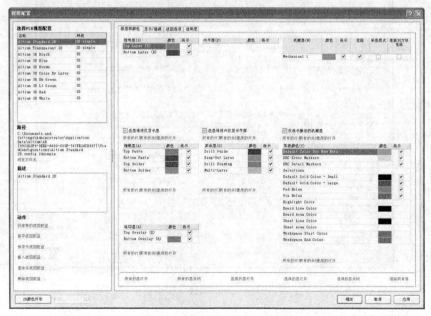

图 7-29 "视图配置" 对话框

在机械层内，勾选 Mechanical 1 的"连接到方块电路"复选框。在系统颜色栏内，勾选"Visible Grid 1（可见网格）"的"显示"复选框，其他保持默认设置不变。单击"确定"按钮，退出对话框，完成"视图配置"对话框的属性设置。

3. "层叠管理"设置

在主菜单中选择"工具"→"层叠管理"命令，或在工作区右击，在弹出的快捷菜单中选择"Layer Stack Manager"命令，打开"Layer Stack Manager（层叠管理）"对话框，如图 7-30 所示。

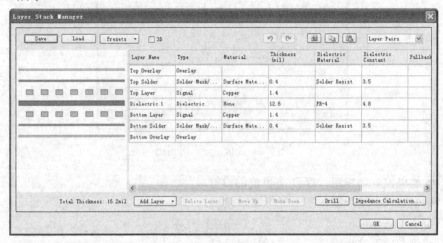

图 7-30 "Layer Stack Manager（层叠管理）"对话框

4. "优先选项"设置

在主菜单中选择"工具"→"优先选项"命令，或在工作区右击，在弹出的快捷菜单中选择"选项"→"优先选项"命令，打开"参数选择"对话框，如图 7-31 所示。

图 7-31 "参数选择"对话框

至此，环境设置完毕。

7.3.5 用 PCB 向导创建 PCB 元器件规则封装

下面用 PCB 元器件向导来创建元器件封装。PCB 元器件向导通过一系列对话框来让用户输入参数，最后根据这些参数自动创建一个封装。这里要创建的封装尺寸信息有：外形轮廓为矩形 10mm×10mm，引脚数为 16×4，引脚宽度为 0.22mm，引脚长度为 1mm，引脚间距为 0.5mm，引脚外围轮廓为 12mm×12mm。创建的具体步骤如下。

1）选择"工具"→"元器件向导"命令，系统弹出元器件封装向导对话框，向导首页如图 7-32 所示。

2）单击"下一步"按钮，进入元器件封装模式选择界面，如图 7-33 所示。在模式类表中列出了各种封装模式。这里选择"Quad Packs"（QUAD）封装模式。另外，在"选择单位"下拉列表框中选择公制单位"Metric（mm）"。

图 7-32　元器件封装向导首页

图 7-33　元器件封装模式选择界面

3）单击"下一步"按钮，进入焊盘尺寸设置界面，如图 7-34 所示。在这里输入焊盘的尺寸值，长为 1mm，宽为 0.22mm。

4）单击"下一步"按钮，进入焊盘形状设置界面，如图 7-35 所示。在这里使用默认设置，令第一脚为圆形，其余脚为方形，以便区分。

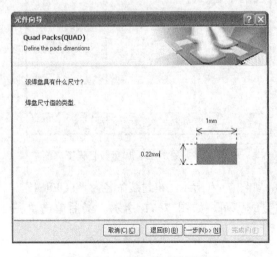

图 7-34　焊盘尺寸设置界面

图 7-35　焊盘形状设置界面

5）单击"下一步"按钮，进入轮廓宽度设置界面，如图 7-36 所示。这里使用默认设置"0.2mm"。

6）单击"下一步"按钮，进入焊盘间距设置界面，如图 7-37 所示。这里将焊盘间距设置为"0.5mm"。根据计算，将行列间距均设置为"1.75mm"。

图 7-36 轮廓宽度设置界面

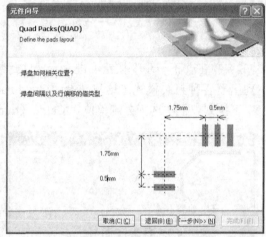

图 7-37 焊盘间距设置界面

7）单击"下一步"按钮，进入焊盘起始位置和命名方向设置界面，如图 7-38 所示。选中单选按钮可以确定焊盘的起始位置，单击箭头可以改变焊盘的命名方向。这里采用默认设置，将第一个焊盘设置在封装左上角，命名方向为逆时针方向。

8）单击"下一步"按钮，进入焊盘数目设置界面，如图 7-39 所示。将 X 方向和 Y 方向的焊盘数目均设置为 16。

图 7-38 焊盘起始位置和命名方向设置界面

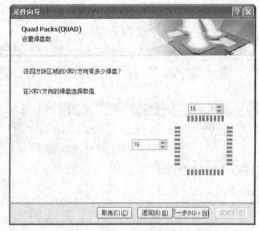

图 7-39 焊盘数目设置界面

9）单击"下一步"按钮，进入封装命名界面，如图 7-40 所示，将封装命名为"TQFP64"。

10）单击"下一步"按钮，进入封装制作完成界面，如图 7-41 所示。最后单击"完成"按钮，退出封装向导。

图 7-40 封装命名设置界面　　　　　　　　　　图 7-41 封装制作完成界面

至此，TQFP64 的封装制作就完成了，封装图形已显示在工作区中，如图 7-42 所示。

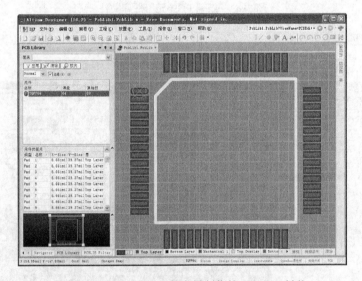

图 7-42 使用 PCB 封装向导制作的 TQFP64 封装

7.3.6 手动创建 PCB 元器件不规则封装

若某些电子元器件的引脚非常特殊，或遇到了一个最新的电子元器件，那么用 PCB 元器件向导将无法创建新的封装。这时，可以根据该元器件的实际参数手动创建引脚封装。用手动创建元器件引脚封装，需要用直线或曲线来表示元器件的外形轮廓，然后添加焊盘来形成引脚连接。元器件封装的参数可以放置在 PCB 的任意图层上，但元器件的轮廓只能放置在顶端覆盖层上，焊盘则只能放置在信号层上。当在 PCB 文件上放置元器件时，元器件引脚封装的各个部分将分别放置到预先定义的图层上。

下面详细介绍手动制作 PCB 库元器件的具体步骤。

1. 创建新的空元器件文档

1）选择"文件"→"新建"→"库"→"PCB 元件库"命令，如图 7-43 所示，打开 PCB 库编辑环境，新建一个空白的 PCB 元器件库文件"PcbLib1.PcbLib"。

图 7-43　新建 PCB 元器件库文件

2）保存并更改该 PCB 库文件名称，这里改名为"NewPcbLib.PcbLib"，如图 7-44 所示。

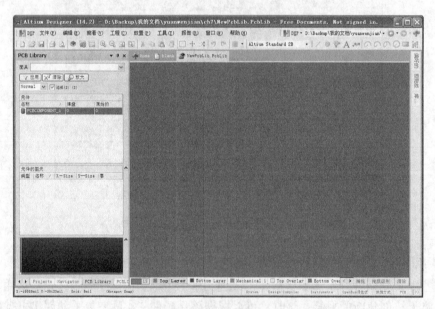

图 7-44　新建封装库文件

3）双击"NewPcbLib.PcbLib"左侧的"PCB Library"面板，进入元器件封装编辑器工作界面，如图 7-45 所示。

2. 编辑工作环境的设置

在主菜单中选择"工具"→"器件库选项"命令，或在工作区内右击，在弹出的快捷菜单中选择"器件库选项"命令，打开"板选项"对话框，具体设置如图 7-46 所示。

3. "参数选择"对话框设置

1）选择"工具"→"优先选项"命令，或在工作区内右击，在弹出的快捷菜单中选择

"优先选项"命令,打开"参数选择"对话框,如图 7-47 所示。

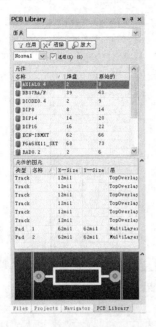

图 7-45 "PCB Library"面板

图 7-46 "板选项"对话框

图 7-47 "参数选择"对话框

2)在"Display(显示)"标签页内单击"跳转到激活视图配置"按钮,弹出"视图配置"对话框,默认打开"视图选项"选项卡,如图 7-48 所示。勾选"原点标记"复选框,其他各项保留默认设置即可。

3)单击"确定"按钮,退出此对话框。这样在工作区的坐标原点处就会出现一个原点标志。

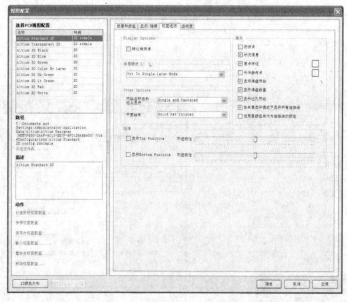

图 7-48 "视图选项"选项卡

4. 放置焊盘

在"Top-Layer（顶层）"层选择"放置"→"焊盘"命令，此时光标上悬浮一个十字光标和一个焊盘，移动光标，单击确定焊盘的位置。使用同样的方法放置另外两个焊盘。

5. 编辑焊盘属性

双击焊盘即可进入焊盘属性设置对话框，即"焊盘"对话框，如图 7-49 所示。这里，"指示"文本框中的引脚名称分别为 b、c、e，3 个焊盘的 X、Y 坐标分别为：b（0，100）、c（-100，0）和 e（100，0），设置完毕后效果如图 7-50 所示。

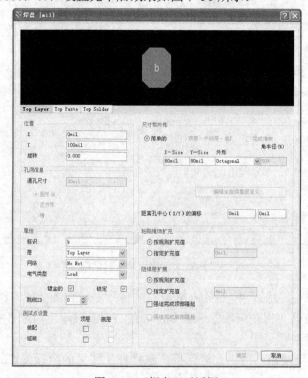

图 7-49 "焊盘"对话框

6．绘制轮廓线

焊盘放置完毕后，需要绘制元器件的轮廓线。所谓元器件轮廓线，就是该元器件封装在电路板上占据的空间大小。轮廓线的线状和大小取决于实际元器件的形状和大小，通常需要测量实际元器件。

（1）绘制一段直线

单击工作区窗口下方标签栏中的"Top Overlay（顶层覆盖）"项，将活动层设置为顶层丝印层。选择"放置"→"走线"命令，光标变为十字形状，单击鼠标左键确定直线的起点，移动光标即可拉出一条直线。用光标将直线拉到合适的位置，然后在此单击鼠标左键确定直线终点。单击鼠标右键或按〈Esc〉键结束绘制直线操作，结果如图 7-51 所示。

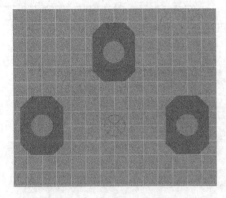

图 7-50　放置的 3 个焊盘

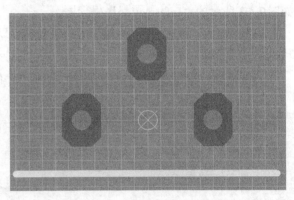

图 7-51　绘制一段直线

（2）绘制一条弧线

选择"放置"→"圆弧（中心）"命令，光标变为十字形状，将光标移至坐标原点，单击确定弧线的圆心，然后将光标移至直线的任意一个端点，单击确定圆弧的直径。再在直线的两个端点单击两次确定该弧线，结果如图 7-52 所示。右击或按〈Esc〉键结束绘制弧线操作。

7．设置元器件参考点

在"编辑"下拉菜单的"设置参考"菜单中有 3 个选项，分别为"1 脚""中心"和"定位"，用户可以自行选择合适的元器件参考点。

至此，手动封装制作就完成了，可以看到"PCB Library"面板的元器件列表中多了一个

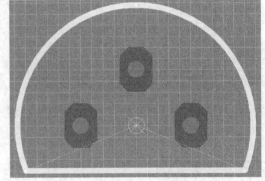

图 7-52　绘制完成的弧线

NEW-NPN 的元器件封装。在"PCB Library"面板中列出了该元器件封装的详细信息。

7.4　创建项目元器件封装库

在一个设计项目中，设计文件用到的元器件封装往往来自不同的库文件。为了方便设计文件的交流和管理，在设计结束时可以将该项目中用到的所有元器件集中起来，生成基于该项目的 PCB 元器件库文件。

创建项目的 PCB 元器件库简单易行，首先打开已经完成的 PCB 设计文件，进入 PCB 编

辑器，在主菜单中选择"设计"→"生成原理图库"命令，系统会自动生成与该设计文件同名的 PCB 库文件，同时新生成的 PCB 库文件会自动打开，并置为当前文件，在"PCB Library"面板中可以看到其元器件列表。下面以"SL_LCD_SW_LED.PrjPcb"项目为例，详细介绍创建项目元器件库的步骤。

1）选择"文件"→"打开"命令，然后在源文件目录下选择加载项目文件"SL_LCD_SW_LED.PrjPcb"。

2）在 SL_LCD_SW_LED.PrjPcb 项目中，打开"SL_LCD_SW_LED_2E.SchDoc"文件。

3）选择"设计"→"生成原理图库"命令，并弹出如图 7-53 所示的"Information"提示框。

生成相应的项目元器件封装"SL_LCD_SW_LED. SCHLIB"，如图 7-54 所示。

图 7-53 "Information"提示框

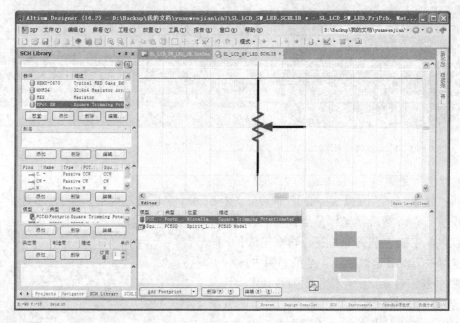

图 7-54 生成项目元器件封装

7.5 操作实例

在设计库元器件时，除了要绘制各种芯片外，还可能要绘制一些接插件、继电器、变压器等元器件。

7.5.1 制作 LCD

本节将通过制作一个 LCD 显示屏接口的原理图符号来巩固前面所学的知识。

1．设置工作环境

1）选择"文件"→"新建"→"库"→"原理图库"命令，一个新的命名为"Schlib1. SchLib"的原理图库被创建，一张空的图纸在设计窗口中被打开，右击，在弹出的快捷菜单中选择"保存为"命令，将原理图库保存在"yuanwenjian\ch_07\7.5\7.5.1"文件夹内，命名为"LCD.SchLib",如图 7-55 所示。

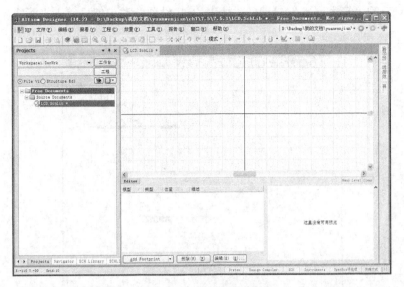

图 7-55　原理图库面板

2）进入工作环境，进入原理图元器件库内，在"SCH Library"中已经存在一个自动命名的"Component_1"元器件。

3）选择"工具"→"新器件"命令，打开如图 7-56 所示的"New Component Name（新元器件名称）"对话框，输入新元器件名称"LCD"，然后单击"确定"按钮。

4）元器件库浏览器中多出了一个元器件 LCD，如图 7-57 所示。单击选中"Component_1"元器件，然后单击"删除"按钮，将该元器件删除。

2. 绘制元器件符号

绘制元器件符号前，要明确所要绘制元器件符号的引脚参数。

1）单击"实用"工具栏中的"放置矩形"按钮□，进入放置矩形状态。绘制矩形，确定元器件符号的轮廓，如图 7-58 所示。

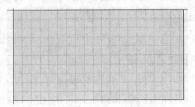

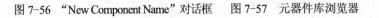

图 7-56　"New Component Name"对话框　　图 7-57　元器件库浏览器　　图 7-58　放置矩形轮廓

2）放置好矩形后，单击"实用"工具栏中的"放置引脚"按钮 ，放置引脚，并打开如图 7-59 所示的"管脚属性"对话框。按表 7-1 设置参数，然后单击"确定"按钮关闭对话框。

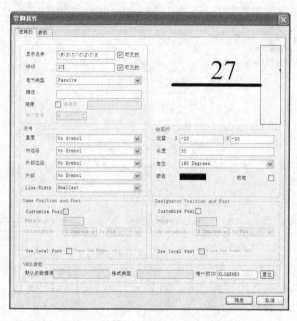

图 7-59 "管脚属性"对话框

表 7-1 元器件引脚

引 脚 号 码	引 脚 名 称	信 号 种 类	引 脚 种 类	其 他
1	VSS	Passive	30mil	显示
2	VDD	Passive	30mil	显示
3	VO	Passive	30mil	显示
4	RS	Input	30mil	显示
5	R/W	Input	30mil	显示
6	EN	Input	30mil	显示
7	DB0	IO	30mil	显示
8	DB1	IO	30mil	显示
9	DB2	IO	30mil	显示
10	DB3	IO	30mil	显示
11	DB4	IO	30mil	显示
12	DB5	IO	30mil	显示
13	DB6	IO	30mil	显示
14	DB7	IO	30mil	显示

3）鼠标指针上附带一个引脚的虚影，用户可以按〈Space〉键改变引脚的方向，然后单击放置引脚。

4）由于引脚号码具有自动增量的功能，第一次放置的引脚号码为 1，紧接着放置的引脚号码会自动变为 2，所以最好按照顺序放置引脚。另外，如果引脚名称的后面是数字，那么同样具有自动增量的功能，引脚放置结果如图 7-60 所示。

5）单击"实用"工具栏中的"放置文本字符串"按钮**A**，进入放置文字状态，并打开如图 7-61 所示的"标注"对话框。在"文本"下拉列表框中输入"LCD"，单击"字体"右侧的按钮Times New Roman, 10打开"字体"对话框，如图 7-62 所示，将字体大小设置为 20，然后把字体放置在合适的位置，如图 7-63 所示。

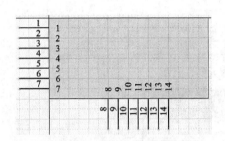

图 7-60　引脚放置结果

图 7-61　"标注"对话框

图 7-62　"字体"对话框

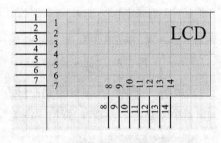

图 7-63　放置文本

3．编辑元器件属性

1）选择"工具"→"器件属性"命令，或从原理图库面板的元器件列表中选择元器件，然后单击"编辑"按钮，打开如图 7-64 所示的"Libruary Component Properties（库器件属性）"对话框。在"Default Designator（默认的标识符）"文本框中输入预置的元器件序号前缀（这里为"U？"）。

2）单击"Edit Pins（编辑引脚）"按钮，弹出"元件管脚编辑器"对话框，明确所要绘制元器件符号的引脚参数，修改结果如图 7-65 所示。

3）单击"确定"按钮关闭对话框。

4）在左侧"SCH Library"面板的"模型"栏内单击"添加"按钮，弹出"添加新模型"对话框，如图 7-66 所示。在"模型种类"下拉列表框中选择"Footprint"选项，单击"确定"按钮，弹出"PCB 模型"对话框，如图 7-67 所示。

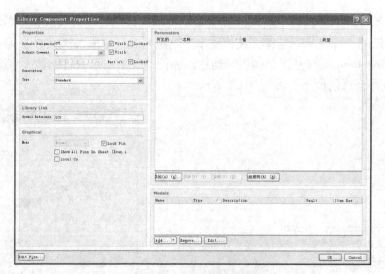

图 7-64　设置元器件属性

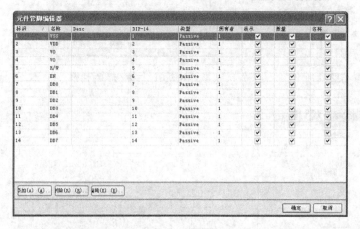

图 7-65　"元件管脚编辑器"对话框

图 7-66　"添加新模型"对话框

5）单击"浏览"按钮以找到已经存在的模型（或简单地写入模型的名字，稍后将在 PCB 库编辑器中创建这个模型），弹出"浏览库"对话框，如图 7-68 所示。

图 7-67　"PCB 模型"对话框

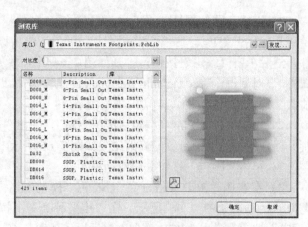

图 7-68　"浏览库"对话框

6）在"浏览库"对话框中，单击"发现"按钮，弹出"搜索库"对话框，如图7-69所示。

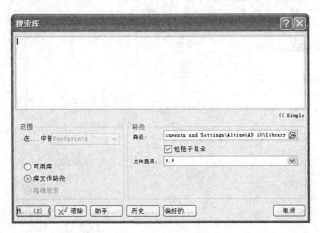

图7-69 "搜索库"对话框

7）选中"库文件路径"单选按钮，单击"路径"栏旁边的浏览文件按钮 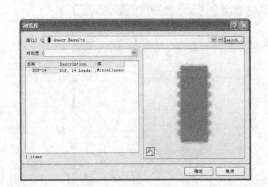，定位到 "\AD 14\Library"路径下，然后单击"确定"按钮，如图7-70所示。确定"搜索库"对 话框中的"包括子目录"复选框被勾选。在"PCB 模型"对话框的"名称"文本框中输 入"DIP-14"，然后单击"浏览"按钮，如图7-71所示。

图7-70 "浏览库"对话框   图7-71 "PCB 模型"对话框

8）找到对应这个封装的所有类似的库文件"Cylinder with Flat Index.PcbLib"。如果确 定找到了文件，则单击"Stop（停止）"按钮停止搜索。单击选择找到的封装文件后，单击 "OK（确定）"按钮关闭该对话框。在浏览库对话框中加载这个库，返回"PCB 模型"对 话框。

9）单击"确定"按钮，向元器件加入这个模型。模型的名字列在元器件属性对话框的 模型列表中。至此，完成元器件的编辑。

完成的 LCD 元器件如图7-72所示。最后，保存元器件库文件即可完成该实例。

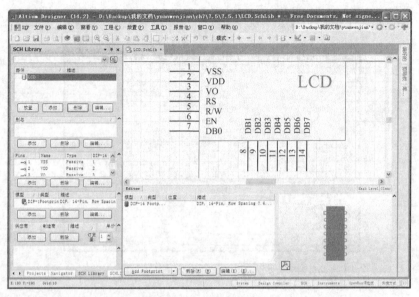

图 7-72 LCD 元器件

7.5.2 制作变压器

在本例中,将使用绘图工具创建一个新的变压器元器件。通过本例的学习,读者将了解在原理图元器件编辑环境下新建原理图元器件库和创建新的元器件原理图符号的方法,同时掌握绘图工具条中绘图工具按钮的使用方法。

1. 设置工作环境

1)选择"文件"→"新建"→"库"→"原理图库"命令,创建一个"Schlib1. SchLib"原理图库文件,一张空的图纸在设计窗口中被打开,如图 7-73 所示。

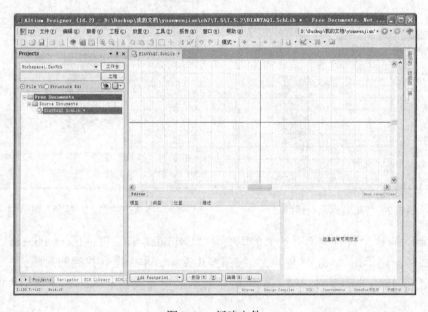

图 7-73 新建文件

2)右击,在弹出的快捷菜单中选择"保存为"命令,将原理图库保存在"yuanwenjian\ch_07\7.5\7.5.2"文件夹内,命名为"BIANYAQI.SchLib",进入工作环境,进入原理图元器件库内,可以看到已经存在一个自动命名的 Component_1 元器件。

3)选择"工具"→"重新命名器件"命令,打开"Rename Component(重命名元器件)"对话框,输入新元器件名称"BIANYAQI",如图 7-74 所示,然后单击"确定"按钮。元器件库浏览器中多了一个元器件 BIANYAQI。

2. 绘制原理图符号

1)在图纸上绘制变压器元器件的弧形部分。选择"放置"→"椭圆弧"命令,或单击"实用"工具栏中的"放置椭圆弧"按钮 ⌒ ,这时光标变成十字形状,绘制一个如图 7-75 所示的弧线。

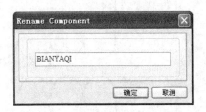

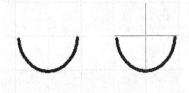

图 7-74 "Rename Component(重命名器件)"对话框   图 7-75 绘制弧线

2)双击所绘制的弧线,打开"椭圆弧"对话框,如图 7-76 所示。在该对话框中,设置所画圆弧的参数,包括弧线的圆心坐标、弧线的长度盒宽度、椭圆弧的起始角度和终止角度、颜色等属性。

3)因为变压器的左右线圈由 8 个圆弧组成,所以还需要另外 7 个类似的弧线。可以用复制、粘贴的方法放置其他的 7 个弧线,再将它们一一排列好。对于右侧的弧线,只需在选中后按住鼠标左键,然后按〈X〉键即可左右翻转,如图 7-77 所示。

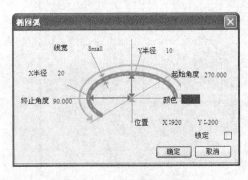

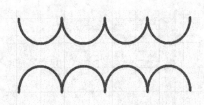

图 7-76 "椭圆弧"对话框   图 7-77 放置其他的圆弧

4)绘制线圈上的管脚。单击"实用"工具栏中的"放置引脚"按钮 ,按住〈Tab〉键,弹出"管脚属性"对话框,在该对话框中,取消勾选"标识"文本框后面的"可见的"复选框,表示隐藏引脚编号,如图 7-78 所示。绘制 4 个引脚,如图 7-79 所示。

至此,变压器元器件就创建完成了,如图 7-80 所示。

7.5.3 制作七段数码管

本例中要创建的元器件是一个七段数码管,这是一种显示元器件,它被广泛地应用在各种仪器中,由七段发光二极管构成。在本例中,主要学习用绘图工具条中的按钮来创建七段数码管原理图符号的方法。

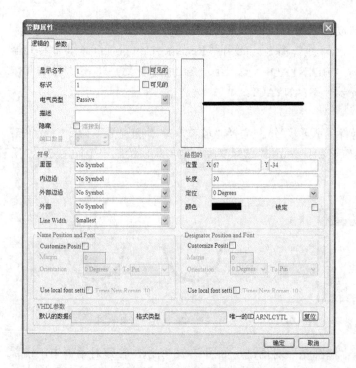

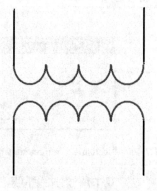

图 7-78　设置引脚属性　　　　　　　　　　　　　图 7-79　绘制 4 个引脚

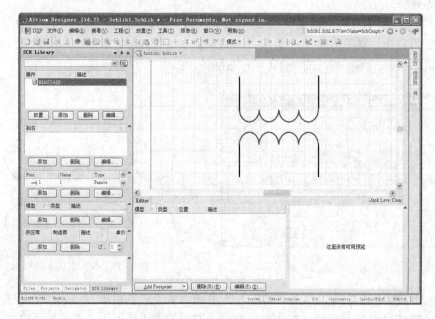

图 7-80　变压器绘制完成

1．设置工作环境

1）选择"文件"→"新建"→"库"→"原理图库"命令。一个命名为"Schlib1.SchLib"的原理图库被创建，一张空的图纸在设计窗口中被打开，单击鼠标右键，在弹出的快捷菜单中选择"保存为"命令，将原理图库保存在"yuanwenjian\ch_07\7.5\7.5.3"文件夹内，命名为"SHUMAGUAN.SchLib"，如图 7-81 所示。

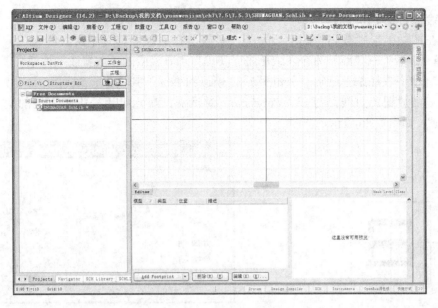

图 7-81　新建原理图库

2）进入工作环境，进入原理图元器件库内，可以看到已经存在一个自动命名的"Component_1"元器件。

3）选择"工具"→"重新命名器件"命令，打开"Rename Component（重命名元器件）"对话框，如图 7-82 所示，输入新元器件名称"SHUMAGUAN"，然后单击"确定"按钮退出对话框。此时，元器件库浏览器中多了一个元器件"SHUMAGUAN"。

2．绘制数码管外形

1）在图纸上绘制数码管元器件的外形。选择"放置"→"矩形"命令，或单击"实用"工具栏中的"放置矩形"按钮□，这时光标变成十字形状，并带有一个矩形图形。在图纸上绘制一个如图 7-83 所示的矩形。

图 7-82　"Rename Component（重命名元器件）"对话框

2）双击所绘制的矩形，打开"长方形"对话框，如图 7-84 所示。在该对话框中，取消勾选"Draw Solid"复选框，再将矩形的边框颜色设置为黑色。

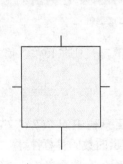

图 7-83　在图纸上绘制一个矩形

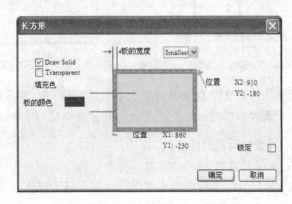

图 7-84　"长方形"对话框

3．绘制七段发光二极管

1）在图纸上绘制数码管的七段发光二极管，在原理图符号中用直线来代替发光二极管。选择"放置"→"线"命令，或单击"实用"工具栏中的"放置线"按钮 /，这时光标变成十字形状。在图纸上绘制一个如图 7-85 所示的"日"字形发光二极管。

2）双击放置的直线，打开"PolyLine"对话框，在此对话框中将直线的宽度设置为"Medium"，如图 7-86 所示。

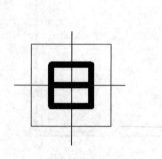

图 7-85　"日"字形发光二极管

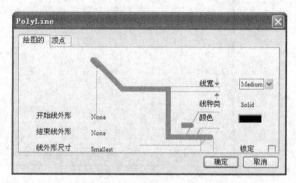

图 7-86　设置直线属性

4．绘制小数点

1）选择"放置"→"矩形"命令，或单击"实用"工具栏中的"放置矩形"按钮 □，这时光标变成十字形状，并带有一个矩形图形。在图纸上绘制一个如图 7-87 所示的小矩形，作为小数点。

2）双击放置的小矩形，打开"长方形"对话框，将矩形的填充色和边框都设置为黑色，如图 7-88 所示。然后单击"确定"按钮退出此对话框。

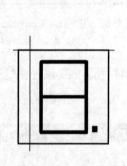

图 7-87　在图纸上绘制一个小矩形

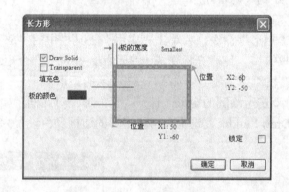

图 7-88　设置小矩形属性

提示：在放置小数点时，由于小数点比较小，用鼠标操作放置可能比较困难，因此可以使用在"长方形"对话框中设置坐标的方法来微调小数点的位置。

5．放置数码管的标注

1）选择"放置"→"文本字符串"命令，或单击"实用"工具栏中的"放置文本字符串"按钮 A，这时光标变成十字形状。在图纸上放置如图 7-89 所示的数码管标注。

2）双击放置的文字，打开"标注"对话框，设置如图 7-90 所示。然后单击"确定"按钮退出此对话框。

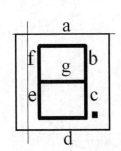

图 7-89 放置数码管标注

图 7-90 设置文本属性

6. 放置数码管的引脚

单击原理图符号绘制"实用"工具栏中的"放置引脚"按钮，绘制 7 个引脚，如图 7-91 所示。双击所放置的引脚，打开"管脚属性"对话框，在该对话框中设置引脚的编号，如图 7-92 所示。然后单击"确定"按钮退出此对话框。

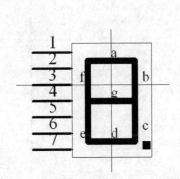

图 7-91 绘制数码管引脚

图 7-92 设置引脚属性

7. 保存文件

单击"保存"按钮，保存所做的工作。这样就完成了七段数码管原理图符号的绘制。

8. 编辑元器件属性

1）选择"工具"→"器件属性"命令，或从原理图库面板的元器件列表中选择元器件，然后单击"编辑"按钮，打开如图 7-93 所示的"Libruary Component Properties（库元器件属性）"对话框。在"Default Designator（默认的标识符）"文本框中输入预置的元器件序号前缀（这里为"U?"）。

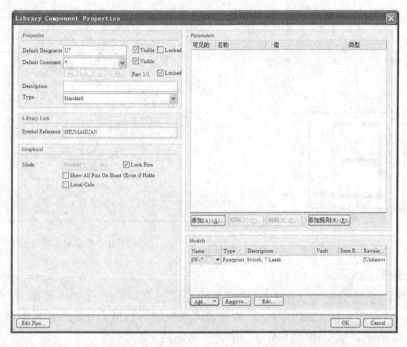

图 7-93 "Library Component Properties（库元器件属性）"对话框

2）在对话框下方的"Add（添加）"下拉列表中选择"Footprint"选项，如图 7-94 所示。然后，系统弹出"PCB 模型"对话框，如图 7-95 所示。在"PCB 模型"对话框中单击"浏览"按钮，弹出"浏览库"对话框，如图 7-96 所示。

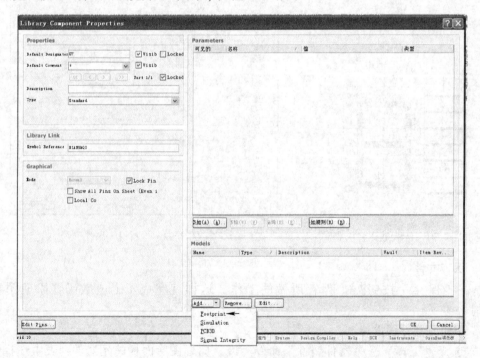

图 7-94 添加封装

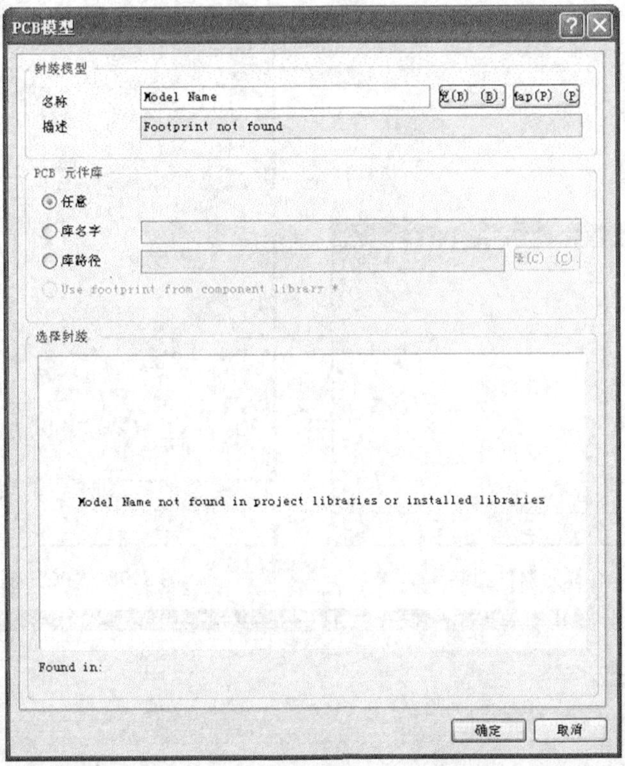

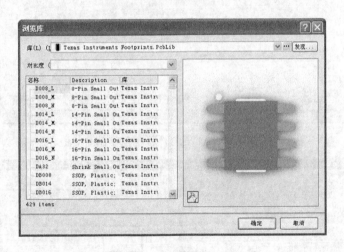

图 7-95 "PCB 模型"对话框

图 7-96 "浏览库"对话框

3）在"浏览库"对话框中，在"库"下拉列表框中选择使用的库，选择需要的元器件封装"SW-7"，如图 7-97 所示。

4）单击"确定"按钮，返回"PCB 模型"对话框，如图 7-98 所示。

5）单击"确定"按钮，退出"PCB 模型"对话框，返回库元器件属性对话框，如图 7-99 所示。单击"确定"按钮，返回编辑环境。

至此，七段数码管元器件就绘制完成了，如图 7-100 所示。

图 7-97　选择元器件封装　　　　　　　　　图 7-98　"PCB 模型"对话框

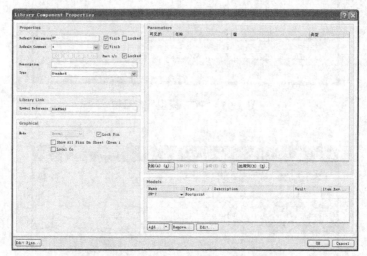

图 7-99　"库元器件属性"对话框

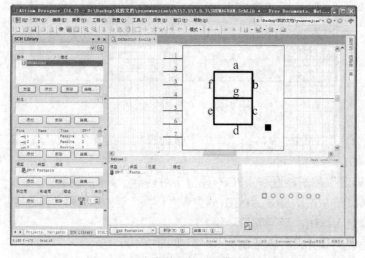

图 7-100　七段数码管元器件绘制完成

7.5.4 制作串行接口

在本例中，将创建一个串行接口元器件的原理图符号，主要学习圆和弧线的绘制方法。串行接口元器件共有9个插针，分成两行，一行4个，另一行5个，在元器件的原理图符号中，它们是用小圆圈来表示的。

1. 设置工作环境

1）选择"文件"→"新建"→"库"→"原理图库"命令，一个命名为"Schlib1.SchLib"的原理图库被创建，一张空的图纸在设计窗口中被打开。右击，在弹出的快捷菜单中选择"保存为"命令，将原理图库保存在"yuanwenjian\ch_07\7.5\7.5.4"文件夹内，命名为"CHUANXINGJIEKOU.SchLib"，如图7-101所示。

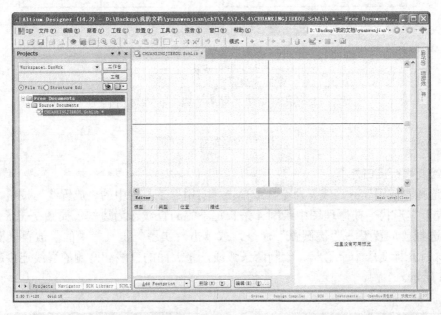

图 7-101 新建原理图文件

2）进入工作环境，进入原理图元器件库内，可以看到已经存在一个自动命名的"Component_1"元器件。

3）选择"工具"→"重新命名器件"命令，打开"重命名元器件"对话框，输入新元器件名称"CHUANXI-NGJIEKOU"，如图7-102所示。然后单击"确定"按钮退出此对话框。此时，元器件库浏览器中多了一个元器件"CHUANXINGJIEKOU"。

图 7-102 重命名元器件对话框

2. 绘制串行接口的插针

1）选择"放置"→"椭圆"命令，或单击"实用"工具栏中的"放置椭圆"按钮 ◯，这时光标变成十字形状，并带有一个椭圆图形，在原理图中绘制一个圆。

2）双击绘制好的圆，打开"椭圆形"对话框，在对话框中设置边框颜色为黑色，如图7-103所示。

3）重复以上步骤，在图纸上绘制其他的8个圆，如图7-104所示。

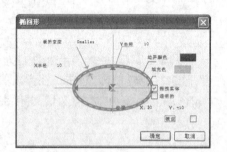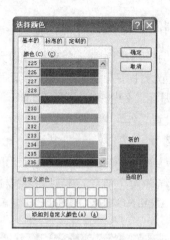

图 7-103　设置圆的属性

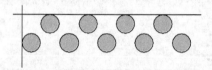

图 7-104　放置所有圆

3．绘制串行接口外框

1）选择"放置"→"线"命令，或单击"实用"工具栏中的"放置线"按钮，这时光标变成十字形状。在原理图中绘制 4 条长短不等的直线作为边框，如图 7-105 所示。

2）选择"放置"→"椭圆弧"命令，或单击"实用"工具栏中的"放置椭圆弧"按钮，这时光标变成十字形状。绘制两条弧线，将上面的直线和两侧的直线连接起来，如图 7-106 所示。

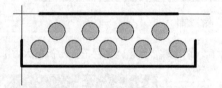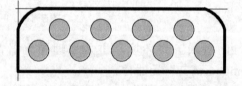

图 7-105　放置直线边框　　　　　　　　　图 7-106　放置圆弧边框

4．放置引脚

单击"实用"工具栏中的"放置引脚"按钮，绘制 9 个引脚，如图 7-107 所示。

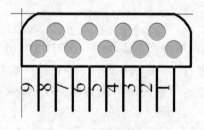

图 7-107　放置引脚

5．编辑元器件属性

1）选择"工具"→"器件属性"命令，或从原理图库面板的元器件列表中选择元器件，然后单击"编辑"按钮，打开如图 7-108 所示的"Libruary Component Properties（库元器件属性）"对话框。在"Default Designator（默认的标识符）"文本框中输入预置的元器件序号前缀（这里为"U?"）。

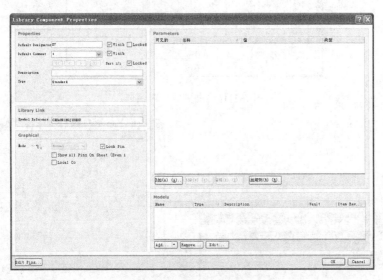

图 7-108　设置元器件属性

2）在对话框下方的"Add（添加）"下拉列表中选择"Footprint"选项，如图 7-109 所示。

3）此时，系统弹出"PCB 模型"对话框，如图 7-110 所示。在此对话框中单击"浏览"按钮，弹出"浏览库"对话框，如图 7-111 所示。

图 7-109　添加封装　　　　　图 7-110　"PCB 模型"对话框

4）在"浏览库"对话框中，选择需要的元器件封装"VTUBE-9"，如图 7-112 所示。

5）单击"确定"按钮，返回"PCB 模型"对话框，如图 7-113 所示。

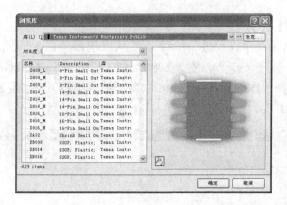

图 7-111 "浏览库"对话框

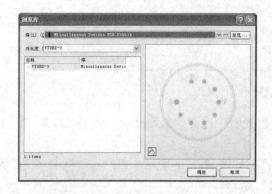

图 7-112 选择元器件封装

图 7-113 "PCB 模型"对话框

6）单击"确定"按钮，退出"PCB 模型"对话框，返回"库元器件属性"对话框，如图 7-114 所示。单击"OK"按钮，返回编辑环境。

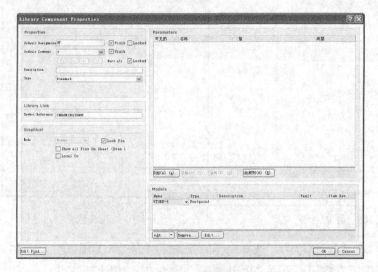

图 7-114 "库元器件属性"对话框

至此，串行接口元器件就绘制完成了，如图 7-115 所示。

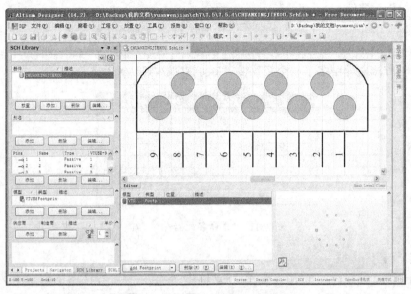

图 7-115　串行接口元器件绘制完成

7.5.5　制作运算单元

在本例中，将设计一个运算单元，主要学习芯片的绘制方法。芯片原理图符号的组成比较简单，只有矩形和引脚两种元素，其中引脚属性的设置是本例学习的重点。

1. 设置绘图环境

1）选择"文件"→"新建"→"库"→"原理图库"命令，一个命名为"Schlib1.SchLib"的原理图库被创建，一张空的图纸在设计窗口中被打开。右击，在弹出的快捷菜单中选择"保存为"命令，将原理图库保存在"yuanwenjian\ch_07\7.5\7.5.5 文件夹内，命名为"YUNSUANDANYUAN.SchLib"，如图 7-116 所示。

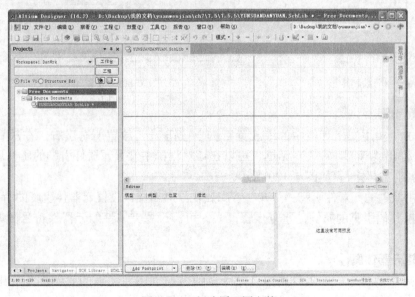

图 7-116　新建原理图文件

2）进入工作环境，进入原理图元器件库内，可以看到已经存在一个自动命名的"Component_1"元器件。

3）选择"工具"→"重新命名器件"命令，打开重命名元器件对话框，如图 7-117 所示，输入新元器件名称"YUNSUANDANYUAN"。然后单击"确定"按钮退出此对话框。此时，元器件库浏览器中多了一个元器件"YUNSUANYUANJIAN"。

图 7-117　重命名元器件对话框

2. 绘制元器件边框

1）选择"放置"→"矩形"命令，或单击"实用"工具栏中的"放置矩形"按钮 ⬜，这时光标变成十字形状，并带有一个矩形图形。在图纸上绘制一个如图 7-118 所示的矩形。

2）双击绘制好的矩形，打开"长方形"对话框，将矩形的边框颜色设置为黑色，将边框的宽度设置为 Smallest，并通过设置右上角和左下角的坐标来确定整个矩形的大小，如图 7-119 所示。

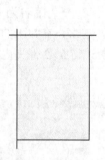

图 7-118　绘制矩形

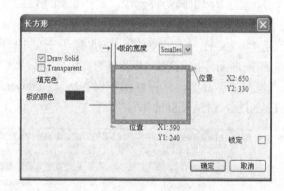

图 7-119　设置矩形属性

3. 放置引脚

1）单击"实用"工具栏中的"放置引脚"按钮 ，放置所有引脚，在放置过程中按〈Tab〉键，弹出"管脚属性"对话框，可以在该对话框中设置元器件引脚的所有属性，以设置引脚 1 为例，具体设置如图 7-120 所示。

2）双击放置的元器件引脚，打开"管脚属性"对话框，设置元器件引脚的所有属性。

3）设置其他引脚的属性，重复步骤 1）即可。设置完属性的元器件符号图如图 7-121 所示。

4. 编辑元器件属性

1）选择"工具"→"器件属性"命令，或从原理图库面板的元器件列表中选择元器件，然后单击"编辑"按钮，打开如图 7-122 所示的"Libruary Component Properties（库元器件属性)"对话框。在"Default Designator（默认的标识符）"文本框中输入预置的元器件序号前缀（这里为"U？"）。

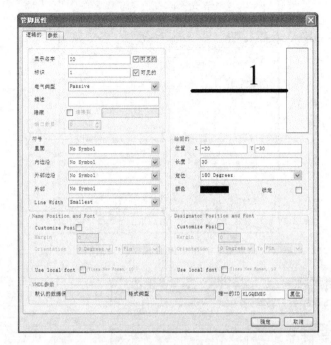

图 7-120　设置引脚 1 属性

图 7-121　引脚属性设置完毕

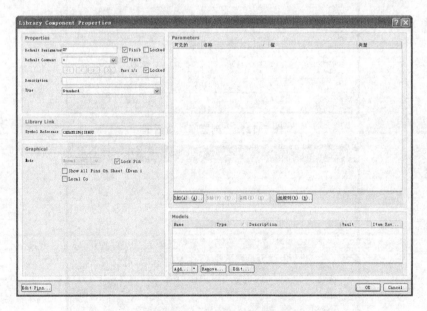

图 7-122　设置元器件属性

2）在对话框下方的"Add（添加）"下拉列表中选择"Footprint"选项，如图 7-123 所示。此时，系统弹出"PCB 模型"对话框，如图 7-124 所示，单击"浏览"按钮，弹出"浏览库"对话框，如图 7-125 所示。

3）在"浏览库"对话框中，单击"发现"按钮，弹出"搜索库"对话框，如图 7-126 所示。

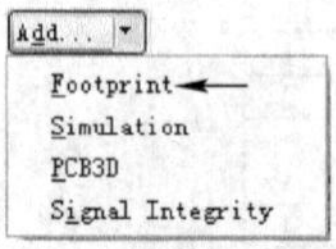

图 7-123 添加封装

图 7-124 "PCB 模型"对话框

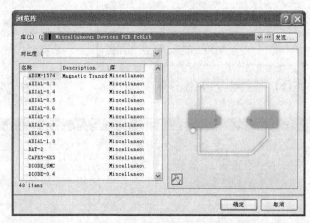

图 7-125 "浏览库"对话框

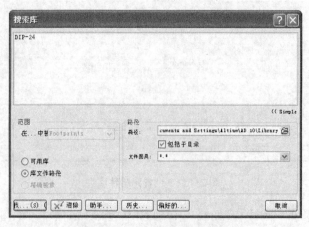

图 7-126 "搜索库"对话框

4）选中"库文件路径"单选按钮，单击"路径"旁边的文件浏览按钮 , 定位到
"\AD14\Library"路径下，然后单击"确定"按钮。确定"搜索库"对话框中的"包括子目
录"复选框被勾选。在名称栏输入"DIP-24"，然后单击"浏览"按钮，系统弹出"浏览

库"对话框，搜索元器件，如图 7-127 所示。

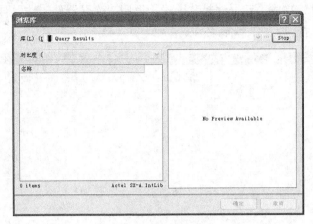

图 7-127　搜索元器件

5）如果确定找到了文件，则单击"Stop（停止）"按钮停止搜索。选择找到的封装文件
"DIP-24/X1.5"后，"浏览库"对话框如图 7-128 所示，单击"确定"按钮，弹出
"Confirm"对话框，如图 7-129 所示。单击"是"按钮，在"浏览库"对话框中加载此库。
然后返回"PCB 模型"对话框，如图 7-130 所示。

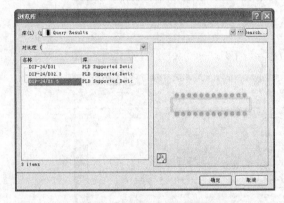

图 7-128　"浏览库"对话框

图 7-129　"Confirm"对话框

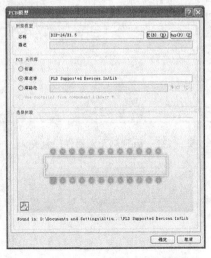

图 7-130　"PCB 模型"对话框

6）单击"确定"按钮，向元器件中加入这个模型。模型的名字列在元器件属性对话框的模型列表中。此时，完成了元器件封装编辑，返回"库元器件属性"对话框，如图 7-131 所示。单击"确定"按钮，返回编辑环境。

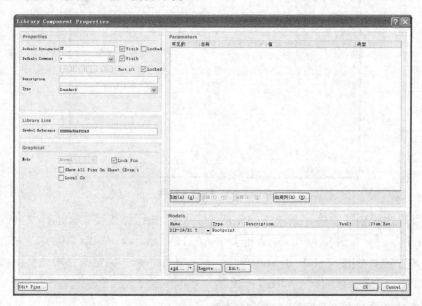

图 7-131　"库元器件属性"对话框

至此，运算单元元器件绘制完成，如图 7-132 所示。

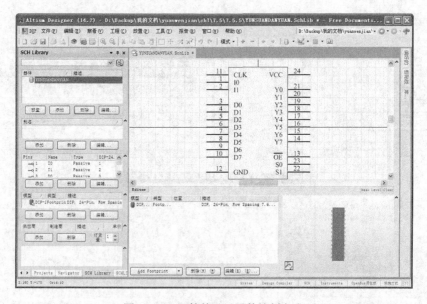

图 7-132　运算单元元器件绘制完成

第 8 章 信号完整性分析

随着新工艺、新元器件的迅猛发展，高速元器件在电路设计中的应用已日趋广泛。在这种高速电路系统中，数据的传送速率、时钟的上作频率都相当高，而且由于功能的复杂多样，电路密集度也相当大。因此，设计的重点与低速电路设计截然不同，不再仅是元器件的合理放置与导线的正确连接，还应对信号的完整性（Signal Integrity，简称 SI）问题给予充分的考虑，否则，即使原理正确，系统也可能无法正常工作。

信号完整性分析是重要的高速 PCB 极和系统级分析与设计的手段，在硬件电路设计中发挥着越来越重要的作用。Altium Designer 14 提供了具有较强功能的信号完整性分析器，以及实用的 SI 专用工具，使用户在软件上就能模拟出整个电路板各个网络的工作情况。同时还提供了多种补偿方案，帮助用户进一步优化自己的电路设计。

本章知识重点
● 信号完整性分析概念
● 信号完整性分析规则
● 信号完整性分析器

8.1 信号完整性分析概述

良好的信号完整性使电路中的信号能够以正确的时序、要求的持续时间和电压幅度进行传送，并到达输出端。当信号不能正常响应时，就出现了信号完整性问题，由此可见信号完整性分析的重要性。

8.1.1 信号完整性分析的概念

所谓信号完整性，顾名思义，就是指信号通过信号线传输后仍能保持完整，即仍能保持其正确的功能而未受到损伤的一种特性。具体来说，信号完整性是指信号在电路中以正确的时序和电压作出响应的能力。

我们知道，一个数字系统能否正确工作，其关键在于信号定时是否准确，而信号定时与信号在传输线上的传输延迟，以及信号波形的损坏程度等有着密切的关系。差的信号完整性不是由某一个单一因素导致的，而是由板级设计中的多种因素共同引起的。仿真证实：集成电路的切换速度过高、端接元器件的布设不正确、电路的互连不合理等都会引发信号完整性问题。

常见的信号完整性问题主要有以下几种。

（1）传输延迟（Transmission Delay）

传输延迟表明数据或时钟信号没有在规定的时间内以一定的持续时间和幅度到达接收端。信号延迟是由驱动过载、走线过长的传输线效应引起的，传输线上的等效电容、电感会对信号的数字切换产生延时，影响集成电路的建立时间和保持时间。集成电路只能按照规定的时序来接收数据，延时过长会导致集成电路无法正确判断数据，则电路不能正常工作，甚至完全不能工作。

在高频电路设计中，信号的传输延迟是一个无法完全避免的问题，为此引入了延迟容限的概念，即在保证电路能够正常工作的前提下，所允许的信号最大时序变化量。

（2）串扰（Crosstalk）

串扰是没有电气连接的信号线之间的感应电压和感应电流所导致的电磁祸合。这种祸合会使信号线起着天线的作用，其容性耦合会引发耦合电流，感性耦合会引发耦合电压，并且随着时钟速率的升高和设计尺寸的缩小而加大。这是由于当信号线上有交变的信号电流通过时，会产生交变的磁场，处于该磁场中的其他信号线会感应出信号电压。

印制电路板层的参数、信号线的间距、驱动端和接收端的电气特性及信号线的端接方式等都对串扰有一定的影响。

（3）反射（Reflection）

反射就是传输线上的回波，信号功率的一部分经传输线传给负载，另一部分则向源端反射。在高速设计中，可以把导线等效为传输线，如果阻抗匹配（源端阻抗、传输线阻抗与负载阻抗相等），则反射不会发生。反之，若负载阻抗与传输线阻抗失配就会导致接收端的反射。

布线的某些几何形状、不适当的端接、经过连接器的传输及电源平面不连续等因素均会导致信号的反射。反射会导致传送信号出现严重的过冲（Overshoot）或下冲（Undershoot）现象，致使波形变形、逻辑混乱。

（4）接地反弹（Ground Bounce）

接地反弹是指由于电路中较大的电流涌动而在电源与接地平面间产生大量噪声的现象。例如，大量芯片同步切换时，会产生一个较大的瞬态电流从芯片与电源平面间流过，芯片封装与电源间的寄生电感、电容和电阻会引发电源噪声，使得零电位平面上产生较大的电压波动（可能高达 2V），这足以造成其他元器件的误动作。

由于接地平面的分割（分为数字接地、模拟接地、屏蔽接地等），可能引起数字信号传到模拟接地区域时，产生接地平面回流反弹。同样，电源平面分割也可能出现类似危害。负载容性的增大、阻性的减小、寄生参数的增大、切换速度增高，以及同步切换数目的增加，均可能导致接地反弹增加。

除此之外，在高频电路的设计中还存在一些其他的与电路功能本身无关的信号完整性问题，如电路板上的网络阻抗、电磁兼容性等。因此，在实际制作 PCB 之前应进行信号完整性分析，以提高设计的可靠性，降低设计成本，应该说是非常重要和必要的。

8.1.2　信号完整性分析工具

Altium Designer 14 包含一个高级信号完整性仿真器，能分析 PCB 设计并检查设计参数，测试过冲、下冲、线路阻抗和信号斜率。如果 PCB 上任何一个设计要求（由 DRC 指定的）有问题，即可对 PCB 进行反射或串扰分析，以确定问题所在。

Altium Designer 14 的信号完整性分析和 PCB 设计过程是无缝连接的，该模块提供了极其精确的板级分析，能检查整板的串扰、过冲、下冲、上升时间、下降时间和线路阻抗等问题。在印制电路板制造前，用最小的代价来解决高速电路设计带来的问题和 EMC/EMI（电磁兼容性/电磁抗干扰）等问题。

Altium Designer 14 的信号完整性分析模块的设计特性如下。

● 设置简单，可以像在 PCB 编辑器中定义设计规则一样定义设计参数。

● 通过运行 DRC，可以快速定位不符合设计需求的网络。

- 无需特殊的经验，可以从 PCB 中直接进行信号完整性分析。
- 提供快速的反射和串扰分析。
- 利用 I/O 缓冲器宏模型，无需额外的 SPICE 或模拟仿真知识。
- 信号完整性分析的结果采用示波器形式显示。
- 采用成熟的传输线特性计算和并发仿真算法。
- 用电阻和电容参数值对不同的终止策略进行假设分析，并可对逻辑块进行快速替换。
- 提供 IC 模型库，包括校验模型。
- 宏模型逼近使得仿真更快、更精确。
- 自动模型连接。
- 支持 I/O 缓冲器模型的 IBIS2 工业标准子集。
- 利用信号完整性宏模型可以快速地自定义模型。

8.2　信号完整性分析规则设置

Altium Designer 14 中包含了许多信号完整性分析的规则，这些规则用于在 PCB 设计中检测一些潜在的信号完整性问题。

在 Altium Designer 14 的 PCB 编辑环境中，选择"设计"→"规则"命令，系统将弹出如图 8-1 所示的"PCB 规则及约束编辑器"对话框。选择其中的"Signal Integrity（信号分析）"规则设置选项，即可看到各种信号完整性分析的选项，可以根据设计工作的要求选择所需的规则进行设置。

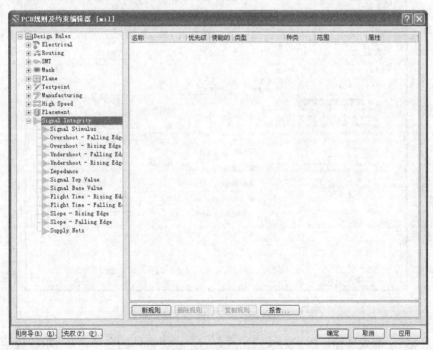

图 8-1　"PCB 规则及约束编辑器"对话框

在"PCB 规则及约束编辑器"对话框中列出了 Altium Designer 14 提供的所有设计规则，但是这仅是列出了可以使用的规则，要想在 DRC 校验时真正使用这些规则，还需要在第一次使用时把该规则添加到实际使用的规则库中。

选择需要使用的规则，然后单击"新规则"按钮，即可把该规则添加到实际使用的规则库中。如果需要多次使用该规则，可以为它建立多个新的规则，并用不同的名称加以区别。

要想在实际使用的规则库中删除某个规则，可以选中该规则后单击"删除规则"按钮，即可从实际使用的规则库中删除该规则。

在右键快捷菜单中选择"Export Rules（输出规则）"命令，可以把选中的规则从实际使用的规则库中导出；在右键快捷菜单中选择"Import Rules（输入规则）"命令，系统将弹出如图 8-2 所示的"选择设计规则类型"对话框，可以从设计规则库中导入所需的规则；在右键快捷菜单中选择"报告"命令，可以为该规则建立相应的报告文件，并可以打印输出。

Altium Designer 14 中有 13 条信号完整性分析的规则，具体介绍如下。

（1）激励信号（Signal Stimulus）规则

在"Signal Integrity"上右击，在弹出的快捷菜单中

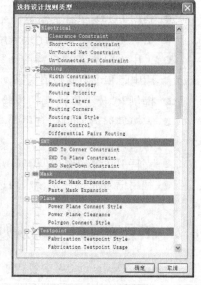

图 8-2 "选择设计规则类型"对话框

选择"新规则"命令，生成"Signal Stimulus"激励信号规则选项，出现如图 8-3 所示的激励信号设置界面，可以在该界面中设置激励信号的各项参数。

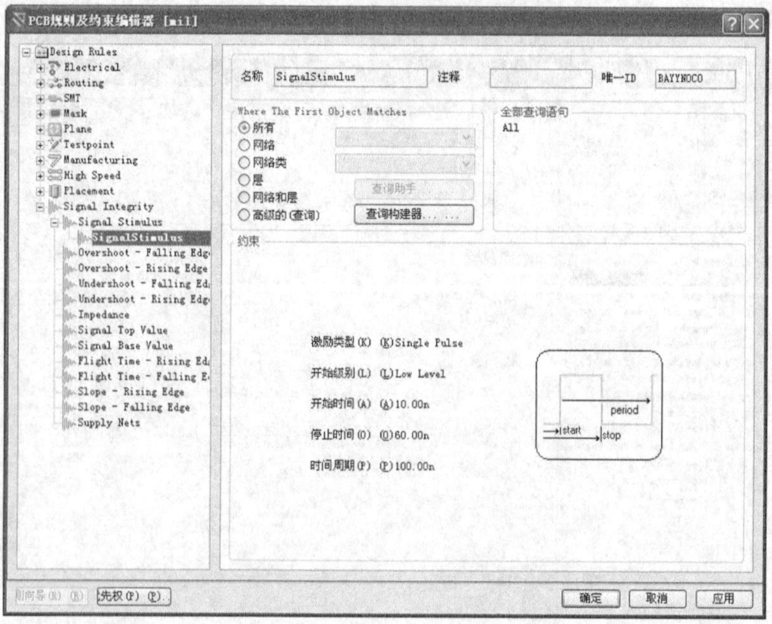

图 8-3 "Signal Stimulus"规则设置界面

- "名称"：参数名称，用来为该规则设置一个便于理解的名字。在 DRC 校验中，当电路板布线违反该规则时，将以该参数名称显示此错误。
- "注释"：该规则的注释说明。
- "唯一 ID"：为该参数提供的一个随机的 ID 号。
- "Where The First Object Matches（优先匹配对象的位置）"：第一类对象的设置范围，

用来设置激励信号规则所适用的范围，一共有 6 个单选按钮，具体如下。

"所有"——规则在指定的 PCB 上都有效。

"网络"——规则在指定的电气网格中有效。

"网络类"——规则在指定的网络类中有效。

"层"——规则在指定的某一电路板层上有效。

"网络和层"——规则在指定的网络和指定的电路板层上有效。

"高级的(查询)"——高级设置选项，选中该单选按钮后，可以单击其右边的"查询构建器"按钮，自行设计规则的使用范围。

● "约束"：用于设置激励信号规则，共有 5 个选项，具体含义如下。

"激励类型"——设置激励信号的种类，有 3 种选项，即"Constant Level（固定电平）"，表示激励信号为某个常数电平；"Single Pulse（单脉冲）"，表示激励信号为单脉冲信号；"Periodic Pulse（周期脉冲）"，表示激励信号为周期性脉冲信号。

"开始级别"——设置激励信号的初始电平，仅对"Single Pulse（单脉冲）"和"Periodic Pulse（周期脉冲）"有效。设置初始电平为低电平则选择"Low Level（低电平）"，设置初始电平为高电平则选择"High Level"。

"开始时间"——设置激励信号高电平脉宽的起始时间。

"停止时间"——设置激励信号高电平脉宽的终止时间。

"时间周期"——设置激励信号的周期。

设置激励信号的时间参数，在输入数值的同时，要注意添加时间单位，以免设置出错。

（2）信号过冲的下降沿（Overshoot-Falling Edge）规则

信号过冲的下降沿定义了信号下降边沿允许的最大过冲位，即信号下降沿上低于信号基值的最大阻尼振荡，系统的默认单位是 V，设置界面如图 8-4 所示。

图 8-4 "Overshoot-Falling Edge"规则设置界面

（3）信号过冲的上升沿（Overshoot-Rising Edge）规则

信号过冲的上升沿与信号过冲的下降沿是对应的，它定义了信号上升边沿允许的最大过冲值，即信号上升沿上高于信号上位值的最大阻尼振荡，系统的默认单位是 V，设置界面如图 8-5 所示。

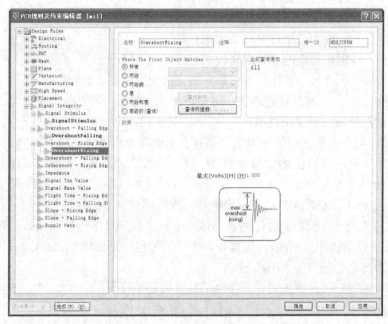

图 8-5 "Overshoot- Rising Edge" 规则设置界面

（4）信号下冲的下降沿（Undershoot-Falling Edge）规则

信号下冲与信号过冲略有区别。信号下冲的下降沿定义了信号下降边沿允许的最大下冲值，即信号下降沿上高于信号基值的阻尼振荡，系统的默认单位是 V，设置界面如图 8-6 所示。

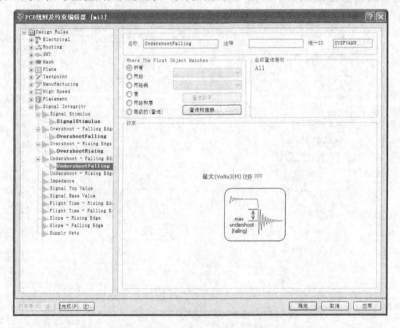

图 8-6 "Undershoot-Falling Edge" 规则设置界面

（5）信号下冲的上升沿（Undershoot-Rising Edge）规则

信号下冲的上升沿与信号下冲的下降沿是对应的，它定义了信号上升边沿允许的最大下冲值，即信号上升沿上低于信号上位值的阻尼振荡，系统的默认单位是 V，如图 8-7 所示。

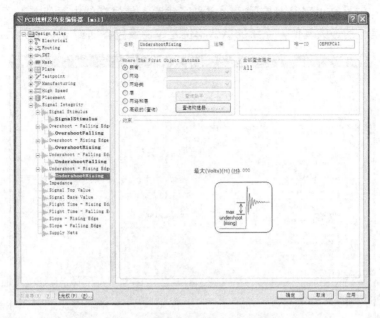

图 8-7 "Undershoot-Rising Edge" 规则设置界面

（6）阻抗约束（Impedance）规则

阻抗约束定义了电路板上所允许的电阻的最大值和最小值，系统的默认单位是欧姆。阻抗与导体的几何外观和电导率、导体外的绝缘层材料和电路板的几何物理分布（即导体间在 Z 平面域的距离）相关。上述的绝缘层材料包括板的基本材料、多层间的绝缘层以及焊接材料等。

（7）信号高电平（Signal Top Value）规则

信号高电平定义了线路上信号在高电平状态下所允许的最小稳定电压值，即信号上位值的最小电压，系统的默认单位是 V，设置界面如图 8-8 所示。

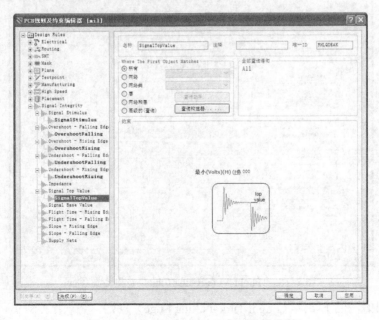

图 8-8 "Signal Top Value" 规则设置界面

（8）信号基值（Signal Base Value）规则

信号基值与信号高电平是对应的，它定义了线路上信号在低电平状态下所允许的最大稳定电压值，即信号的最大基值，系统的默认单位是 V，设置界面如图 8-9 所示。

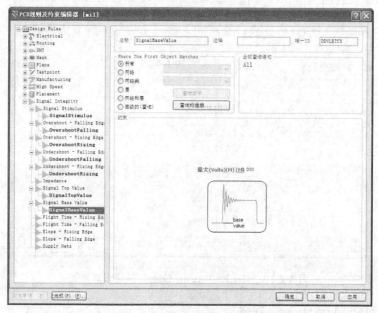

图 8-9 "Signal Base Value" 规则设置界面

（9）飞升时间的上升沿（Flight Time-Rising Edge）规则

飞升时间的上升沿定义了信号上升边沿允许的最大飞行时间，即信号上升边沿到达信号设定值的 50%时所需的时间，系统的默认单位是 s，设置界面如图 8-10 所示。

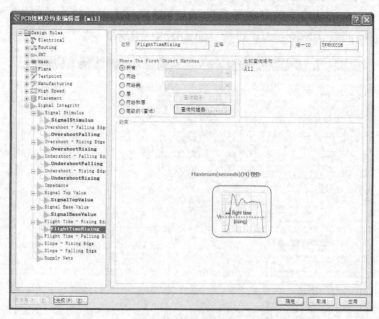

图 8-10 "Flight Time-Rising Edge" 规则设置界面

（10）飞升时间的下降沿（Flight Time-Falling Edge）规则

飞升时间的下降沿是相互连接的结构的输入信号延迟，它是实际的输入电压到门限电压之间的时间，小于这个时间将驱动一个基准负载，该负载直接与输出相连接。

飞升时间的下降沿与飞升时间的上升沿是对应的，它定义了信号下降边沿允许的最大飞行时间，即信号下降边沿到达信号设定值的 50%时所需的时间，系统的默认单位是 s，设置界面如图 8-11 所示。

图 8-11 "Flight Time-Falling Edge" 规则设置界面

（11）上升边沿斜率（Slope-Rising Edge）规则

上升边沿斜率定义了信号从门限电压上升到一个有效的高电平时所允许的最大时间，系统的默认单位是 s，设置界面如图 8-12 所示。

图 8-12 "Slope-Rising Edge" 规则设置界面

（12）下降边沿斜率（Slope-Falling Edge）规则

下降边沿斜率与上升边沿斜率是对应的，它定义了信号从门限电压下降到一个有效的低电平时所允许的最大时间，系统的默认单位是 s，如图 8-13 所示。

图 8-13 "Slope-Falling Edge" 规则设置界面

（13）电源网络（Supply Nets）规则

电源网络定义了电路板上的电源网络标号。信号完整性分析器需要了解电源网络标号的名称和电压位。

设置好完整性分析的各项规则后，在工程文件中，打开某个 PCB 设计文件，系统即可根据信号完整性的规则设置进行 PCB 的板级信号完整性分析。

8.3 信号完整性分析器设置

在对信号完整性分析的有关规则以及元器件的 SI 模型设定有了初步的了解后，本节将学习如何进行基本的信号完整性分析，在这种分析中，所涉及的一种重要工具就是信号完整性分析器。

信号完整性分析可以分为两大步进行：第一步是对所有可能需要进行分析的网络进行一次初步的分析，从中可以了解哪些网络的信号完整性最差；第二步是筛选一些信号进行进一步分析，这两步的具体实现都是在信号完整性分析器中进行的。

Altium Designer 14 提供了一个高级的信号完整性分析器，能精确地模拟、分析已布好线的 PCB，可以测试网络阻抗、下冲、过冲、信号斜率等，其设置方式与 PCB 设计规则一样，比较容易实现。

首先启动信号完整性分析器，具体方法为：打开某一项目的某一 PCB 文件，选择"工具"→"Signal Integrity（信号完整性）"命令，则系统开始运行信号完整信分析器。

信号完整性分析器的界面主要由以下几部分组成。

（1）"Net（网络列表）"栏

网络列表栏中列出了 PCB 文件中所有可能需要进行分析的网络。在分析之前，可以选中需要进一步分析的网络，单击按钮 ▷ 添加到右边的"Net"栏中。

（2）"Status（状态）"栏

状态栏用来显示相应网络进行信号完整性分析后的状态，有以下 3 种可能的状态。

- "Passed"：表示通过，没有问题。
- "Not analyzed"：表示由于某种原因导致对该信号的分析无法进行。
- "Failed"：表示分析失败。

（3）"Designator（标识符）"栏

标识符栏用于显示"Net"栏中选中网络的连接元器件引脚及信号的方向。

（4）"Termination（终端补偿）"栏

在 Altium Designer 14 中，对 PCB 进行信号完整性分析时，还需要对线路上的信号进行终端补偿的测试，目的是测试传输线中信号的反射与串扰，以便使 PCB 中的线路信号达到最优。

在"Termination（终端补偿）"栏中，系统提供了 8 种信号终端补偿方式，相应的图示均显示在下面。下面具体介绍 8 种信号终端补偿方式。

1）"No Termination（无终端补偿）"：该补偿方式如图 8-14 所示，即直接进行信号传输，对终端不进行补偿，是系统默认方式。

2）"Serial Res（串阻补偿）"：该补偿方式如图 8-15 所示，即在点对点的连接方式中，直接串入一个电阻，以减少外来电压波形的幅值，合适的串阻补偿将使信号正确终止，消除接收器的过冲现象。

图 8-14　"No Termination"补偿方式　　　　图 8-15　"Serial Res"补偿方式

3）"Parallel Res to VCC（电源 VCC 端并阻补偿）"：在电源 VCC 输入端并联的电阻是和传输线阻抗相匹配的，对于线路的信号反射，这是一种比较好的补偿方式，如图 8-16 所示。但是，由于该电阻上会有电流流过，因此将增加电源的消耗，导致低电平阀值的升高，该阀值会根据电阻值的变化而变化，有可能超出在数据区定义的操作条件。

4）"Parallel Res to GND（接地 GND 端并阻补偿）"：该补偿方式如图 8-17 所示，在接地输入端并联的电阻是和传输线阻抗相匹配的。与电源 VCC 端并阻补偿方式类似，这也是终止线路信号反射的一种比较好的方法。同样，由于有电流流过，因此会导致高电平阀值的降低。

图 8-16　"Parallel Res to VCC"补偿方式　　　图 8-17　"Parallel Res to GND"补偿方式

5）"Parallel Res to VCC & GND（电源端与地端同时并阻补偿）"：该补偿方式如图 8-18 所示，将电源端并阻补偿与接地端并阻补偿结合起来使用，适用于 TTL 总线系统，而对于 CMOS 总线系统则一般不建议使用。

由于该方式相当于在电源与地之间直接接入了一个电阻，流过的电流会比较大，因此，对于两电阻的阻值分配应折中选择，以防电流过大。

6）"Parallel Cap to GND（地端并联电容补偿）"：该补偿方式如图 8-19 所示，即在接收输入端对地并联一个电容，可以减少信号噪声。该补偿方式是制作 PCB 印制板时最常用的方式，能够有效地消除铜膜导线在走线的拐弯处所引起的波形畸变。此方式最大的缺点是，波形的上升沿或下降沿会变得太平坦，导致上升时间和下降时间增加。

图 8-18　"Parallel Res to VCC & GND"补偿方式　　　图 8-19　"Parallel Cap to GND"补偿方式

7）"Res and Cap to GND（地端并阻、并容补偿）"：该补偿方式如图 8-20 所示，即在接收输入端对地并联一个电容和一个电阻，与地端仅并联电容的补偿效果基本一样，但在终结网络中没有直流电流流过。而且与地端仅并联电阻的补偿方式相比，能够使线路信号的边沿比较平坦。

在大多数情况下，当时间常数 RC 大约为延迟时间的 4 倍时，这种补偿方式可以使传输线上的信号被充分终止。

8）"Parallel Schottky Diode（并联肖特基二极管补偿）"：该补偿方式如图 8-21 所示，在传输线终结的电源和地端并联肖特基二极管，可以减少接收端信号的过冲值和下冲值。大多数标准逻辑集成电路的输入电路都采用了这种补偿方式。

图 8-20　"Res and Cap to GND"补偿方式　　　图 8-21　"Parallel Schottky Diode"补偿方式

（5）"Perform Sweep（执行扫描）"复选框

若勾选"Perform Sweep"复选框，则信号分析时会按照用户设置的参数范围，对整个系统的信号完整性进行扫描，类似于电路原理图仿真中的参数扫描方式。一般应勾选该复选框，扫描步数采用系统默认值即可。

第 9 章　电路仿真系统

随着电子技术的飞速发展和新型电子元器件的不断涌现，电子电路变得越来越复杂，因此在电路设计时出现缺陷和错误在所难免。为了让设计者在设计电路时就能准确地分析电路的工作状况，及时发现其中的设计缺陷，然后予以改进。Altium Designer 14 提供了一个较为完善的电路仿真组件，可以根据设计的原理图进行电路仿真，并根据输出信号的状态调整电路的设计，这样极大地减少了不必要的设计失误，提高了电路设计的工作效率。

所谓电路仿真，就是用户直接利用 EDA 软件自身所提供的功能和环境，对所设计电路的实际运行情况进行模拟的一个过程。如果在制作 PCB 之前，能够对原理图进行仿真，明确把握系统的性能指标并据此对各项参数进行适当的调整，那么将能节省大量的人力和物力。由于整个过程是在计算机上运行的，所以操作相当简便，免去了构建实际电路系统的不便，只需输入不同的参数，就能得到在不同情况下电路系统的性能，而且仿真结果真实、直观，便于查看和比较。

本章知识重点
- 电路仿真的基本知识
- 仿真分析的参数设置
- 电路仿真的方法

9.1　电路仿真的基本概念

在具有仿真功能的 EDA 软件出现之前，设计者为了对自己设计的电路进行验证，一般是使用面包板来搭建实际的电路系统，然后对一些关键的电路节点进行逐点测试，通过观察示波器上的测试波形来判断相应的电路部分是否达到了设计要求。如果没有达到，则需要对元器件进行更换，有时甚至要调整电路结构，重建电路系统，然后再进行测试，直到达到设计要求为止。整个过程冗长而烦琐，工作量非常大。

使用软件进行电路仿真，则是把上述过程全部"搬到"了计算机中。同样要搭建电路系统（绘制电路仿真原理图）、测试电路节点（执行仿真命令），而且也需要查看相应节点（中间节点和输出节点）处的电压或电流波形，依此作出判断并进行调整。只不过，这一切都将在软件仿真环境中进行，过程轻松，操作方便，只需借助于一些仿真工具和仿真操作即可快速完成。

仿真中涉及的几个基本概念介绍如下。

1）仿真元器件。进行电路仿真时使用的元器件，要求具有仿真属性。

2）仿真原理图。根据具体电路的设计要求，使用原理图编辑器及具有仿真属性的元器件所绘制而成的电路原理图。

3）仿真激励源。用于模拟实际电路中的激励信号。

4）节点网络标签。对一个电路中需要测试的多个节点，应分别放置一个有意义的网络标签，以便明确查看每一节点的仿真结果（电压或电流波形）。

5）仿真方式。仿真方式有多种，在不同的仿真方式下相应地有不同的参数设定，用户应根据具体的电路要求来选择仿真方式。

6）仿真结果。仿真结果一般是以波形的形式给出，不仅局限于电压信号，每个元器件的电流及功耗波形都可以在仿真结果中观察到。

9.2 放置电源及仿真激励源

Altium Designer 14 提供了多种电源和仿真激励源，都存放在"Simulation Symbols.lib"集成库中，供用户选择。在使用时，均被默认为理想的激励源，即电压源的内阻为零，而电流源的内阻为无穷大。

仿真激励源就是仿真时输入到仿真电路中的测试信号，观察这些测试信号通过仿真电路后的输出波形，用户可以判断仿真电路中的参数设置是否合理。

下面将详细介绍常用的电源与仿真激励源。

9.2.1 直流电压源和直流电流源

直流电压源"VSRC"与直流电流源"ISRC"分别用来为仿真电路提供一个不变的电压信号和不变的电流信号，符号形式如图 9-1 所示。

这两种电源通常在仿真电路上电时，或需要为仿真电路输入一个阶跃激励信号时使用，以便用户观测电路中某一节点的瞬态响应波形。

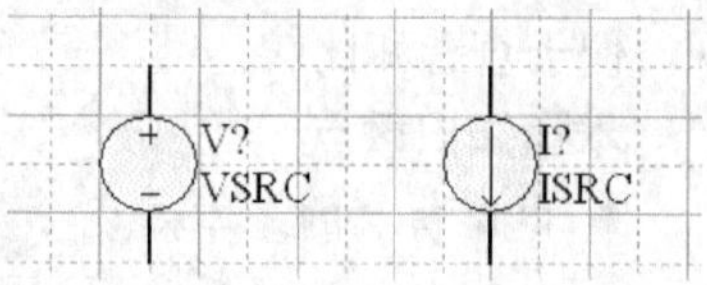

这两种电源需要设置的仿真参数是相同的，双击新添加的仿真直流电压源，在出现的对话框中设置其属性参数，参数含义如下。

图 9-1　直流电压源和直流电流源符号

- "Value（值）"：直流电源值。
- "AC Magnitude"：交流小信号分析的电压值。
- "AC Phase"：交流小信号分析的相位值。

9.2.2 正弦信号激励源

正弦信号激励源包括正弦电压源"VSIN"和正弦电流源"ISIN"，用来为仿真电路提供正弦激励信号，符号形式如图 9-2 所示。VSIN 和 ISIN 需要设置的仿真参数是相同的，具体参数含义如下。

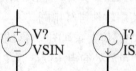

- "DC Magnitude"：正弦信号的直流参数，通常设置为"0"。
- "AC Magnitude"：交流小信号分析的电压值，通常设置为"1V"，如果不进行交流小信号分析，可以设置为任意值。

图 9-2　正弦电压源和正弦电流源符号

- "AC Phase"：交流小信号分析的电压初始相位值，通常设置为"0"。
- "Offset"：正弦波信号上叠加的直流分量，即幅值偏移量。
- "Amplitude"：正弦波信号的幅值设置。
- "Frequency"：正弦波信号的频率设置。
- "Delay"：正弦波信号初始的延时时间设置。
- "Damping Factor"：正弦波信号的阻尼因子设置，影响正弦波信号幅值的变化。设置为正值时，正弦波的幅值将随时间的增长而衰减；设置为负值时，正弦波的幅值则随时间的增长而增长；若设置为"0"，则正弦波的幅值不随时间变化而变化。

● "Phase Delay"：正弦波信号的初始相位设置。

9.3 仿真分析的参数设置

在电路仿真中，选择合适的仿真方式并对相应的参数进行合理的设置，是仿真能够正确运行并获得良好仿真效果的关键保证。

一般来说，仿真方式的设置包含两部分：一是各种仿真方式都需要的通用参数设置；二是具体的仿真方式所需要的特定参数设置，二者缺一不可。

在原理图编辑环境中，选择"设计"→"仿真"→"Mixed Sim（混合仿真）"命令，则系统弹出如图 9-3 所示的，即"Analyses Setup（仿真分析设置）"对话框。

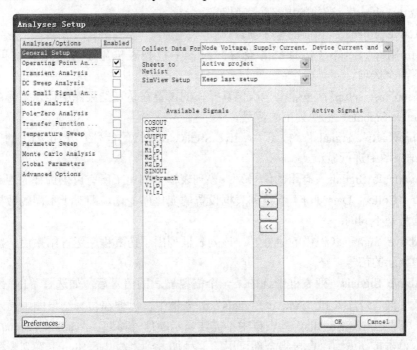

图 9-3 "Analyses Setup 仿真分析设置"对话框

在该对话框左侧的"Analyses/Options（分析/选项）"栏中，列出了若干选项供用户选择，包括各种具体的仿真方式。该对话框的右侧则用来显示与选项相对应的具体设置内容。系统的默认选项为"General Setup（通用设置）"，即仿真方式的通用参数设置。

9.3.1 通用参数的设置

通用参数的具体设置内容有以下 5 项。

1）"Collect Date For（为了收集数据）"：该下拉列表框用于设置仿真程序需要计算的数据类型，具体有以下 6 种类型。

● "Node Voltage"：节点电压。

● "Supply Current"：电源电流。

● "Device Current"：流过元器件的电流。

- "Device Power"：在元器件上消耗的功率。
- "Subeircuit VARS"：支路端电压与支路电流。
- "Active Signals"：仅计算"Active Signals"列表框中列出的信号。

由于仿真程序在计算上述数据时要使用很长的时间，因此在进行电路仿真时，用户应尽可能少地设置需要计算的数据，只需观测电路中节点的一些关键信号波形即可。

在"Collect Data For（为了收集数据）"下拉列表框中可以看到，系统提供了几种需要计算的数据组合，用户可以根据具体的仿真要求加以选择，系统的默认选项为"Node Voltage，Supply Current，Device Current any Power"。一般来说，此项应设置为"Active Signals（积极的信号）"，这样一方面可以灵活选择所要观测的信号，另一方面也减少了仿真的计算量，提高了效率。

2）"Sheets to Netlist（网表薄片）"：该下拉列表框用于设置仿真程序作用的范围，有以下两个选项。

- "Active sheet"：当前的电路仿真原理图。
- "Active project"：当前的整个项目。

3）"SimView Setup（仿真视图设置）"：该下拉列表框用于设置仿真结果的显示内容，有以下两个选项。

- "Keep last setup"：按照上一次仿真操作的设置在仿真结果图中显示信号波形，忽略"Active Signals"栏中列出的信号。
- "Show active signals"：按照"Active Signals（积极的信号）"栏中列出的信号，在仿真结果图中进行显示。

4）"Available Signals（有用的信号）"：该列表框中列出了所有可供选择的观测信号，具体内容随着"Collect Data For"下拉列表框设置的变化而变化，即对于不同的数据组合，可以观测的信号是不同的。

5）"Active Signals（积极的信号）"：该列表框列出了仿真程序运行结束后，能立刻在仿真结果图中显示的信号。

在"Active Signals"列表框中选中某一个需要显示的信号后，如选择"IN"，单击按钮 ⟩ ，可以将该信号加入到"Active Signals"列表框中，以便在仿真结果图中显示；单击按钮 ⟨ 可以将"Active Signals"列表框中不需要显示的信号移回"Available Signals"列表框中。或者，单击按钮 ⟩⟩ ，直接将全部可用的信号加入到"Active Signals"列表框中；单击按钮 ⟨⟨ ，则将全部活动信号移回"Available Signals"列表框中。

上面讲述的是在仿真运行前需要完成的通用参数设置。而对于用户具体选用的仿真方式，还需进行一些特定参数的设置。

9.3.2 具体参数的设置

Altium Designer 14 提供了 12 种仿真分析方式，具体介绍如下。

- "Operating Point Analysis"：工作点分析。
- "Transient Analysis"：瞬态特性分析。
- "DC Sweep Analysis"：直流传输特性分析。
- "AC Small Signal Analysis"：交流小信号分析。
- "Noise Analysis"：噪声分析。
- "Pole-Zero Analysis" 零-极点分析

- "Transfer Function Analysis"：传递函数分析。
- "Temperature Sweep"：温度扫描。
- "Parameter Sweep"：参数扫描。
- "Monte Carlo Analysis"：蒙特卡罗分析。
- "Global Parameters"：全局参数分析。
- "Advanced Options"：设置仿真的高级参数。

1．工作点分析

所谓工作点分析，就是静态工作点分析，这种方式是在分析放大电路时提出来的。放大器的输入信号短路时，放大器就处在无信号输入状态，即静态。若静态工作点选择不合适，则输出波形会失真，因此设置合适的静态工作点是放大电路正常工作的前提。在该分析方式中，所有的电容都将被看作开路，所有的电感都被看作短路，然后计算各个节点的对地电压，以及流过每一元器件的电流。由于方式比较固定，因此，用户无需再进行特定参数的设置，使用该方式时，只需选中即可运行。

一般来说，在进行瞬态特性分析和交流小信号分析时，仿真程序都会先执行工作点分析，以确定电路中非线性元器件的线性化参数初始值。因此，通常情况下应选中该项。

2．瞬态特性分析

瞬态特性分析是电路仿真中经常使用的仿真方式，是一种时域仿真分析方式，通常从时间零开始，到用户规定的终止时间结束，在一个类似示波器的窗口中，显示观测信号的时域变化波形。

傅里叶分析与瞬态特性分析是同时进行的，属于频域分析，用于计算瞬态分析结果的一部分。在仿真结果图中将显示观测信号的直流分量、基波及各次谐波的振幅与相位。

在"Analyses Setup"对话框中勾选"Transient Analysis"复选框，相应的参数设置如图9-4所示，具体参数含义如下。

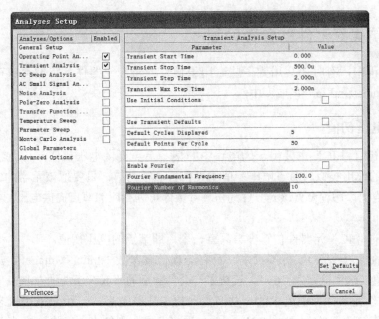

图9-4　瞬态特性分析的仿真参数设置

- "Transient Start Time"：瞬态仿真分析的起始时间设置，通常设置为"0"。

- "Transient Stop Time"：瞬态仿真分析的终止时间设置，需要根据具体的电路来调整设置。若设置太小，则用户无法观测到完整的仿真过程，仿真结果中只显示一部分波形，不能作为仿真分析的依据；若设置太大，则有用的信息会被压缩在一小段区间内，同样不利于分析。
- "Transient Step Time"：仿真的时间步长设置，需要根据具体的电路来调整。设置太小，仿真程序的计算量会很大，运行时间过长；设置太大，则仿真结果粗糙，无法真切地反映信号的细微变化，不利于分析。
- "Transient Max Step Time"：仿真的最大时间步长设置，通常设置为与时间步长值相同的值。
- "Use Initial Conditions"：该复选框用于设置电路仿真时，是否使用初始设置条件，一般应勾选。
- "Use Transient Defaults"：该复选框用于设置电路仿真时，是否采用系统的默认设置。若选中了该复选框，则所有的参数选项颜色都将变成灰色，不再允许用户修改设置。通常情况下，为了获得较好的仿真效果，用户应对各参数进行手动调整配置，不应选中此复选框。
- "Default Cycles Displayed"：电路仿真时显示的波形周期数设置。
- "Default Points Per Cycle"：每一显示周期中的点数设置，其数值多少决定了曲线的光滑程度。
- "Enable Fowrier"：该复选框用于设置电路仿真时是否进行傅里叶分析。
- "Fourier Fundamental Frequency"：傅里叶分析中的基波频率设置。
- "Fourier Number of Harmonics"：傅里叶分析中的谐波次数设置，通常使用系统默认值"10"即可。
- "Set Defaults"按钮：单击该按钮，可以将所有参数恢复为默认值。

9.4　特殊仿真元器件的参数设置

在仿真过程中，有时还会用到一些专用于仿真的特殊元器件，它们存放在系统提供的"Simulation Sourees.IntLib"集成库中。

9.4.1　节点电压初值

节点电压初值".IC"主要用于为电路中的某一节点提供电压初值，与电容中的"Intial Voltage"参数的作用类似。节点电压初值的设置方法很简单，只要把该元器件放在需要设置电压初值的节点上，通过设置该元器件的仿真参数即可为相应的节点提供电压初值，如图 9-5 所示。

需要设置的".IC"元器件仿真参数只有一个，即节点的电压初值。

在"Parameter（参数）"标签页中，只有一项仿真参数"Intial Voltage"，用于设定相应节点的电压初值，这里设置为"0V"。设置了有关参数后的".IC"元器件如图 9-6 所示。

使用".IC"元器件为电路中的一些节点设置电压初值后，当用户采用瞬态特性分析的仿真方式时，若勾选了"Use Intial Conditions"复选框，则仿真程序将直接使用".IC"元器件所设置的初始值作为瞬态特性分析的初始条件。

当电路中有储能元器件（如电容）时，如果在电容两端设置了电压初始值，同时在与该电容连接的导线上也放置了".IC"元器件，并设置了参数值，那么此时进行瞬态特性分析，系统将使用电容两端的电压初始值，而不会使用".IC"元器件的设置值，即一般元器件的设置优先级高于".IC"元器件。

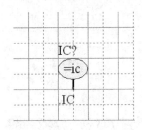

图9-5 放置的".IC"元器件

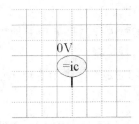

图9-6 设置完参数的".IC"元器件

9.4.2 节点电压

在对双稳态或单稳态电路进行瞬态特性分析时，节点电压".NS"用来设定某个节点的电压预收敛值。如果仿真程序计算出该节点的电压小于预设的收敛值，则去掉".NS"元器件所设置的收敛值，继续计算，直到算出真正的收敛值为止，即".NS"元器件是求节点电压收敛值的一个辅助手段。

节点电压的设置方法很简单，只要把该元器件放在需要设置电压预收敛值的节点上，通过设置该元器件的仿真参数即可为相应的节点设置电压预收敛值，如图9-7所示。

需要设置的".NS"元器件仿真参数只有一个，即节点的电压预收敛值。

在"Parameter（参数）"标签页中，只有一项仿真参数"Intial Voltage"，用于设定相应节点的电压预收敛值，这里设置为"10V"。设置了有关参数后的".NS"元器件如图9-8所示。

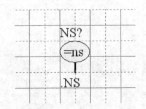

图9-7 放置的".NS"元器件

图9-8 设置完参数的".NS"元器件

若在电路的某一节点处，同时放置了".IC"元器件与".NS"元器件，则仿真时".IC"元器件的设置优先级高于".NS"元器件。

综上所述，初始状态的设置共有 3 种途径，即".IC"设置、".NS"设置和定义元器件属性。在电路模拟中，若有这 3 种或两种共存时，则在分析中优先考虑的次序是定义元器件属性、".IC"设置、".NS"设置。如果".NS"和".IC"共存时，则".IC"设置将取代".NS"设置。

9.4.3 仿真数学函数

在仿真元器件库"Simulation Math Function.IntLib"中，还提供了若干仿真数学函数，它们同样作为一种特殊的仿真元器件，可以放置在电路仿真原理图中使用。仿真数学函数主要用于对仿真原理图中的两个节点信号进行各种合成运算，以达到一定的仿真目的，包括节点电压的加、减、乘、除，以及支路电流的加、减、乘、除等运算，也可以用于对一个节点信号进行各种变换，如正弦变换、余弦变换、双曲线变换等。

仿真数学函数存放在"Simulation Math Function. IntLib"库文件中，只需要把相应的函数功能模块放到仿真原理图中需要进行信号处理的地方即可，仿真参数不需要用户自行设置。

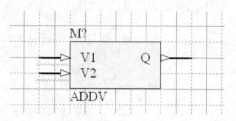

图 9-9 所示的是对两个节点电压信号进行相加运算的仿真数学函数"ADDV"。

图 9-9 仿真数学函数"ADDV"

9.4.4 实例——使用仿真数学函数

本例中，将使用相关的仿真数学函数，对某一输入信号进行正弦变换和余弦变换，然后叠加输出，具体步骤如下。

1）新建一个原理图文件，另存为"仿真数学函数.SchDoc"。

2）在系统提供的集成库中，找到"Simulation Sourees.IntLib"和"Simulation Math Function. IntLib"，并加载。

3）打开集成库"Simulation Math Function.IntLib"，找到正弦变换函数"SINV"、余弦变换函数"COSV"及电压相加函数"ADDV"，分别放置在原理图中，如图 9-10 所示。

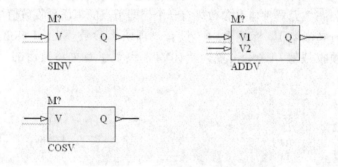

图 9-10 放置数学函数

4）在"Libraries"面板中，打开集成库"Miscellaneous Devices.IntLib"，找到元器件Res3，在原理图中放置两个接地电阻，并完成相应的电气连接，如图 9-11 所示。

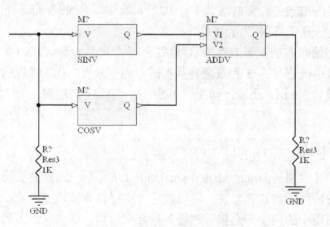

图 9-11 放置接地电阻并连接

5）双击电阻，系统将弹出属性设置对话框，相应的仿真参数即电阻值均设置为"1K"。

6）双击每一个仿真数学函数，进行参数设置，在弹出的元器件属性对话框中，只需设置标识符即可。设置好的原理图如图9-12所示。

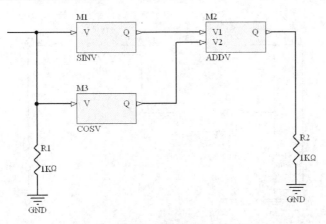

图9-12　设置好元器件参数的原理图

7）打开集成库"Simulation Sources.IntLib"，找到正弦电压源"VSIN"，放置在仿真原理图中，并进行接地连接，如图9-13所示。

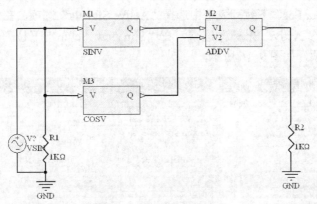

图9-13　放置正弦电压源

8）双击正弦电压源，弹出相应的器件属性对话框，设置其基本参数及仿真参数。标识符输入为"V1"，其他各项仿真参数均采用系统的默认值即可。

9）单击"OK（确定）"按钮返回后，仿真原理图如图9-14所示。

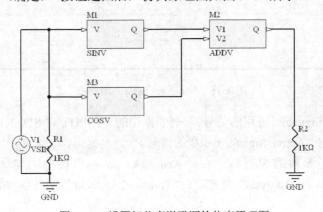

图9-14　设置好仿真激励源的仿真原理图

10）在原理图中需要观测信号的位置处添加网络标签。这里需要观测的信号有 4 个：输入信号、经过正弦变换后的信号、经过余弦变换后的信号和相加后输出的信号。因此，在相应的位置处放置 4 个网络标签，即"INPUT""SINOUT""COSOUT"和"OUTPUT"，如图 9-15 所示。

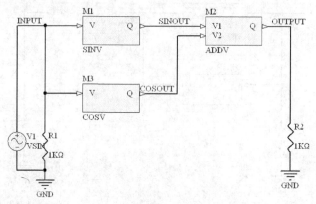

图 9-15　添加 4 个网络标签

11）选择"设计"→"仿真"→"Mixed Sim（混合仿真）"命令，在系统弹出的"Analyses Setup"对话框中先进行通用参数设置。

在"Collect Data For"下拉列表框中选择"Active Signals"选项，在"Sheets to Netlist"下拉列表框中选择"Active Sheet"选项，在"SimView Setup"下拉列表框中选择"Show Active Signals"选项，如图 9-16 所示。

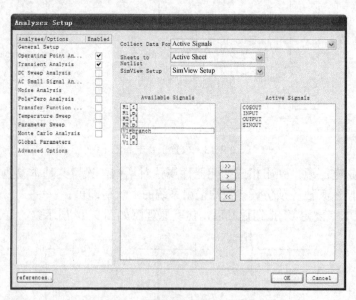

图 9-16　"Analyses Setup"对话框

将"Available Signals（可用的信号）"列表框中的"INPUT""SINOUT""COSOUT"和"OUTPUT"右移到"Active Signals（积极的信号）"列表框内。

12）完成通用参数的设置后，在"Analyses/Options"栏中，勾选"Operating Point Analysis"和"Transient Analysis"复选框。"Transient Analysis"中各项参数的设置如图 9-17 所示。

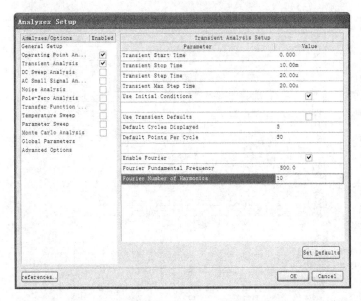

图 9-17　瞬态特性分析与傅里叶分析的参数设置

13）瞬态仿真分析的起始时间设置为"0"，终止时间设置为"10ms"，时间步长及最大时间步长设置为"20us"，勾选"Use Intial Conditions"复选框和"Enable Fourier"复选框，傅里叶分析中的基波频率设置为"500Hz"。

14）设置完毕后，单击"OK"按钮，则系统开始电路仿真，瞬态仿真分析和傅里叶分析的仿真结果如图 9-18 和图 9-19 所示。

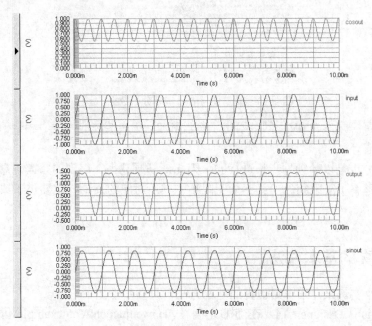

图 9-18　瞬态仿真分析波形

图中分别显示了要观测的 4 个信号的时域波形及频谱组成。在显示波形的同时，系统还为所观测的节点生成了傅里叶分析的相关数据，保存在扩展名为"sim"的文件中，图 9-20 所示的是该文件中与输出信号"OUTPUT"有关的数据。

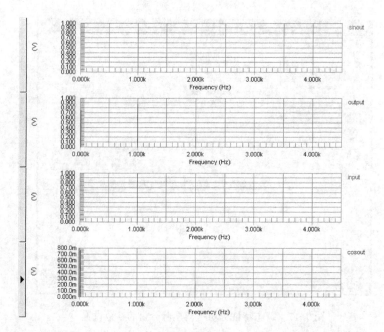

图 9-19 傅里叶分析的仿真波形

```
Circuit: PCB_Project1
Date:    星期一三月 25 11:04:18 2013

Fourier analysis for sinout:
    No. Harmonics: 10, THD: 4.92109E008 %, Gridsize: 200, Interpolation Degree: 1

Harmonic  Frequency     Magnitude      Phase         Norm. Mag      Norm. Phase
--------  ---------     ---------      -----         ---------      -----------
0         0.00000E+000  -8.93891E-008  0.00000E+000  0.00000E+000   0.00000E+000
1         5.00000E+002  1.78778E-007   -8.82000E+001 1.00000E+000   0.00000E+000
2         1.00000E+003  8.78940E-001   6.38699E-005  4.91637E+006   8.82001E+001
3         1.50000E+003  1.78778E-007   -8.46000E+001 1.00000E+000   3.60000E+000
4         2.00000E+003  1.78778E-007   -8.28000E+001 1.00000E+000   5.40000E+000
5         2.50000E+003  1.78778E-007   -8.10000E+001 1.00000E+000   7.20000E+000
6         3.00000E+003  3.85161E-002   -1.51337E-002 2.15441E+005   8.81849E+001
7         3.50000E+003  1.78778E-007   -7.74000E+001 1.00000E+000   1.08000E+001
8         4.00000E+003  1.78778E-007   -7.56000E+001 1.00000E+000   1.26000E+001
9         4.50000E+003  1.78778E-007   -7.38000E+001 1.00000E+000   1.44000E+001
```

图 9-20 输出信号的傅里叶分析数据

此图表明了直流分量为 0V，同时给出了基波和 2~9 次谐波的幅度、相位值，以及归一化的幅度、相位值等。

傅里叶变换分析是以基频为步长进行的，因此，基频越小，得到的频谱信息就越多。但是，基频的设定是有下限限制的，并不能无限小，其所对应的周期一定要小于或等于仿真的终止时间。

9.5 电路仿真的基本方法

下面结合一个实例来介绍电路仿真的基本方法，具体步骤如下。

1）启动 Altium Designer 14，在随书光盘 "yuanwenjian\ch9\9.5\example\仿真示例电路图" 中打开如图 9-21 所示的电路原理图。

2）在电路原理图编辑环境中，激活 "Projects（工程）" 面板，右键单击面板中的电路原理图，在弹出的快捷菜单中选择 "Compile Document（编译文件）" 命令，如图 9-22 所示。执行该命令后，系统将自动检查原理图文件是否有错，如果有错误应予以纠正。

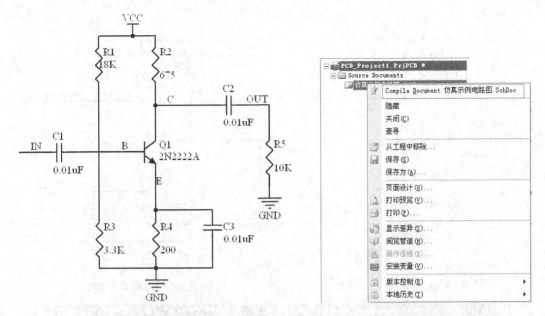

图 9-21　实例电路原理图　　　　　　　　　　　　图 9-22　快捷菜单

3）激活"库"面板，单击其中的"Libraries（库）"按钮，系统将弹出"可用库"对话框。

4）单击"添加库"按钮，在弹出的"打开"对话框中选择 Altium Designer 14 安装目录"AD 14\Library\Simulation"中所有的仿真库，如图 9-23 所示。

图 9-23　选择所有的仿真库

5）单击"打开"按钮，完成仿真库的添加。

6）在"库"面板中选择"Simulation Sources.IntLib"集成库，该仿真库包含了各种仿真电源和激励源。选择名为"VSIN"的激励源，然后将其放置到原理图编辑区中，如图 9-24 所示。

选择放置导线工具，将激励源和电路连接起来，并接上电源地，如图 9-25 所示。

7）双击新添加的仿真激励源，在弹出的"Properties for Schematic Component in Sheet（电路图中的元器件属性）"对话框中设置其属性参数，具体如图 9-26 所示。

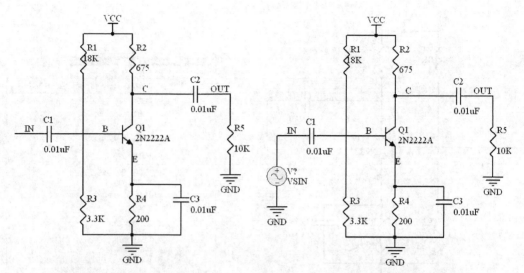

图 9-24　添加仿真激励源　　　　　　　　图 9-25　连接激励源并接地

图 9-26　设置仿真激励源的参数

8）在"Properties for Schematic Component in Sheet"对话框中，双击"Models（模型）"栏"Type（类型）"列下的"Simulation（仿真）"选项，弹出如图 9-27 所示的"Sim Model-Voltage Source/Sinusoidal（仿真模型-电压源/正弦曲线）"对话框，通过该对话框可以查看并修改仿真模型。

9）单击"Model Kind（模型种类）"选项卡，可查看元器件的仿真模型种类。

10）单击"Port Map（端口图）"选项卡，可显示当前元器件的原理图引脚和仿真模型引脚之间的映射关系，可以进行修改。

11）对于仿真电源或激励源，也需要设置其参数。在"Sim Model-Voltage Source/Sinusoidal"对话框中单击"Parameters（参数）"选项卡，如图 9-28 所示，按照电路的实际需求设置相关参数。

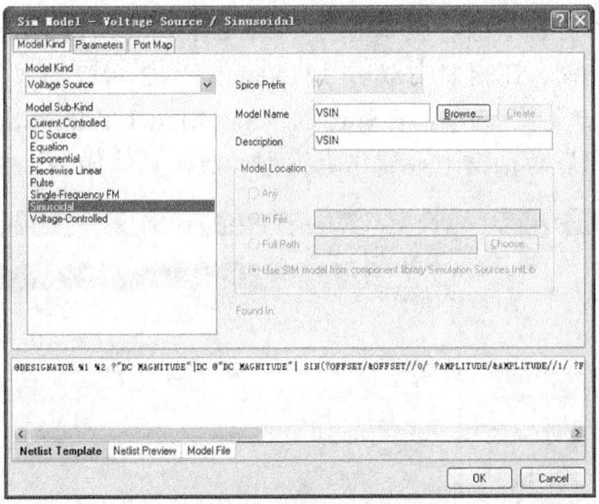

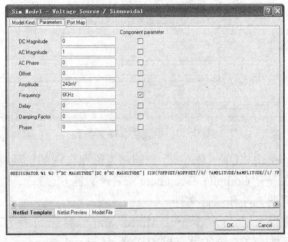

图 9-27 "Sim Model–Voltage Source/Sinusoidal" 对话框

图 9-28 "Parameters" 选项卡

12）设置完毕后，单击"OK（确定）"按钮，返回电路原理图编辑环境。

13）采用相同的方法，再添加一个仿真电源，如图 9-29 所示。

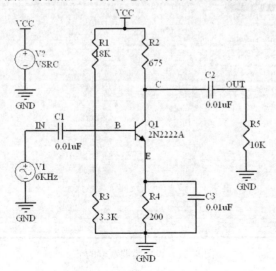

图 9-29　添加仿真电源

14）双击已添加的仿真电源，在弹出的"Properties for Schematic Component in Sheet"对话框中设置其属性参数。在窗口中双击"Model for V2（V2 模型）"栏"Type（类型）"列下的"Simulation（仿真）"选项，在弹出的"Sim Model-Voltage Source/DC Source（仿真模型-电压源/直流电源）"对话框中设置仿真模型参数，具体如图 9-30 所示。

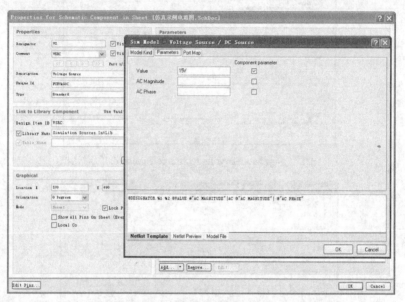

图 9-30　设置仿真模型参数

15）设置完毕后，单击"OK（确定）"按钮，返回原理图编辑环境。

16）选择"工程"→"Compile Document（编译文件）"命令，编译当前的原理图，编译无误后分别保存原理图文件和项目文件。

17）选择"设计"→"仿真"→"Mixed Sim（混合仿真）"命令，系统将弹出"Analyses Setup"对话框。在左侧的列表框中选择"General Setup（常规设置）"选项，在右侧设置需要观察的节点，即要获得的仿真波形，如图 9-31 所示。

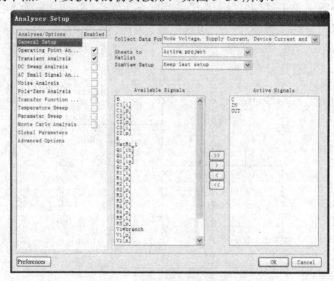

图 9-31　设置需要观察的节点

18）选择合适的分析方法并设置相应的参数。按照图 9-32 所示的设置"Transient

Analysis（瞬态特性分析）"复选框。

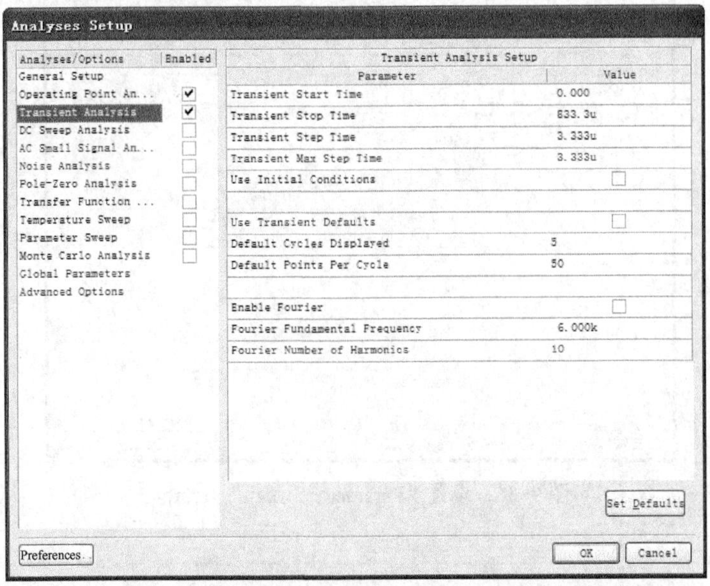

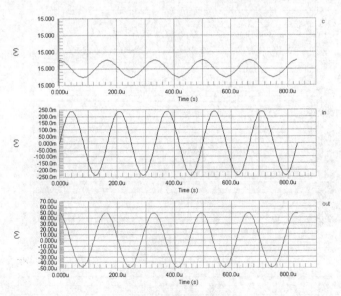

图 9-32　"Transient Analysis"复选框的参数设置

19）设置完毕后，单击"OK（确定）"按钮，得到如图 9-33 所示的仿真波形。

图 9-33　仿真波形 1

20）保存仿真波形图，然后返回原理图编辑环境。

21）选择"设计"→"仿真"→"Mixed Sim（混合仿真）"命令，系统将弹出 "Analyses Setup"对话框。勾选"Parameter Sweep（参数扫描）"复选框，设置需要扫描的元 器件及参数的初始值、终止值、步长等，具体如图 9-34 所示。

22）设置完毕后，单击"OK（确定）"按钮，得到如图 9-35 所示的仿真波形。

23）选中 OUT 波形所在的图表，在"Sim Data（仿真数据）"面板的"Source Data（数 据源）"中双击 out_p1、out_p2、out_p3，将其导入到 OUT 图表中，如图 9-36 所示。

用户还可以修改仿真模型参数，保存后再次进行仿真。

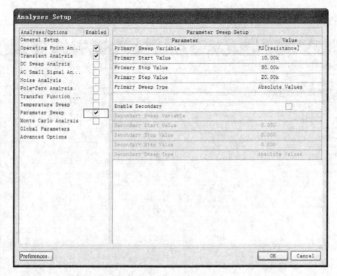

图 9-34　设置"Parameter Sweep"复选框

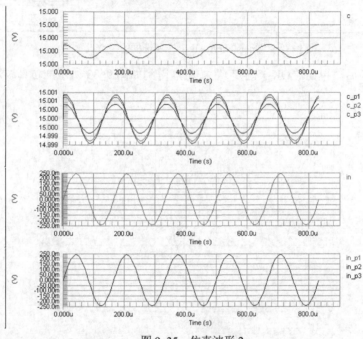

图 9-35　仿真波形 2

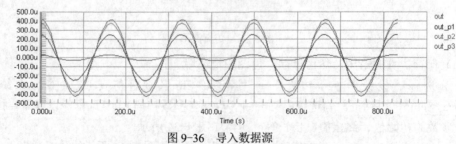

图 9-36　导入数据源

9.6　操作实例

本节将通过实际的电路系统，对关键的电路节点进行逐点测试，通过观察示波器上的测

272

试波形来判断相应的电路部分是否达到了设计要求。

9.6.1　带通滤波器仿真

本例要求完成如图 9-37 所示的仿真电路原理图的绘制，同时完成脉冲仿真激励源的设置及仿真方式的设置，实现瞬态特性、直流工作点、交流小信号及传输函数分析，最终将波形结果输出。

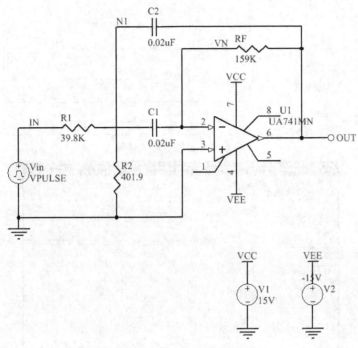

图 9-37　带通滤波器仿真电路

通过本实例可以掌握交流小信号分析以及传输函数分析等功能，从而方便在电路的频率特性和阻抗匹配应用中使用 Altium Designer 14 完成相应的仿真分析。

实例操作步骤如下。

1）选择“文件”→“New（新建）”→“Project（工程）”→“PCB 工程”命令，建立新工程，并保存更名为“Bandpass Filters.PRJPCB”。为新工程添加仿真模型库，完成电路原理图的设计。

2）双击脉冲信号源 VPULSE，系统将弹出元器件属性对话框，按照设计要求设置元器件参数。设置脉冲信号源“VPULSE”的周期为“1m”，其他参数设置如图 9-38 所示。

3）同样的方法设置“V1”“V2”，参数值分别为“+15V”“-15V”。

4）选择“设计”→“仿真”→“Mixed Sim（混合仿真）”命令，系统将弹出“Analyses Setup”对话框。如图 9-39 所示选择直流工作点分析、瞬态特性分析和交流小信号分析，并选择观察信号 IN 和 OUT。

5）勾选“Analyses Setup（分析/选项）”列表框中的“AC Small Signal Analysis（交流小信号分析）”复选框，“AC Small Signal Analysis”复选框的参数设置如图 9-40 所示。

6）勾选“Analyses Setup”列表框中的“Transfer Function Analysis（传输函数分析）”复选框，“Transfer Function Analysis”复选框的参数设置如图 9-41 所示。

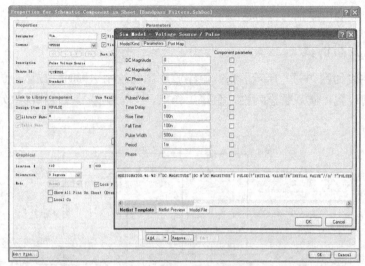

图 9-38　设置脉冲信号源

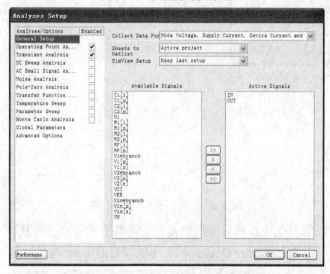

图 9-39　"Analyses Setup" 对话框

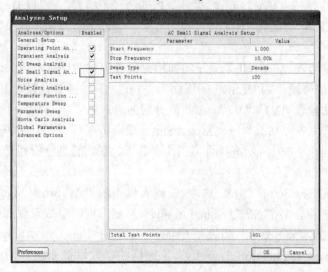

图 9-40　设置 "AC Small Signal Analysis" 复选框的参数

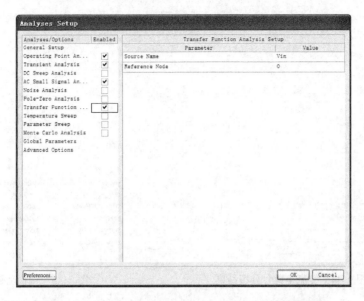

图 9-41 设置"Transfer Function Analysis"复选框的参数

7）设置完毕后，单击"OK（确定）"按钮进行仿真。系统先后进行直流工作点分析、瞬态特性分析、交流小信号分析和传输函数分析，其结果分别如图 9-42～图 9-45 所示。

从图 9-44 中可以看出，信号为 1kHz，输出达到最大值。之后与之前随着频率的升高或减小，系统的输出逐渐减小。

| in | 0.000 V |
| out | 12.69mV |

图 9-42 直流工作点分析结果

从图 9-45 中可以看出，经过传输函数分析后，系统计算的输入/输出阻抗值以文字的形式显示，如 Output 端的输出阻抗为 1.606m。

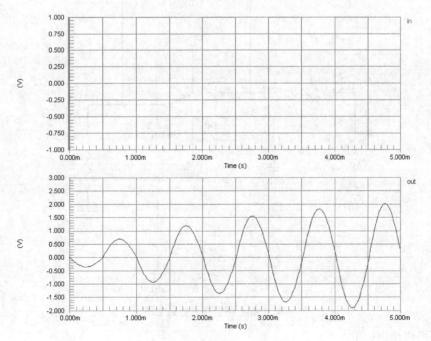

图 9-43 瞬态特性分析结果

275

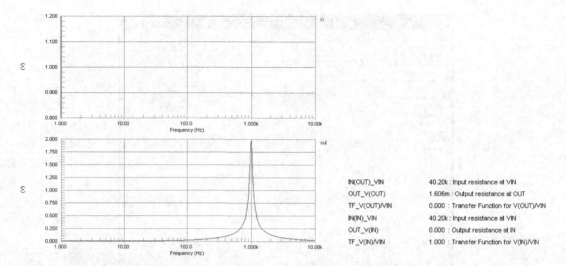

IN(OUT)_VIN	40.20k : Input resistance at VIN
OUT_V(OUT)	1.606m : Output resistance at OUT
TF_V(OUT)/VIN	0.000 : Transfer Function for V(OUT)/VIN
IN(IN)_VIN	40.20k : Input resistance at VIN
OUT_V(IN)	0.000 : Output resistance at IN
TF_V(IN)/VIN	1.000 : Transfer Function for V(IN)/VIN

图 9-44 交流小信号分析结果　　　　　　　图 9-45　传输函数分析结果

9.6.2　模拟放大电路仿真

本例要求完成如图 9-46 所示的仿真电路原理图的绘制，同时完成正弦仿真激励源的设置及仿真方式的设置。实现瞬态特性分析、直流工作点分析、交流小信号分析、直流传输特性分析及噪声分析，最终将波形结果输出。通过本实例可以掌握直流传输特性分析，确定输入信号的最大范围。同时，还可以正确理解噪声分析的作用和功能，掌握噪声分析适用的场合和操作步骤，尤其是理解进行噪声分析时所设置参数的物理意义。

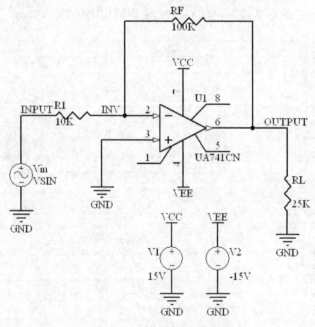

图 9-46　模拟放大仿真电路

实例操作步骤如下。

1）选择"文件"→"New（新建）"→"Project（工程）"→"PCB 工程"命令，建立新工程，并保存更名为"Imitation Amplifier.PRJPCB"。为新工程添加仿真模型库，完成电路原理图的设计。

2）双击该元器件，设置元器件的参数。系统将弹出元器件属性对话框，按照设计要求设置元器件参数。放置正弦信号源"VIN"。

3）选择"设计"→"仿真"→"Mixed Sim（混合仿真）"命令，系统将弹出"Analyses Setup"对话框。如图 9-47 所示选择直流工作点分析、瞬态特性分析、交流小信号分析和直流传输特性分析，并选择观察信号 INPUT 和 OUTPUT。

4）勾选"Analyses Setup（分析/选项）"列表框中的"DC Sweep Analysis（直流扫描分析）"复选框，"DC Sweep Analysis"复选框的参数设置如图 9-48 所示。

5）勾选"Analyses Setup"列表框中的"AC Small Signal Analysis（交流小信号分析）"复选框，"AC Small Signal Analysis"复选框的参数设置如图 9-49 所示。

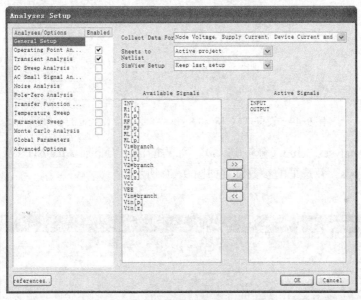

图 9-47 "Analyses Setup"对话框

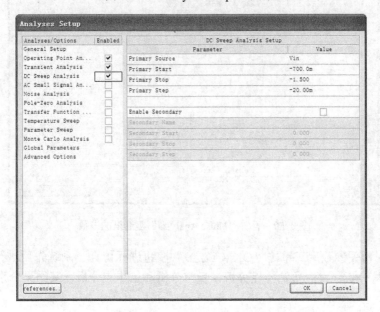

图 9-48 设置"DC Sweep Analysis"复选框的参数

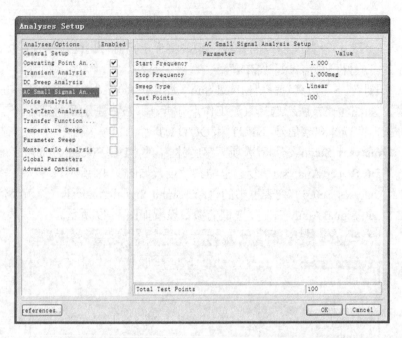

图 9-49 设置 "AC Small Signal Analysis" 复选框的参数

6）勾选 "Analyses Setup（分析/选项）" 列表框中的 "Noise Analysis（噪声分析）" 复选框，"Noise Analysis" 复选框的参数设置如图 9-50 所示。

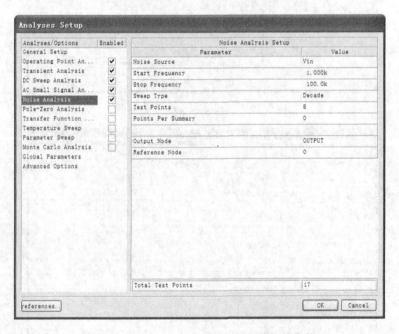

图 9-50 设置 "Noise Analysis" 复选框的参数

7）设置好相关参数后，单击 "OK（确定）" 按钮进行仿真。系统先后进行瞬态特性分析、交流小信号分析、直流传输特性分析、噪声分析和工作点分析，其结果分别如图 9-51～图 9-55 所示。

噪声分析的结果是以噪声谱密度的形式给出的，其单位为 V^2/Hz。其中，NO 表示输出端的噪声，NI 表示计算出来的输出端的噪声。

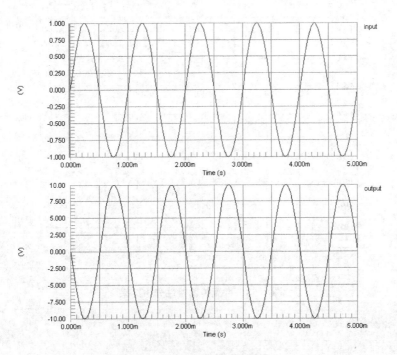

图 9-51　瞬态特性分析结果

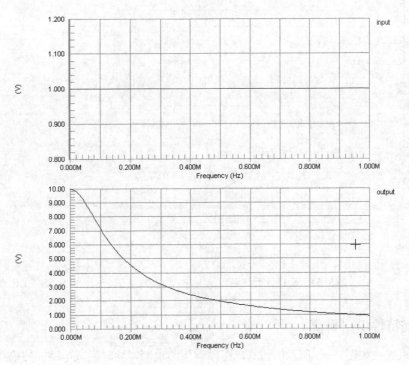

图 9-52　交流小信号分析结果

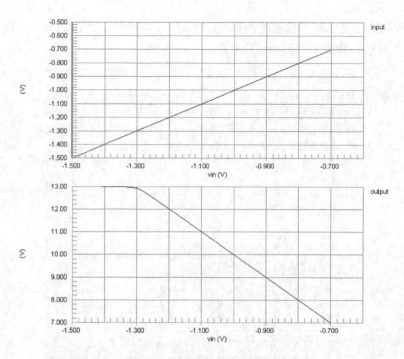

图 9-53 直流传输特性分析结果

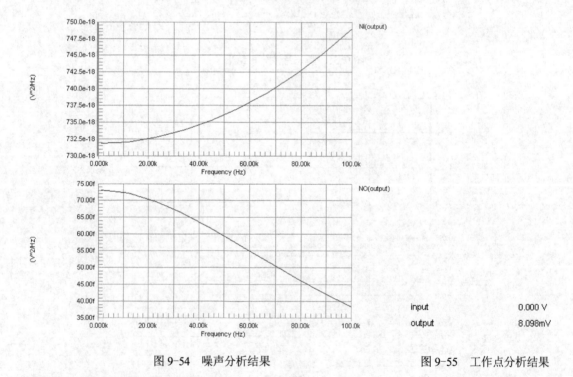

| input | 0.000 V |
| output | 8.098mV |

图 9-54 噪声分析结果   图 9-55 工作点分析结果

9.6.3 扫描特性电路仿真

本例要求完成如图 9-56 所示的仿真电路原理图的绘制，同时完成电路的扫描特性分析。实例操作步骤如下。

1）选择"文件"→"New（新建）"→"Project（工程）"→"PCB 工程"命令，建立

一个新的项目，并保存更名为"Scanning Properties. PRJPCB"。在项目中新建一个同名原理图文件，完成电路原理图的设计输入工作，并放置正弦信号源。

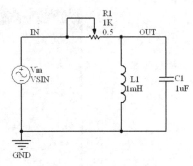

图 9-56　扫描特性仿真电路

2）设置元器件的参数。双击该元器件，系统将弹出元器件属性对话框，按照设计要求设置元器件参数。

3）选择"设计"→"仿真"→"Mixed Sim（混合仿真）"命令，系统将弹出"Analyses Setup"对话框。如图 9-57 所示选择交流小信号分析和扫描特性分析，并选择观察信号 OUT。

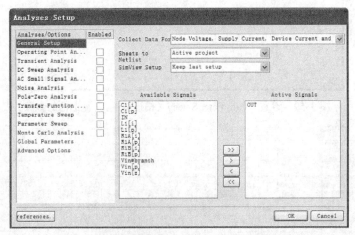

图 9-57　"Analyses Setup"对话框

4）勾选"Analyses Setup（分析/选项）"列表框中的"AC Small Signal Analysis（交流小信号分析）"复选框，参数设置如图 9-58 所示。

5）勾选"Analyses Setup"列表框中的"Parameter Sweep（扫描特性参数）"复选框，参数设置如图 9-59 所示。

6）设置完毕后，单击"OK"按钮进行仿真。系统进行扫描特性分析，结果如图 9-60 所示。

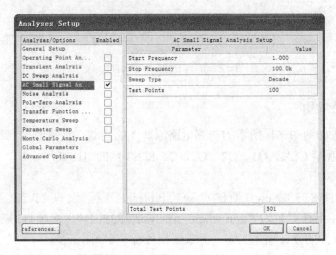

图 9-58　设置"AC Small Signal Analysis"复选框的参数

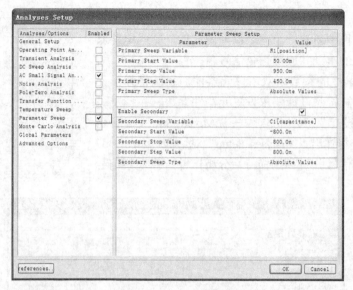

图 9-59　设置"Parameter Sweep（扫描特性）"复选框的参数

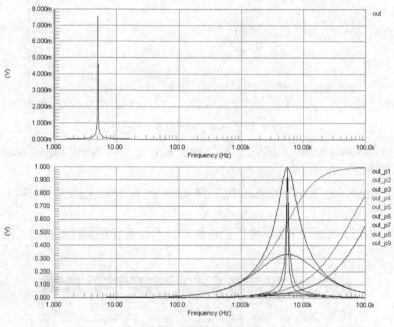

图 9-60　扫描特性分析结果

9.6.4　数字电路分析

本例要求完成如图 9-61 所示的仿真电路原理图的绘制，观察流过二极管、电阻和电源 V2 的电流波形，观察 CLK、Q1、Q2、Q3、Q4 和 SS 点的电压波形。

实例操作步骤如下。

1）选择"文件"→"New（新建）"→"Project（工程）"→"PCB 工程"命令，建立一个新的工程，并保存更名为"Numerical Analysis.PRJPCB"。在项目中新建一个原理图文件，完成电路原理图的设计输入工作，并放置信号源和参考电压源。

2）设置元器件的参数。双击该元器件，系统弹出元器件属性对话框，按照设计要求设置元器件参数。

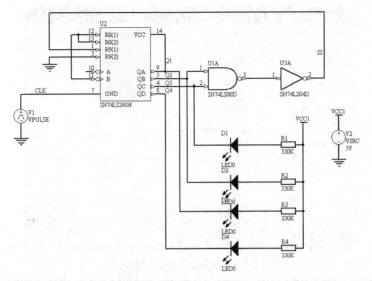

图 9-61 数字仿真电路

3）选择"设计"→"仿真"→"Mixed Sim（混合仿真）"命令，系统将弹出"Analyses Setup"对话框。如图 9-62 所示选择观察信号 CLK、Q1、Q2、Q3、Q4 点。

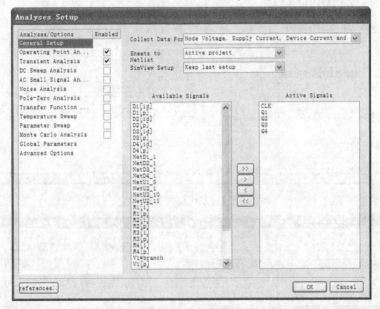

图 9-62 "Analyses Setup"对话框

4）在"Analyses Setup（分析/选项）"列表框中，勾选"Operating Point Analysis（工作点分析）"和"Transient Analysis（瞬态特性分析）"复选框，并对其进行参数设置。取消勾选"Transient Analysis"中的"Use Transient Defaults（使用瞬态特性默认值）"复选框，其他参数保留默认设置，如图 9-63 所示。

5）设置完毕后，单击"OK（确定）"按钮进行仿真，结果如图 9-64 和图 9-65 所示。从流过电源 V2、二极管和电阻的电流波形中可以看到有很多尖峰，由于实际电源具有内阻，所以这些电流尖峰会引起尖峰电压，尖峰电压会干扰弱电信号，当频率很高时，还会向外发射电磁波，引起电磁兼容性的问题。

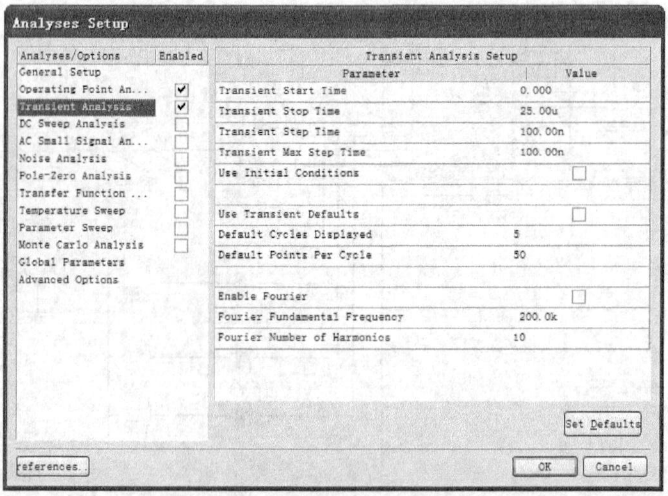

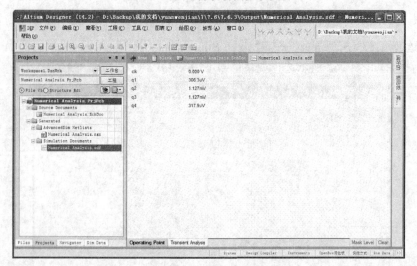

图 9-63　瞬态分析仿真参数设置

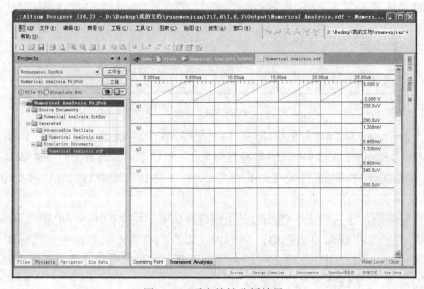

图 9-64　工作点分析结果

图 9-65　瞬态特性分析结果

第 10 章　可编程逻辑器件设计

当今时代是一个数字化的时代，各种数字新产品层出不穷，已被广泛应用到人们的日常生活中。与此同时，作为数字产品基础的数字集成电路本身也在日新月异地发展和更新，由早期的电子管、晶体管和各种规模的集成电路发展到今天的超大规模集成电路和具有特定功能的专用集成电路。

目前的数字系统设计可以直接面向用户需求，根据系统的行为和功能要求，自上向下地逐层完成相应的描述、综合、优化、仿真和验证，直到生成器件。上述设计过程除了系统行为和功能描述外，其余所有的设计过程几乎都可以用计算机自动完成。大规模可编程逻辑器件、EDA 工具软件以及系统编程设计方法均为数字系统的设计提供了非常灵活的工具和手段。大规模可编程逻辑器件（PLD）和 EDA 工具的快速发展是 EDA 技术发展的基础。

Altium Designer 14 支持基于 FPGA 和 CPLD 符号库的原理图设计、VHDL 语言及 CUPL 语言设计，它用集成的 PLD 编译器编译设计结果，同时支持仿真技术。

本章知识重点
- 可编程逻辑器件及其设计工具
- PLD 设计步骤
- CUPL 设计语言和语法

10.1　可编程逻辑器件及其设计工具

传统的数字系统采用 TTL、CMOS 电路和专用数字集成电路进行设计，器件功能是固定的，用户只能根据系统设计的要求选择器件，而不能定义或修改其逻辑功能。在现代的数字系统设计中，基于芯片的设计方法正在成为电子系统设计方法的主流。在可编程逻辑器件设计中，设计人员可以根据系统要求定义芯片的逻辑功能，将功能程序模块放到芯片中，使用单片或多片大规模可编程器件即可实现复杂的系统功能。

可编程逻辑器件其实就是一系列的与门、或门，再加上一些触发器、三态门、时钟电路。它有多种系列，最早的可编程逻辑器件有 GAL、PAL 等，它们都是简单的可编程逻辑器件，而现在的 FPGA、CPLD 都属于复杂的可编程逻辑器件，可以在一个芯片上实现一个复杂的数字系统。

Altium Designer 14 把可编程逻辑器件内部的数字电路的设计集成到软件中，提高了电子电路设计的集成度。在 Altium Designer 14 中集成了 FPGA 设计系统，它就是可编程逻辑器件的设计软件。采用 Altium Designer 14 的 FPGA 设计系统可以对世界上大多数可编程逻辑器件进行设计，最后形成 EDIF-FPGA 网络表文件，把这个文件输入到该系列的可编程逻辑器件厂商提供的录制软件中就可以直接对该系列的可编程逻辑器件进行编程。

10.2　PLD 设计概述

PLD（Programmable Logic Device）是一种由用户根据需要而自行构造逻辑功能的数字

集成电路，目前主要有两大类型：CPLD（Complex）和 FPGA（Field Programmable Gate Array）。它们的基本设计方法是借助 EDA 软件，用原理图、状态机、布尔表达式、硬件描述语言等方法生成相应的目标文件，最后用编程器或下载电缆，由目标器件实现。

PLD 是一种可以完全替代 74 系列及 GAL 和 PAL 的新型电路，只要有数字电路基础，会使用计算机，就可以进行 PLD 的开发。PLD 的在线编程能力和强人的开发软件，使工程师可以在几天，甚至几分钟内就完成以往几周才能完成的工作，并可将数百万门的复杂设计集成在一个芯片内。PLD 技术在发达国家已成为电子工程师的必备技术。

PLD 设计可分为以下几个步骤。

1）明确设计构思。必须总体了解所需要的设计，以及设计可用的布尔表达式、状态机和真值表、最适合的语法类型。总体设计的目的是简化结构、降低成本、提高性能，因此在进行系统设计时，要根据实际电路的要求，确定用 PLD 器件实现的逻辑功能部分。

2）创建源文件。创建源文件有以下两种方法：

● 利用原理图输入法。原理图输入法设计完成后需要进行编译，在系统内部仍然要转换为相应的硬件描述语言。

● 利用硬件描述语言创建源文件。硬件描述语言有 VHDL 和 Verilog HDL 等，Altium Designer 14 支持 VHDL 和 CUPL 语言，程序设计后要进行编译。

3）选择目标器件并定义引脚。选择能够加载设计程序的目标器件，检查器件定义和未定义的输出引脚是否满足设计要求。然后定义器件的输入/输出引脚，参考生产厂家的技术说明，并确认已正确定义。

4）编译源文件。经过一系列的设置（包括定义下载的逻辑器件和仿真的文件格式）后，需要再次对源文件进行编译。

5）硬件编程。逻辑设计完成后，必须把设计的逻辑功能编译为器件的配置数据，然后通过编程器或下载线完成对器件的编程和配置。器件经过编程后，即可完成设计的逻辑功能。

6）硬件测试。对编程的器件进行逻辑验证工作，这一步是保证器件的逻辑功能正确性的最后一道保障，经过逻辑验证的功能即可进行加密，以保证设计的正确性。

10.3 VHDL 语言和语法

硬件描述语言是可以描述硬件电路的功能、信号连接关系及时序关系的语言，现已被广泛应用于各种数字电路系统，包括 FPGA/CPLD 的设计，如 VHDL 语言、Verilog HDL 语言、AHDL 语言等。其中，AHDL 是 Altera 公司自己开发的硬件描述语言，其最大特点是容易与本公司的产品兼容。而 VHDL 和 Verilog HDL 的应用范围则更广泛，设计者可以使用它们完成各种级别的逻辑设计，也可以进行数字逻辑系统的仿真验证、时序分析和逻辑综合等。

在 Altium Designer 14 系统中，提供了完善的使用 VHDL 语言进行可编程逻辑电路设计的环境。首先从系统级的功能设计开始，使用 VHDL 语言对系统的高层次模块进行行为描述，然后通过功能仿真完成对系统功能的具体验证，再将高层次设计自顶向下逐级细化，直到完成与所用的可编程逻辑器件相对应的逻辑描述。

在 VHDL 中，将一个能够完成特定独立功能的设计称为设计实体（Design Entity）。一个基本的 VHDL 设计实体的结构模型如图 10-1 所示。一个有意义的设计实体中至少包含库（或程序包）、实体和结构体 3 部分。

在描述电路功能时，仅有对象和运算操作符是不够的，还需要描述语句。对结构体的描述语句可以分为并行描述语句（Concurrent Statements）和顺序描述语句（Sequential Statements）两种。

并行描述语句是指能够作为单独的语句直接出现在结构体中的描述语句，结构体中的所有语句都是并行执行的，与语句的前后次序无关。这是因为VHDL 所描述的实际系统，在工作时，许多操作都是并行执行的。顺序描述语句可以描述一些具有一定步骤或按顺序执行的操作和行为。顺序描述语句

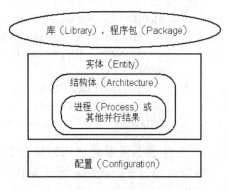

图 10-1 VHDL 设计实体的结构模型

的实现在硬件上依赖于具有次序性的结构，如状态机或具有操作优先权的复杂组合逻辑。顺序描述语句只能出现在进程（Process）或子程序（Sub programs）中。通常，过程（Procedure）和函数（Function）统称为子程序。

1. 并行描述语句

常用的并行描述语句有以下几种：

- 进程（Process）语句。
- 并行信号赋值（Concurrent Signal Assignment）语句。
- 条件信号赋值（Conditional Signal Assignment）语句。
- 选择信号赋值（Selected Signal Assignment）语句。
- 过程调用（Procedure Calls）语句。
- 生成（Generate）语句。
- 元器件实例化（Component Instantiation）语句。

1）进程语句是最常用的并行语句。在一个结构体中，可以出现多个进程语句，各个进程语句并行执行，进程语句内部可以包含顺序描述语句。进程语句的语法格式如下：

```
[进程标号：] PROCESS [（灵敏度参数列表）]
[变量声明项]
BEGIN
顺序描述语句；
END PROCESS [进程标号：];
```

进程语句由多个部分构成。其中，"[ ]"内为可选部分；进程标号是该进程的标识符号，以便区分其他进程；灵敏度参数列表（Sensitivity list）为信号列表，该列表内信号的变化将触发进程的执行（所有触发进程变化的信号都应包含在该表中）；变量声明项用来定义该进程中需要使用的变量。

为了启动进程，需要在进程结构中包含一个灵敏度参数列表，或包含一个 WAIT 语句。需要注意的是，灵敏度参数列表和 WAIT 语句是互斥的，只能出现一个。

2）并行信号赋值语句是最常用的简单并行语句，它确定了数字系统中不同信号间的逻辑关系。并行信号赋值语句的语法格式如下：

```
赋值目标信号<=表达式；
```

其中，"<="是信号赋值语句的标志符，它表示将表达式的值赋给目标信号，如下面这一段采用并行信号赋值语句描述与非门电路：

```
ARCHITECTURE arch1 OF nand_circuit IS
    SIGNAL     A, B: STD_LOGIC;
    SIGNAL     Y1,Y2: STD_LOGIC;
BEGIN
    Y1<=NOT (A AND B);
    Y2<=NOT (A AND B);
END arch1;
```

3）条件信号赋值语句即根据不同的条件，将不同的表达式赋值给目标信号。条件信号赋值语句与普通软件编程语言中的 If–Then–Else 语句类似。条件信号赋值语句的语法格式如下：

[语句标号]赋值目标信号<= 表达式 WHEN 赋值条件 ELSE
     {表达式 WHEN 赋值条件 ELSE}
      表达式;

当 WHEN 后的赋值条件表达式为"真"时，则将其前面的表达式赋给目标信号，否则继续判断下一个条件表达式。当所有赋值条件均不成立时，则将最后一个表达式赋值给目标信号。在使用条件信号赋值语句时要注意，赋值条件表达式要具备足够的覆盖范围，应尽可能地包括所有可能的情况，避免因条件不全而出现死锁。

例如，下面这段采用条件赋值语句描述多路选择器电路：

```
ENTITY my_mux IS
    PORT (Sel:          IN STD_LOGIC_VECTOR (0 TO 1);
          A, B, C, D:   IN STD_LOGIC_VECTOR (0 TO 3);
          Y:            OUT STD_LOGIC_VECTOR (0 TO 3));
END my_mux;

ARCHITECTURE arch OF my_mux IS
    BEGIN
        Y<=A WHEN Sel="00" ELSE
           B WHEN Sel="01" ELSE
           C WHEN Sel="10" ELSE
           D WHEN OTHERS;
    END arch;
```

4）选择信号赋值语句是根据同一个选择表达式的不同取值，为目标信号赋予不同的表达式。选择信号赋值语句和条件信号赋值语句相似，所不同的是其赋值条件表达式之间没有先后关系，类似于 C 语言中的 Case 语句。在 VHDL 中也有顺序执行的 CASE 语句，功能与选择信号赋值语句类似。选择信号赋值语句的语法格式如下：

[语句标号] WITH 选择表达式 SELECT
赋值目标信号<= 表达式 WHEN 选择式,
     {表达式 WHEN 选择值, }
     表达式 WHEN 选择值;

例如，下面这段采用信号赋值语句描述多路选择器电路：

```
ENTITY my_mux IS
```

```
         PORT (Sel:          IN STD_LOGIC_VECTOR (0 TO 1);
               A, B, C, D:   IN STD_LOGIC_VECTOR (0 TO 3);
               Y:            OUT STD_LOGIC_VECTOR (0 TO 3));
     END my_mux;

     ARCHITECTURE arch OF my_mux IS
         BEGIN
           WITH Sel SELECT
           Y<=A WHEN Sel="00",
              B WHEN Sel="01",
              C WHEN Sel="10",
              D WHEN OTHERS;
     END arch;
```

5）过程调用语句是在并行区域内调用过程语句，与其他并行语句一起并行执行。过程语句本身是顺序执行的，但它可以作为一个整体出现在结构体的并行描述中。与进程语句相比，过程调用的好处是其主体可以保存在其他区域内，如程序包内，并可以在整个设计中随时调用。过程调用语句在某些系统中可能不支持，需视条件使用。过程调用语句的语法格式如下：

    过程名（实参，实参）；

例如，下面是一个过程语句在结构体并行区域内调用的实例：

```
     ARCHITECTURE arch OF SHIFT IS
         SIGNAL D, Qreg: STD_LOGIC_VECTEOR (0 TO 7);
         BEGIN
           D<= Data WHEN (Load='1') ELSE
               Qreg (1 TO 7) & Qreg (0);
               Dff (Rst, Clk, D, Qreg);
               Q<= Qreg;
     END arch;
```

6）生成语句。在进行逻辑设计时，有时需要多次复制同一个子元器件，并将复制的元器件按照一定规则连接起来，构成一个功能更强的元器件。生成语句为执行上述逻辑操作提供了便捷的实现方式。生成语句有两种形式，即 IF 形式和 FOR 形式。IF 形式的生成语句对其包含的并行语句进行条件性地一次生成，而 FOR 形式的生成语句对于它所包含的并行语句则采用循环生成。

FOR 形式生成语句的语法格式如下：

    生成标号：FOR 生成变量 IN 变量范围 GENERATE
          {并行语句；}
            END GENERATE；

IF 形式生成语句的语法格式如下：

    生成标号：IF 条件表达式 GENERATE
          {并行语句；}
            END GENERATE；

其中，生成标号是生成语句所必需的，条件表达式是一个结果为布尔值的表达式。下面举例说明它们的使用方式。

例如，采用生成语句描述由 8 个 1 位的 ALU 构成的 8 位 ALU 模块：

```
LIBRARY IEEE;
USE IEEE.STD_LOGIC_1164.ALL;

PACKAGE reg_pkg IS
    CONSTANT size: INTEGER: =8;
    TYPE reg IS ARRAY (size-1 DOWNTO 0) OF STD_LOGIC;
    TYPE bit4 IS ARRAY (3 DOWNTO 0) OF STD_LOGIC;
END reg_pkg

LIBRARY IEEE;
USE IEEE.STD_LOGIC_1164.ALL;
USE work.reg_pkg.ALL;

ENTITY alu IS
    PORT (sel: IN bit4;
          rega, regb: IN reg;
          c, m: IN STD_LOGIC;
          cout: OUT STD_LOGIC;
          result: OUT reg);
END alu;

ARCHITECTURE gen_alu OF alu IS
    SIGNAL carry: reg;
    COMPONENT alu_stage
    PORT (s3, s2, s1, s0, a1, b1, c1, m: IN STD_LOGIC;
          c2, f1: OUT STD_LOGIC);
    END COMPONENT;

BEGIN
GN0: FOR i IN 0 TO size-1 GENERATE
    GN1: IF i=0 GENERATE;
        U1: alu_stage PORT MAP (sel (3), sel (2), sel (1), sel (0),
            rega (i), regb (i), c, m, carry (i), result (i));
            END GENERATE;
    GN2: IF i>0 AND i<size-1 GENERATE;
        U2: alu_stage PORT MAP (sel (3), sel (2), sel (1), sel (0),
            rega (i), regb (i), carry (i-1), m, carry(i), result (i));
            END GENERATE;
    GN3: IF i=size-1 GENERATE;
        U3: alu_stage PORT MAP (sel (3), sel (2), sel (1), sel (0),
            rega (i), regb (i), carry (i-1), m, cout, result (i));
            END GENERATE;
        END GENERATE;
END gen_alu;
```

7）元器件实例化语句是层次设计方法的一种具体实现。元器件实例化语句使用户可以在当前工程设计中调用低一级的元器件，实质上是在当前工程设计中生成一个特殊的元器件副本。当元器件实例化时，被调用的元器件首先要在该结构体的声明区域或外部程序包内进行声明，使其对于当前工程设计的结构体可见。元器件实例化语句的语法格式如下：

> 实例化名：元器件名：
> > GENERIC MAP（参数名：>参数值，...，参数名：>参数值）；
> > > PORT MAP（元器件端口=>连接端口，...，元器件端口=>连接端口）；

其中，实例化名为本次实例化的标号；元器件名为底层模板元器件的名称；GENERIC MAP（类属映射）用于给底层元器件实体声明中的类属参数常量赋予实际参数值，如果底层实体没有类属声明，那么元器件声明中也就不需要类属声明一项，此处的类属映射可以省略；PORT MAP（端口映射）用于将底层元器件的端口与顶层元器件的端口对应起来，"=>"左侧为底层元器件端口名称，"=>"右侧为顶层端口名称。

上述的端口映射方式称为名称关联，即根据名称将相应的端口对应起来，此时，端口排列的前后位置不会影响映射的正确性。还有一种映射方式称为位置关联，即当顶层元器件和底层元器件的端口、信号或参数的排列顺序完全一致时，可以省略底层元器件的端口、信号、参数名称，即将"=>"左边的部分省略。其语法格式可简化如下：

> 实例化名：元器件名：
> > GENERIC MAP（参数值，...，参数值）；
> > > PORT MAP（连接端口，...，连接端口）；

例如，采用元器件实例化语句用半加器和全加器构成一个两位加法器：

```
ARCHITECTURES structure OF adder2 IS
    COMPONENT half_adder IS
        PORT (A, B: IN STD_LOGIC; Sum, Carry: OUT STD_LOGIC);
    END COMPONENT;
    COMPONENT full_adder IS
        PORT (A, B: IN STD_LOGIC; Sum, Carry: OUT STD_LOGIC);
    END COMPONENT;
    SIGNAL C: STD_LOGIC_VECTOR (0 TO 2);

BEGIN
    A0: half_adder PORT MAP (A>=A (0), B>=B (0), Sum>=S (0), Carry>=C (0));
    A1: full_adder PORT MAP (A>=A (1), B>=B (1), Sum>=S (1), Carry>=Cout);
END structure;
```

2．顺序描述语句

常见的顺序描述语句有以下几种：

- 信号和变量赋值（Signal and variable assignments）语句。
- IF-THEN-ELSE 语句。
- CASE 语句。
- LOOP 语句。
- NEXT 语句。
- RETURN 语句。

1）信号和变量赋值语句。前面讲述的信号赋值也可以出现在进程或子程序中，其语法格式不变；而变量赋值只能出现在进程或子程序中。需要注意的是，进程内的信号赋值与变量赋值有所不同。进程内，信号赋值语句一般都会隐藏一个时间延迟△，因此紧随其后的顺序语句并不能得到该信号的新值；变量赋值时，无时间延迟，在执行了变量赋值语句后，变量就获得了新值。了解信号和变量赋值的区别，有助于在设计中正确选择数据类型。变量赋值的语法格式如下：

> 变量名：=表达式；

2）IF-THEN-ELSE 语句是 VHDL 语言中最常用的控制语句，它根据条件表达式的值决定执行哪一个分支语句。IF-THEN-ELSE 语句的语法结构如下：

```
IF 条件 1 THEN
    顺序语句
{ELSEIF 条件 2 THEN
    顺序语句}
[ELSE
    顺序语句]
END IF;
```

其中，"{ }"内是可选并可重复的结构；"[ ]"内的内容是可选的；条件表达式的结果必须为布尔值；顺序语句部分可以是任意的顺序执行语句，若包括 IF-THEN-ELSE 语句，则可以嵌套执行该语句。下面举例说明 IF-THEN-ELSE 语句的使用。

例如，采用 IF-THEN-ELSE 语句描述四选一多路选择器：

```
ENTITY mux4 IS
    PORT (Din: IN STD_LOGIC_VECTOR (3 DOWNTO 0);
        Sel: IN STD_LOGIC_VECTOR (1 DOWNTO 0);
            y: OUT STD_LOGIC);
END mux4;

ARCHITECTURE rt1 OF mux4 IS
BEGIN
    PROCESS (Din, Sel)
    BEGIN
      IF (Sel="00") THEN
        y<=Din (0);
      ELSEIF (Sel="01") THEN
        y<=Din (1);
      ELSEIF (Sel="10") THEN
        y<=Din (2);
      ELSE
        y<=Din (3);
      END IF;
    END PROCESS;
    END rt1;
```

3）CASE 语句也是通过条件判断进行选择执行的语句。CASE 语句的语法格式如下：

```
CASE 控制表达式  IS
```

```
        WHEN 选择值 1 =>
                顺序语句
        {WHEN 选择值 2 =>
          顺序语句}
    END CASE;
```

其中，"{ }"内是可选并可重复的结构，条件选择值必须是互斥的，即不能有两个相同的选择值出现，且选择值必须覆盖控制表达式所有的值域范围，必要时可用 OTHERS 代替其他的可能值。

在 CASE 语句中，各个选择值之间的关系是并列的，没有优先权之分。而在 IF 语句中，总是先处理写在前面的条件，只有当前面的条件不满足时，才处理下一个条件，即各个条件间在执行顺序上是有优先级的。

例如，采用 CASE 语句描述四选一多路选择器：

```
ENTITY mux4 IS
    PORT (Din: IN STD_LOGIC_VECTOR (3 DOWNTO 0);
         Sel: IN STD_LOGIC_VECTOR (1 DOWNTO 0);
          y: OUT STD_LOGIC);
END mux4;

ARCHITECTURE rt1 OF mux4 IS
BEGIN
    PROCESS (Din, Sel)
    BEGIN
      CASE SEL IS
        WHEN "00" => y<=Din (0);
        WHEN "01" => y<=Din (1);
        WHEN "10" => y<=Din (2);
        WHEN OTHERS => y<=Din (3);
        END CASE
    END PROCESS;
END rt1;
```

4）LOOP 语句。使用 LOOP（循环）语句可以实现重复操作和循环的迭代操作。LOOP 语句有 3 种基本形式，即 FOR LOOP、WHILE LOOP 和 INFINITE LOOP。LOOP 语句的语法格式如下：

```
[循环标号：] FOR 循环变量 IN 离散值范围 LOOP
            顺序语句；
            END LOOP [循环标号]；
[循环标号：] WHILE 判别表达式 LOOP
            顺序语句；
            END LOOP [循环标号]；
```

FOR 循环是指定执行次数的循环方式，其循环变量不需要预先声明，且变量值可以自动递增，IN 后的离散值范围说明了循环变量的取值范围，离散值范围的取值不一定为整数值，也可以是其他类型的范围值。WHILE 循环是以判别表达式值的真伪来作为循环与否的依据，当表达式值为真时，继续循环，否则退出循环。INFINITE 循环中不包含 FOR 或

WHILE 关键字，但在循环语句中加入了停止条件，其语法格式如下：

```
[循环标号：] LOOP
        顺序语句；
        EXIT WHEN（条件表达式）；
        END LOOP [循环标号];
```

例如，下面这段 LOOP 语句的应用：

```
ARCHITECTURE looper OF myentity IS
    TYPE stage_value IS init, clear, send, receive, erro;
 BEGIN
    ……
    PROCESS (a)
 BEGIN
        FOR stage IN stage_value LOOP
            CASE stage IS
                WHEN init=>
                ……
                WHEN clear=>
                ……
                WHEN send=>
                ……
                WHEN receive=>
                ……
                WHEN erro=>
                ……
            END CASE;
        END LOOP;
    END PROCESS;
    ……
    END looper;
```

5）NEXT 语句用于 LOOP 语句中的循环控制，它可以跳出本次循环操作，继续下一次循环。NEXT 语句的语法格式如下：

```
NEXT [标号] [WHEN 条件表达式];
```

6）RETURN 语句用在函数内部，用于返回函数的输出值。

例如，下面这段 RETURN 语句的应用：

```
FUNCTION and_func (x, y: IN BIT) RETURN BIT IS
    BEGIN
        IF x='1' AND y='1' THEN
            RETURN '1';
        ELSE
            RETURN '0';
        END IF;
    END and_func;
```

在了解了 VHDL 的基本语法结构后，就可以进行一些基础的 VHDL 设计了。

第 11 章　单片机转换电路综合实例

本章将介绍单片机转换电路的完整设计过程，帮助读者建立对 SCH 和 PCB 较为系统的认识。希望读者可以在实战中消化、理解本书前面章节所讲述的知识点，最终应用到自己的硬件电路设计工作中。

本章知识重点
- 电路板设计流程
- 绘制电路原理图
- 生成网络表
- 绘制印制电路板

11.1　电路板设计流程

作为本书的大实例，在进行具体操作之前，再重点强调一下设计流程，希望读者可以严格遵守，从而达到事半功倍的效果。

11.1.1　电路板设计的一般步骤

一般来说，电路板的设计分为以下 3 个阶段。

1）设计电路原理图。利用 Altium Designer 14 的原理图设计系统（Advanced Schematic）绘制一张电路原理图。

2）生成网络表。网络表是电路原理图设计与印制电路板设计之间的一座桥梁。网络表可以从电路原理图中获得，也可以从印制电路板中提取。

3）设计印制电路板。在这个过程中，要借助 Altium Designer 14 提供的强大功能完成电路板的版面设计和高难度的布线工作。

11.1.2　电路原理图设计的一般步骤

电路原理图是整个电路设计的基础，它决定了后续工作是否能够顺利开展。一般而言，电路原理图的设计包括以下几个部分。
- 设计电路图的图纸大小及其版面。
- 在图纸上放置需要设计的元器件。
- 对所放置的元器件进行布局、布线。
- 对布局、布线后的元器件进行调整。
- 保存文档并打印输出。

11.1.3　印制电路板设计的一般步骤

印制电路板设计的一般步骤如下。

1）规划电路板。在绘制印制电路板前，用户要对电路板有一个初步的规划，这是一项极其重要的工作，目的是为了确定电路板设计的框架。

2）设置电路板参数，包括元器件的布置参数、层参数和布线参数等。一般来说，这些参数使用系统默认值即可。有些参数在设置过一次后，几乎无需修改。

3）导入网络表及元器件封装。网络表是电路板自动布线的灵魂，也是电路原理图设计系统与印制电路板设计系统的接口。只有装入网络表后，才可能完成电路板的自动布线。

4）元器件布局。规划好电路板并装入网络表后，用户可以让程序自动装入元器件，并自动将它们布置在电路板边框内。Altium Designer 14 也支持手动布局，只有合理布局元器件，才能进行下一步的布线工作。

5）自动布线。Altium Designer 14 采用的是先进的无网络、基于形状的对角自动布线技术。只要相关参数设置得当，且具有合理的元器件布局，自动布线的成功率几乎为100%。

6）手工调整。自动布线结束后，往往存在令人不满意的地方，这时需要进行手工调整。

7）保存及输出文件。完成电路板的布线后，需要保存电路线路图文件，然后利用各种图形输出设备，如打印机或绘图仪等，输出电路板的布线图。

11.2 绘制电路原理图

一个电路的设计是以电路图的绘制为开端的，后面的操作都是以原理图为基础进行的分析和检查。本节将详细介绍电路图的绘制方法，读者也可以利用前面章节讲解的小技巧快速、准确地绘制原理图。

11.2.1 启动原理图编辑器

启动原理图编辑器的具体步骤如下：

1）选择"开始"→"程序"→"Altium Designer"命令，启动 Altium Designer 14。

2）选择"文件"→"New（新建）"→"Project（工程）"→"PCB 工程"命令，建立一个新的 PCB 项目，如图 11-1 所示。

图 11-1 新建设计项目

3）选择"文件"→"保存工程为"命令，将项目命名为"Documents.PrjPcb"，并保存在指定的目录文件夹中，设计项目初始界面如图 11-2 所示。

4）选择"文件"→"New（新建）"→"原理图"命令，新建一个原理图文件，如图 11-3 所示。新建的原理图文件会自动添加到"Documents.PrjPcb"项目中，将原理图另存为"cuisch.SchDoc"。

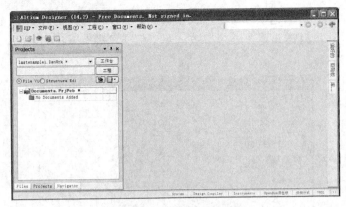

图 11-2　设计项目初始界面

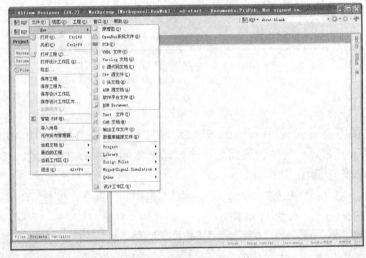

图 11-3　新建原理图文件

5）双击原理图文件，进入原理图编辑环境，如图 11-4 所示。

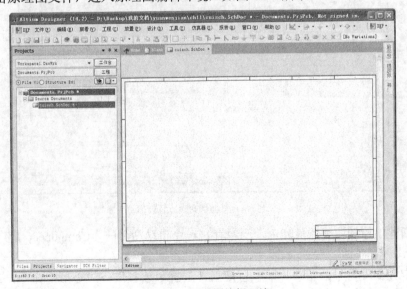

图 11-4　原理图编辑环境

11.2.2　设置图纸参数

选择"设计"→"文档选项"命令，或按快捷键〈O+D〉，打开如图 11-5 所示的"文档选项"对话框。这里只需要更改一个参数，即"标准风格"下拉列表框，系统默认的选项是 A4，将其修改为 B。

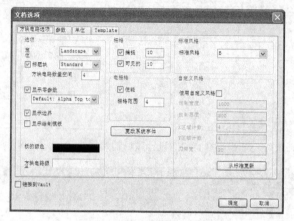

图 11-5　"文档选项"对话框

11.2.3　绘制元器件

本电路原理图需要 3 个芯片：一个 77E58 单片机、一个 24C01 的 EEPROM 和一个 MAX232 的电平转换芯片。另外，还需要一个显示屏器件，即 LCD12232。以绘制 77E58 单片机为例，具体操作步骤如下。

1）选择"文件"→"新建"→"库"→"原理图库"命令，新建元器件库文件，默认名称为"Schlib1.SchLib"，如图 11-6 所示。

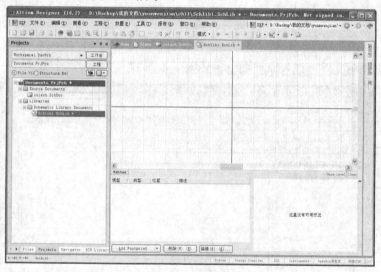

图 11-6　添加原理图元器件库

2）在新建的原理图元器件库内，已经存在一个自动命名的"Component_1"元器件，如图 11-7 所示。

3）确定元器件符号的轮廓，即放置矩形。选择"放置"→"矩形"命令，或单击工具栏中的"放置矩形"按钮□，进入放置矩形状态，并打开如图 11-8 所示的"长方形"对话框，设置相关属性。在工作区中绘制一个 180×180 的矩形。

图 11-7　Component_1 元器件

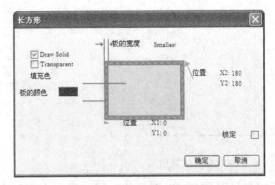

图 11-8　"长方形"对话框

4）放置好矩形后，选择"放置"→"文本字符串"命令，或单击工具栏中的"放置文本字符串"按钮 **A**，进入放置文字状态，并打开如图 11-9 所示的"标注"对话框。在"文本"下拉列表框中输入"77E58"，按"字体"右侧的按钮 Times New Roman，10 打开"字体"对话框，将字体大小设置为 16，然后把字体放置在合适的位置。

5）选择"放置"→"引脚"命令，或单击原理图符号绘制工具栏中的放置引脚按钮
，放置引脚，并打开如图 11-10 所示的"管脚属性"对话框。在"显示名字"文本框中输入"P4.2"，在"标识"文本框中输入"1"，在"长度"文本框中输入"30"，然后单击"确定"按钮关闭对话框。

图 11-9　"标注"对话框

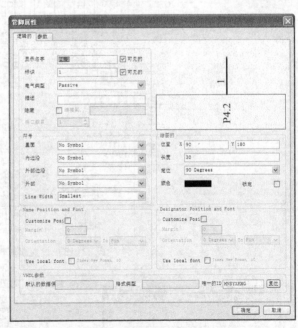

图 11-10　"管脚属性"对话框

6）此时，指针上附带一个引脚的虚影，可以按〈Space〉键改变引脚的方向，然后单击放置引脚，如图 11-11 所示。

7）此时指针仍处于放置引脚的状态，以相同的方法放置其他引脚，如图 11-12 所示。

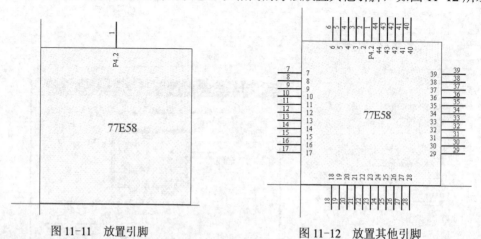

图 11-11　放置引脚　　　　　　　　　　　图 11-12　放置其他引脚

由于引脚号码具有自动增量的功能，第一次放置的引脚号码为 1，紧接着放置的引脚号码会自动变为 2，所以最好按照顺序放置引脚。

8）设置引脚标识。每个引脚除了引脚号之外还有自己特定的标识，如引脚 1。用户需要对每个引脚的标识进行设置，如图 11-13 所示。

9）改名存盘。选择"工具"→"重新命名器件"命令，打开如图 11-14 所示的"Rename Component"对话框，输入新的元器件名"77E58"，然后单击"确定"按钮。

10）使用同样的方法绘制 LCD12232 原理图符号，绘制完成的 LCD12232 原理图符号如图 11-15 所示。

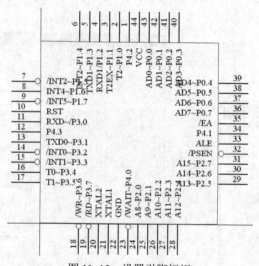

图 11-13　设置引脚标识

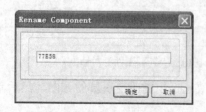

图 11-14　为元器件改名

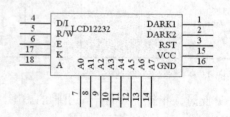

图 11-15　LCD12232 原理图符号绘制完成

11.2.4 放置元器件

1）选择"设计"→"添加/移除库"命令，打开"可用库"对话框，修改元器件库文件列表。找到刚才创建的元器件库所在的库文件"Schlib1.SchLib"，以及普通阻容元器件" Miscellaneous Devices.IntLib "和" Miscellaneous Connectors.IntLib"，并将其添加到元器件库列表中，如图 11-16 所示。单击"关闭"按钮返回原理图编辑环境。

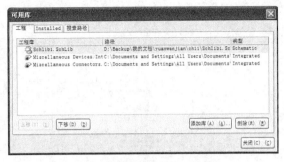

图 11-16　"可用库"对话框

2）搜索 24C01 和 MAX232D 芯片位于哪个元器件库。单击元器件库列表框内的"查找"按钮，打开如图 11-17 所示的"搜索库"对话框。在编辑框内输入"24c01"，然后单击"查找"按钮开始查找。

3）单击"Place ST24C01B6"按钮，将查找到的元器件库添加到元器件库列表框中，以便随时取用。

4）查找 MAX232D 所在的元器件库，并将其添加到元器件库列表框中。

5）在"Miscellaneous Connectors.IntLib"元器件库中选择 9 段连接头"D Connector 9"，对于本原理图，连接头上的引脚 10 和引脚 11 不必显示出来，双击元器件，在"管脚属性"对话框中取消引脚 10 和引脚 11 的"展示"属性的选择，修改前后的数码管如图 11-18 所示。修改后把连接头放置到原理图中。

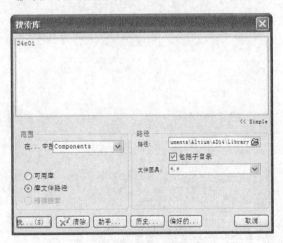

图 11-17　查找元器件

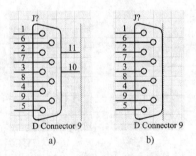

图 11-18　修改前后的数码管

a）修改前　b）修改后

6）放置所有元器件并进行属性设置，结果如图 11-19 所示。

7）选择"放置"→"线"命令或单击"布线"工具栏中的"放置线"按钮～，放置导线，并完成连线操作。完成连线后的原理图如图 11-20 所示。

8）选择"放置"→"网络标签"命令或单击工具栏中的"放置网络标号"按钮 Net ，放置网络标签，完成后的原理图如图 11-21 所示。

9）选择"放置"→"电源端口"命令或单击"布线"工具栏中的"VCC 电源符号"按钮 VCC ，放置电源符号，最终电路图如图 11-22 所示。

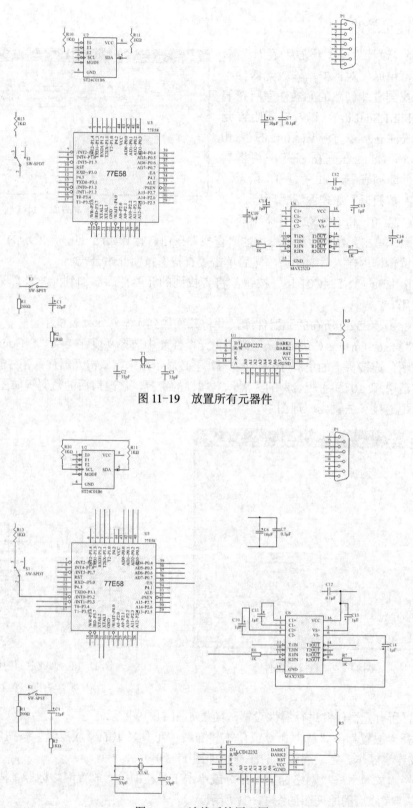

图 11-19 放置所有元器件

图 11-20 连线后的原理图

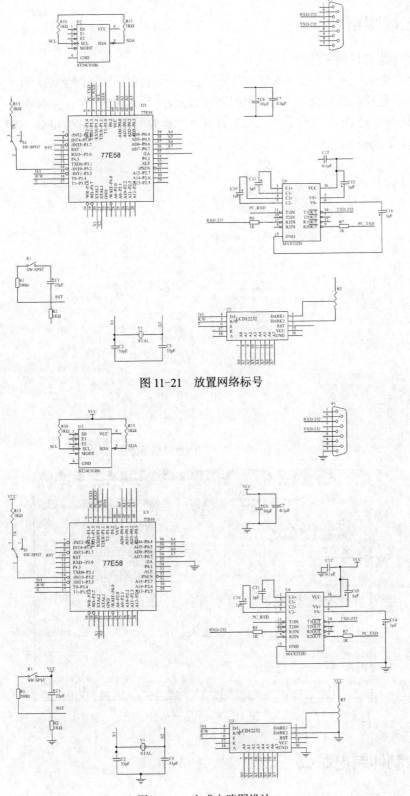

图 11-21　放置网络标号

图 11-22　完成电路图设计

11.3 生成网络表

本节将生成原理图文件的网络表。

选择 "设计" → "工程的网络表" → "Protel（生成原理图网络表）" 命令，或按快捷键〈D＋N〉，系统自动生成了当前工程的网络表文件"cuisch.NET"，并存放在当前工程下的"Generated \Netlist Files"文件夹中。双击打开该工程的网络表文件"cuisch.NET"，生成的网络表如图 11-24 所示。

图 11-23   生成网络表的菜单命令

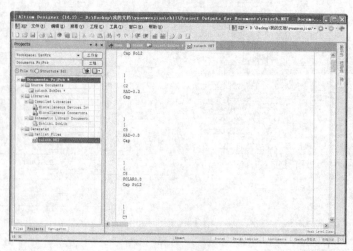

图 11-24   网络表文件

11.4 绘制印制电路板

在一个项目中，在设计印制电路板时，系统都会将所有电路图的数据转移到一块电路板中。但使用电路图设计电路板，还要从新建印制电路板文件开始。

11.4.1 新建 PCB

这里，利用 PCB 创建向导创建 PCB，具体操作步骤如下。

1）在"Files（文件）"面板的"从模板新建文件"栏中，单击"PCB Board Wizard（PCB 板向导）"按钮，弹出"PCB 板向导"对话框，单击"下一步"按钮进入"选择板单位"界面，选中"英制的"单选按钮，如图 11-25 所示。

2）单击"下一步"按钮进入"选择板剖面"界面，选择自定义电路板，即 Custom 类型，如图 11-26 所示。

图 11-25　选择单位类型　　　　　　　　图 11-26　选择自定义电路板类型

3）单击"下一步"按钮进入"选择板详细信息"界面，选择矩形的 PCB，将"高度"和"宽度"均设置为 4000mil，取消勾选"切掉内角"复选框，如图 11-27 所示。

4）单击"下一步"按钮进入"选择板切角加工"界面，设置矩形边界的切角尺寸。由于该电路板不需要切角，所以这里全设置为 0，如图 11-28 所示。

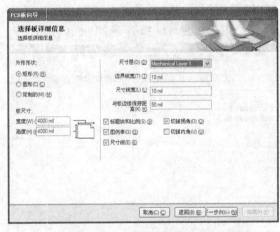 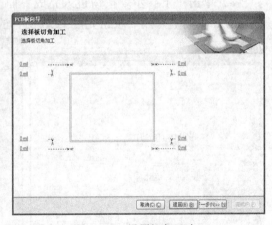

图 11-27　设置电路板参数　　　　　　　图 11-28　设置切角尺寸

5）单击"下一步"按钮进入"选择板层"界面，将信号层和电源平面的数目均设置为 2，如图 11-29 所示。

6）单击"下一步"按钮进入"选择过类型"界面，选择通孔样式，如图 11-30 所示。继续单击"下一步"按钮进入"选择元件和布线工艺"界面，选择元器件表贴安装，如图 11-31 所示。

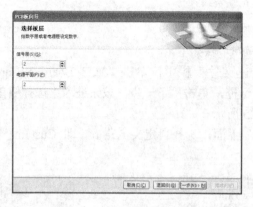

图 11-29　设置电路板的工作层

图 11-30　设置通孔样式

7）单击"下一步"按钮进入"选择默认线和过孔尺寸"界面，这里保留默认设置，如图 11-32 所示。

图 11-31　设置元器件的安装样式

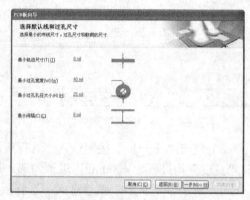

图 11-32　设置导线和焊盘

8）单击"下一步"按钮进入完成界面，利用模板创建 PCB 的任务就完成了。单击图 11-33 中的"完成"按钮完成 PCB 文件的创建，得到如图 11-34 所示的 PCB 模型。

图 11-33　电路板确认完成

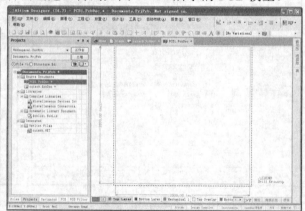

图 11-34　得到的 PCB 模型

11.4.2　设置印制电路板的参数

选择"工具"→"优先选项"命令，或按快捷键〈T＋P〉，如图 11-35 所示，打开如图 11-36 所示的"参数选择"对话框，设置 PCB 编辑环境中的各个参数。这里都采用系统默认设置即可，不用更改任何参数，直接进入下一个环节。

图 11-35　"优先选项"命令　　　　　　　图 11-36　"参数选择"对话框

11.4.3　制作 PCB 元器件封装

本实例将绘制两个元器件的 PCB 封装，即 77E58 和 LCD12232。以 77E58 的封装为例，绘制步骤具体如下。

1）选择"文件"→"新建"→"库"→"PCB 元器件库"命令，切换到 PCB 元器件库编辑环境，如图 11-37 所示。

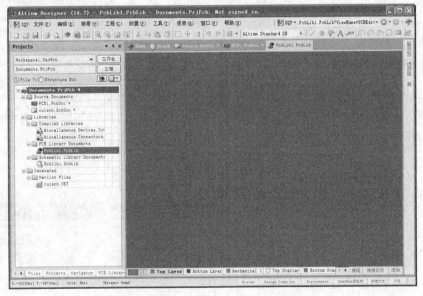

图 11-37　PCB 元器件库编辑环境

2）将工作层切换到"Top Overlay（丝印层）"，将活动层设置为顶层丝印层。

3）选择"放置"→"走线"命令，光标变为十字形状，单击确定直线的起点，移动鼠

标光标即可拉出一条直线。用鼠标将直线拉到合适的位置，在此单击确定直线终点。或按
〈Esc〉键结束绘制直线操作，绘制如图 11-38 所示的封装轮廓。

4）在"Top-Layer（顶层）"执行"放置"→"焊盘"命令，光标箭头上悬浮一个十字光标和一个焊盘，移动鼠标确定焊盘的位置。按照同样的方法放置另外几个焊盘。

5）编辑焊盘属性。双击焊盘即可进入焊盘属性设置对话框，即"焊盘"对话框，如图 11-39 所示。

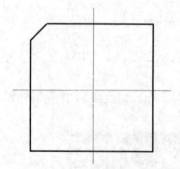

图 11-38　77E58 封装轮廓

图 11-39　"焊盘"对话框

6）图 11-40 所示的是 77E58 的封装外观，在"PCB Library"栏的元器件名称上双击，栏内会出现 PCBCOMPONENT_1 空文件，在弹出的命名对话框中将元器件名称改为"77e58"，如图 11-41 所示，然后单击"确定"按钮。

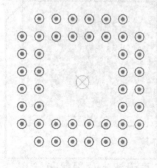

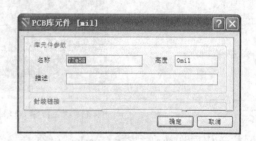

图 11-40　77E58 的封装外观

图 11-41　重新命名元器件

7）选择"工具"→"新的空元器件"命令，这时在"PCB Library"操作界面的元器件框内会出现一个新的 PCBCOMPONENT_1 空文件。双击 PCBCOMPONENT_1，在弹出的命名对话框中将元器件名称改为"LCD12232"。

8）按照上面的步骤再绘制出 LCD12232 的封装，封装外观如图 11-42 所示。

图 11-42　LCD12232 的封装外观

11.4.4　装载元器件封装

1）打开原理图文件，双击"77E58"元器件，弹出元件属性对话框，如图 11-43 所示。

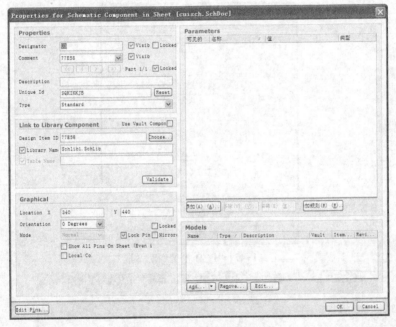

图 11-43　元器件属性对话框

在右下侧的"Models（模型）"栏中单击"Add"按钮，弹出"添加新模型"对话框，如图 11-44 所示。在下拉列表框中选择"Footprint"选项，然后单击"确定"按钮，弹出"PCB 模型"对话框，如图 11-45 所示。

2）在"PCB 模型"对话框中单击"浏览"按钮以找到已经存在的模型，单击"确定"按钮，弹出"浏览库"对话框，如图 11-46 所示。

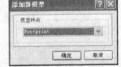

图 11-44　"添加新模型"对话框

3）在"浏览库"对话框中，选中"77e58"，单击"确定"按钮，返回"PCB 模型"对话框，如图 11-47 所示。

4）单击"确定"按钮，返回元器件属性编辑对话框，显示向元器件加入这个模型。模型的名称列在元器件属性对话框的模型列表中，如图 11-48 所示。

图 11-45 "PCB 模型"对话框

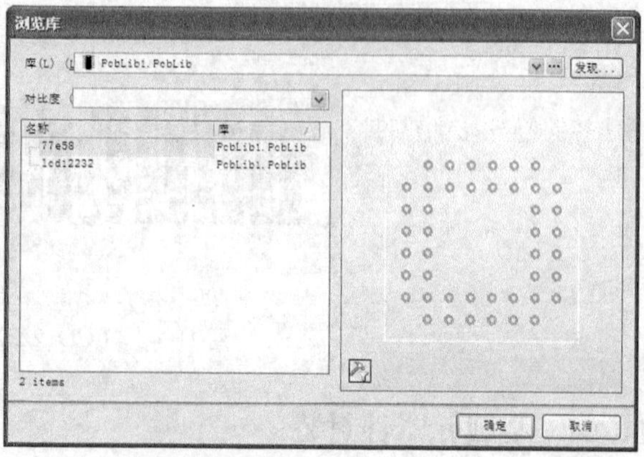

图 11-46 "浏览库"对话框

图 11-47 "PCB 模型"对话框

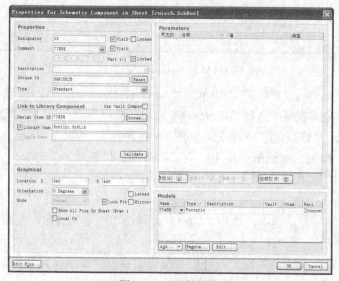

图 11-48 添加封装

5）使用同样的方法，在元器件 LCD12232 中加载封装，如图 11-49 所示。

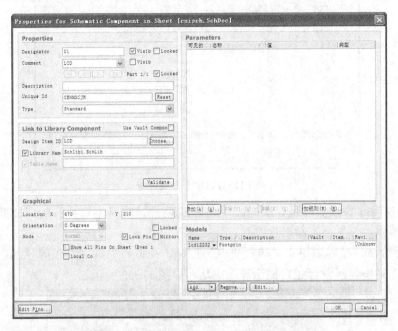

图 11-49　在元器件 LCD12232 中加载封装

11.4.5　导入网络表

将前面生成的网络表导入到 PCB 文件中，具体操作步骤如下。

1）打开"cuisch.SchDoc"文件，使其处于当前的工作窗口中，同时保证"PCB1.Pcb Doc"文件也处于打开状态。

2）选择"设计"→"Update PCB Document PCB1.PcbDoc（更新 PCB 文件 PCB1.PcbDoc）"命令，系统将对原理图和 PCB 图的网络报表进行比较，并弹出"工程更改顺序"对话框，如图 11-50 所示。

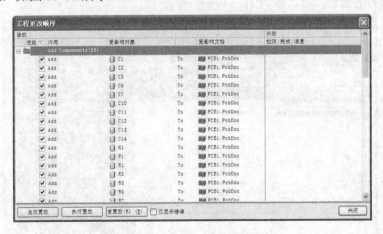

图 11-50　"工程更改顺序"对话框

3）单击"生效更改"按钮，系统将扫描所有的更改，判断能否在 PCB 上执行所有的更改。随后在每一项对应的"检测"栏中显示 ✅ 标记，如图 11-51 所示。

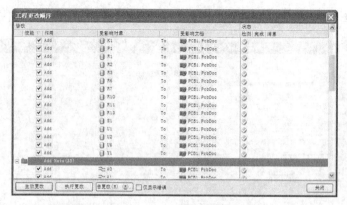

图 11-51　检查变更命令

　　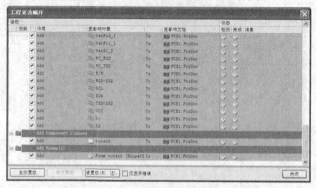标记说明这些改变都是合法的；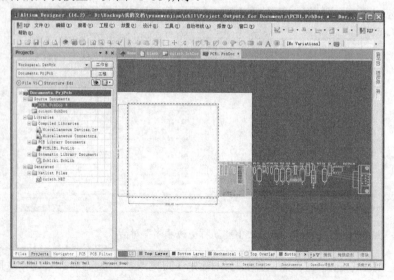标记说明此改变是不可执行的，需要回到以前的步骤中进行修改，然后再重新进行更新。

　　4）进行合法性校验后单击"执行更改"按钮，系统将完成网络表的导入，同时在每一项的"完成"栏中显示标记，提示导入成功，如图 11-52 所示。

图 11-52　执行变更命令

　　5）单击"关闭"按钮关闭此对话框，这时可以看到，在 PCB 图布线框的右侧出现了导入的所有元器件的封装模型，如图 11-53 所示。

图 11-53　导入网络表后的 PCB 图

提示：导入网络表时，原理图中的元器件并不直接导入到用户绘制的布线框中，而是位于布线框外。通过自动布局操作，系统自动将元器件放置在布线框内。当然，用户也可以手动拖动元器件到布线框内。

11.4.6　元器件布局

由于元器件不多，因此这里可以采用手动布局的方式，布局结果如图 11-54 所示。

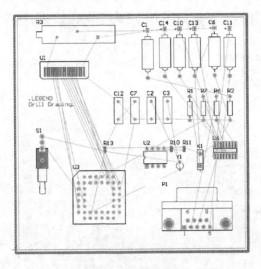

图 11-54　布局结果

11.4.7　自动布线

1）选择"设计"→"规则"命令，打开如图 11-55 所示的"PCB 规则及约束编辑器"对话框，设置设计规则。

图 11-55　"PCB 规则及约束编辑器"对话框

2）在"Routing（线路）"选项卡中，设置 PCB 走线的各种规则类，为自动布线操作设置一定的约束条件，以保证自动布线过程能在一定程度上满足设计人员的要求。信号线与焊盘之间的规则距离显示为 8mil。

3）在对话框左侧单击"Electrical（电气）"→"Clearance（安全间距规则）"，打开如图 11-56 所示的界面，将信号线与焊盘之间的规则距离更改为 12mil。然后单击"确定"按钮，返回 PCB 编辑状态。

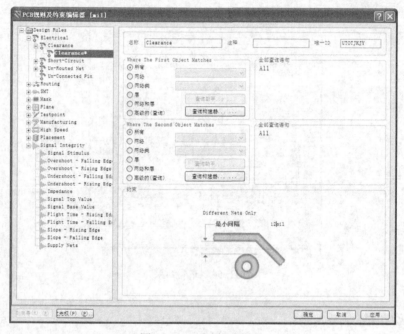

图 11-56　更改间距规则

4）对网络标号为 VCC 的网络进行布线。选择"自动布线"→"设置"命令，选择 VCC 网络，开始对 VCC 网络进行自动布线。

5）应用放置文字工具在电路板的空白处放置注释字样。

6）选择"自动布线"→"全部"命令，弹出布线策略对话框，运行自动布线。自动布线结束后将给出布线报告，如图 11-57 所示。单击"Route All"按钮，布线结果如图 11-58 所示。

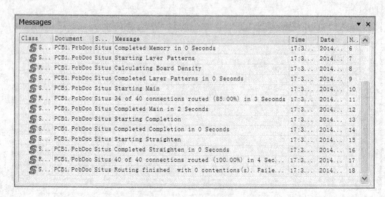

图 11-57　布线报告

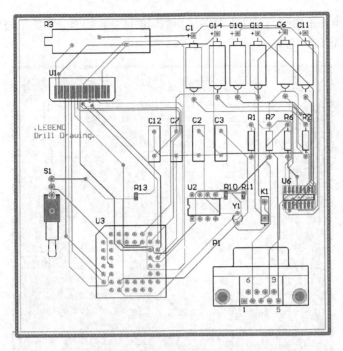

图 11-58 布线结果

7）放置多边形敷铜。选择"放置"→"多边形敷铜"命令，或单击"布线"工具条中的"放置多边形敷铜"按钮，打开"多边形敷铜"对话框，设置多边形敷铜属性。在"层"下拉列表框中选择"Top Layer（顶层）"选项，在"链接到网络"下拉列表框中选择"GND"选项，如图 11-59 所示。然后单击"确定"按钮，退出此对话框。

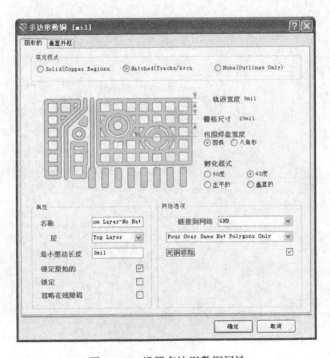

图 11-59 设置多边形敷铜属性

8）在工作区电路板内画出一个放置多边形敷铜的区域，设置完毕的电路板外观如图 11-60
所示。至此，电路板设计完毕。

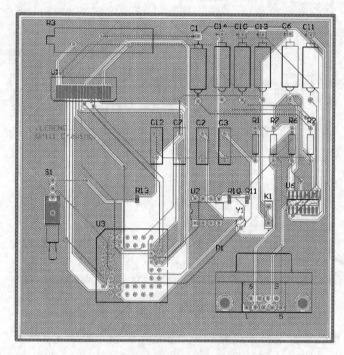

图 11-60　设置完毕的电路板外观